国之重器出版工程
网络强国建设

物联网在中国

智 联 网

徐勇军 王 琪 安竹林 李 超 编著

电子工业出版社
Publishing House of Electronics Industry
北京·BEIJING

内 容 简 介

物联网、人工智能、大数据、5G 网络等新兴信息技术正在悄悄地改变着我们的生活和生产方式。区别于传统物联网，智联网通过多学科交叉融合，实现智能体高效互联和协同，是智能时代的重要载体。编写团队基于在物联网和人工智能领域多年来的科研实践，兼以广泛吸收国内外相关优秀成果编写了本书。本书从智联网的概念内涵、历史沿革、技术架构、智能基础、组网协同、应用与挑战等方面，阐述智联网相关关键技术与趋势动态。本书作为"物联网在中国"丛书之一，与其他各册形成有机统一的整体，可对其他分册形成有益补充。

本书可以作为物联网和人工智能领域的科学研究、产业应用、政策制定等方面专业人士的参考书，也可以作为广大物联网相关专业教学用书及爱好者的技术指导书。

未经许可，不得以任何方式复制或抄袭本书之部分或全部内容。
版权所有，侵权必究。

图书在版编目（CIP）数据

智联网 / 徐勇军等编著. —北京：电子工业出版社，2022.1
（物联网在中国）
ISBN 978-7-121-42737-4

Ⅰ. ①智… Ⅱ. ①徐… Ⅲ. ①互联网络－应用②智能技术－应用
Ⅳ. ①TP393.4②TP18

中国版本图书馆 CIP 数据核字（2022）第 004534 号

责任编辑：张　京
印　　刷：北京七彩京通数码快印有限公司
装　　订：北京七彩京通数码快印有限公司
出版发行：电子工业出版社
　　　　　北京市海淀区万寿路 173 信箱　邮编：100036
开　　本：720×1000　1/16　印张：21　字数：403 千字
版　　次：2022 年 1 月第 1 版
印　　次：2024 年 1 月第 3 次印刷
定　　价：108.00 元

凡所购买电子工业出版社图书有缺损问题，请向购买书店调换。若书店售缺，请与本社发行部联系，联系及邮购电话：(010) 88254888，88258888。
质量投诉请发邮件至 zlts@phei.com.cn，盗版侵权举报请发邮件至 dbqq@phei.com.cn。
本书咨询联系方式：xuqw@phei.com.cn。

《物联网在中国》（二期）编委会

主　任：张　琪

副主任：刘九如　卢先和　熊群力　赵　波

委　员：（按姓氏笔画排序）

马振洲　王　杰　王　彬　王　智　王　博
王　毅　王立建　王劲松　韦　莎　毛健荣
尹丽波　卢　山　叶　强　冯立华　冯景锋
朱雪田　刘　禹　刘玉明　刘业政　刘学林
刘建明　刘爱民　刘棠丽　孙文龙　孙　健
严新平　苏喜生　李芷巍　李贻良　李道亮
李微微　杨巨成　杨旭东　杨建军　杨福平
吴　巍　岑晏青　何华康　邹　力　邹平座
张　晖　张旭光　张学记　张学庆　张春晖
陈　维　林　宁　罗洪元　周　广　周　毅
郑润祥　宗　平　赵晓光　信宏业　饶志宏
骆连合　贾雪琴　夏万利　晏庆华　袁勤勇
徐勇军　高燕婕　陶小峰　陶雄强　曹剑东
董亚峰　温宗国　谢建平　靳东滨　蓝羽石
楼培德　霍珊珊　魏　凤

《国之重器出版工程》
编辑委员会

编辑委员会主任：苗　圩

编辑委员会副主任：刘利华　辛国斌

编辑委员会委员：

冯长辉	梁志峰	高东升	姜子琨	许科敏
陈　因	郑立新	马向晖	高云虎	金　鑫
李　巍	高延敏	何　琼	刁石京	谢少锋
闻　库	韩　夏	赵志国	谢远生	赵永红
韩占武	刘　多	尹丽波	赵　波	卢　山
徐惠彬	赵长禄	周　玉	姚　郁	张　炜
聂　宏	付梦印	季仲华		

专家委员会委员（按姓氏笔画排列）：

于　全　中国工程院院士
王　越　中国科学院院士、中国工程院院士
王小谟　中国工程院院士
王少萍　"长江学者奖励计划"特聘教授
王建民　清华大学软件学院院长
王哲荣　中国工程院院士
尤肖虎　"长江学者奖励计划"特聘教授
邓玉林　国际宇航科学院院士
邓宗全　中国工程院院士
甘晓华　中国工程院院士
叶培建　人民科学家、中国科学院院士
朱英富　中国工程院院士
朵英贤　中国工程院院士
邬贺铨　中国工程院院士
刘大响　中国工程院院士
刘辛军　"长江学者奖励计划"特聘教授
刘怡昕　中国工程院院士
刘韵洁　中国工程院院士
孙逢春　中国工程院院士
苏东林　中国工程院院士
苏彦庆　"长江学者奖励计划"特聘教授
苏哲子　中国工程院院士
李寿平　国际宇航科学院院士

编辑委员会

李伯虎	中国工程院院士
李应红	中国科学院院士
李春明	中国兵器工业集团首席专家
李莹辉	国际宇航科学院院士
李得天	国际宇航科学院院士
李新亚	国家制造强国建设战略咨询委员会委员、中国机械工业联合会副会长
杨绍卿	中国工程院院士
杨德森	中国工程院院士
吴伟仁	中国工程院院士
宋爱国	国家杰出青年科学基金获得者
张　彦	电气电子工程师学会会士、英国工程技术学会会士
张宏科	北京交通大学下一代互联网互联设备国家工程实验室主任
陆　军	中国工程院院士
陆建勋	中国工程院院士
陆燕荪	国家制造强国建设战略咨询委员会委员、原机械工业部副部长
陈　谋	国家杰出青年科学基金获得者
陈一坚	中国工程院院士
陈懋章	中国工程院院士
金东寒	中国工程院院士
周立伟	中国工程院院士

智联网

郑纬民	中国工程院院士
郑建华	中国科学院院士
屈贤明	国家制造强国建设战略咨询委员会委员、工业和信息化部智能制造专家咨询委员会副主任
项昌乐	中国工程院院士
赵沁平	中国工程院院士
郝　跃	中国科学院院士
柳百成	中国工程院院士
段海滨	"长江学者奖励计划"特聘教授
侯增广	国家杰出青年科学基金获得者
闻雪友	中国工程院院士
姜会林	中国工程院院士
徐德民	中国工程院院士
唐长红	中国工程院院士
黄　维	中国科学院院士
黄卫东	"长江学者奖励计划"特聘教授
黄先祥	中国工程院院士
康　锐	"长江学者奖励计划"特聘教授
董景辰	工业和信息化部智能制造专家咨询委员会委员
焦宗夏	"长江学者奖励计划"特聘教授
谭春林	航天系统开发总师

前言

近几年,大数据、人工智能、物联网、云计算等信息技术飞速发展,各学科相互作用,正在快速渗透到各行各业及人们的日常生活之中。物联网作为衔接人、机、物三元空间的新型信息技术,正经历着从专业领域的传感器网络,到无处不在的物联网,并开始朝着智能化方向发展,智联网应运而生,智联网是物联网发展的高级阶段。

自我国 2009 年将物联网列为"国家战略性新兴产业"后,物联网及相关技术发展被视为我国利用未来信息技术实施产业升级的重要动力。在国家"十四五"规划中,把积极推进物联网发展和重点突破新兴领域人工智能技术作为目标。在 2018 年公布的"国家战略性新兴产业分类"中共有 12 个国民经济行业、35 种重点产品与服务和物联网直接相关,新增"人工智能"补入目录。人工智能物联网、智联网的概念也从 2018 年开始兴起,大数据、人工智能、云计算和集成电路等技术的快速飞展,催生了物联网智能化阶段的到来,这个时代万物智能,既是"智能地"互联,也是"智能体"互联互通、融合共生,海量智能体与人的智能相互增强学习,已经进入"人机物"融合发展的时代。

在产业层面,智联网的发展前景也被普遍看好。据估计,全球智联网市场规模将在 2025 年达到 659 亿美元,年增长率达到 39.1%。在国内,预计到

2025年，物联网连接数会接近200亿。在商店里，基于视觉的智能感知取代商品条码，实施无感监控，为商家提供商品交易建议和筹划；在住宅楼宇中，智能家居可以根据当前住户需求调整室内温度、光线，并通过智能门禁和环境监控系统强化住宅安保、消防能力，为用户打造个性化服务；在道路上，智能交通网络能实时监测道路状态变化，为车辆和行人提供最优化出行方案。智联网相关产业不胜枚举，相关技术陆续落地，为人们提供最优化的个性体验。

智联网正在悄悄地改变着我们的生活和生产方式。那么智联网与传统物联网的区别是什么？到底有哪些技术挑战？如何构建一个智联网？如何通过技术创新赋能各行各业？这些问题的系统探索和解决是智联网技术和产业发展的基础，这正是本书编写的目标所在。本书编写团队基于多年来在物联网和人工智能行业的研究实践，特别是负责或参加的数十项相关领域的国家级科研和应用项目，兼以广泛调研物联网与人工智能相结合的国内外先进研究成果编写了本书，以阐述智联网相关关键技术与未来发展趋势。

本书分为三部分，共包含5章。第一部分包含第1、2章，为智联网总览：第1章以智联网发展历史为线索，介绍支撑智联网基础的智能传感器，以及传感网、物联网、智联网所采用的关键技术，帮助读者把握智联网的发展脉络；第2章从全局的角度审视智联网发展，详细描述智联网的技术架构，并介绍了智联网的两个关键组成部分：边缘智能和物端智能，帮助读者进一步理解智联网各层级的功能。第二部分包含第3、4章，分别介绍智联网中的"智能"和"网络"两方面；第3章讲述了智联网的智能基础，即智联网各组成部分所具备的智能，包括智能学习所需的各类软/硬件环境、智能算法、系统级优化方案等；第4章则将智能与网络充分结合，介绍智联网中各功能组件相互作用时的智能优化方法，从时延、可靠性等方面着手提升智联网效率。第三部分为第5章，总结智联网发展中所面临的挑战与机遇，如智联网面对的新型恶意攻击及对策，各智能算法在智联网中的应用效果评测方法，以及未来智联网应用的主要发展趋势等。

本书撰写成员均来自中国科学院计算技术研究所，由徐勇军、王琪、安竹林、李超进行统稿和主要章节编写，刁博宇、徐亦达等参与部分内容撰写，刘建敏、官禄齐、刘存壮、朱徽、许开强等提供各自相关领域编写素材和章节内容。非常感谢中国科学院计算技术研究所的何晨涛、黄建辉、黄礼泊、王军凯、支相、石现、杨传广、胡小龙、蔡林航等细致地完成了本书的校稿工作。在本书编写过程中，编著者参考了国内外有关的传感网、物联网等领域的研究文献，在此向相关作者表示衷心感谢。同时也衷心感谢南京邮电大学朱洪波教授和中国科学院信息工程研究所孙利民研究员作为本书的主审，提出了中肯而宝贵的建议。

特别感谢电子工业出版社，感谢责任编辑和所有参与本书审稿、出版工作的各位老师，为本书的顺利出版付出了辛勤劳动。同时，恳切希望读者能对书中的不足之处提出意见和建议，以便再版时更新。

编著者

目 录

第 1 章 智联网技术概述 ·· 1

  1.1 从传感到智联：物联网的三个时代 ························· 1
      1.1.1 传感网 ·· 2
      1.1.2 物联网 ·· 4
      1.1.3 智联网 ·· 8
  1.2 智能传感器：物理信息桥梁 ································· 10
      1.2.1 基本概念 ·· 11
      1.2.2 结构组成 ·· 12
      1.2.3 常见类型 ·· 13
      1.2.4 主要特点 ·· 13
      1.2.5 发展趋势 ·· 14
      1.2.6 应用场景 ·· 17
  1.3 传感网技术：感知连接时代 ································· 20
      1.3.1 自组网 ·· 20
      1.3.2 RFID ·· 22
      1.3.3 MAC 协议 ·· 28
      1.3.4 路由协议 ·· 30
      1.3.5 定位 ·· 33
      1.3.6 时间同步 ·· 40
  1.4 物联网技术：万物互联时代 ································· 47
      1.4.1 认知无线电 ······································ 47
      1.4.2 分布式调度 ······································ 50
      1.4.3 数据融合 ·· 52

  1.5 智联网技术：万物智能时代 ·· 55
    1.5.1 雾计算 ··· 56
    1.5.2 边缘计算 ··· 62
    1.5.3 海计算 ··· 66
  1.6 本章小结 ··· 70
  参考文献 ··· 71

第2章 智联网技术架构 ·· 74
  2.1 智联网系统架构 ·· 74
    2.1.1 物联网体系结构 ··· 74
    2.1.2 端网云架构 ·· 75
    2.1.3 端边云架构 ·· 76
  2.2 云边端智能技术 ·· 78
    2.2.1 云端智能 ··· 78
    2.2.2 边缘智能与物端智能 ··· 79
    2.2.3 智能终端处理器 ··· 80
  2.3 智能化网络系统 ·· 90
  2.4 本章小结 ··· 91
  参考文献 ··· 92

第3章 智能化物端系统 ·· 94
  3.1 智能体与自动机器学习 ·· 94
    3.1.1 智能体功能与结构 ··· 94
    3.1.2 自动机器学习概述 ··· 95
    3.1.3 自动机器学习流程 ··· 96
    3.1.4 深度神经网络超参数优化 ································· 99
    3.1.5 元学习 ··· 104
    3.1.6 神经进化 ··· 108
  3.2 模型设计与加速 ·· 118
    3.2.1 轻量网络设计 ··· 120
    3.2.2 网络剪枝 ··· 127
    3.2.3 低秩分解 ··· 129
    3.2.4 知识蒸馏 ··· 131

3.2.5 权重量化 ········· 135
3.3 边缘智能化技术 ········· 137
　　　3.3.1 边缘智能技术概述 ········· 137
　　　3.3.2 边缘智能软件部分 ········· 138
　　　3.3.3 边缘智能硬件部分 ········· 138
　　　3.3.4 异构边缘智能系统 ········· 146
3.4 本章小结 ········· 148
参考文献 ········· 149

第4章 智能网络与协同 ········· 153

4.1 智能网络延迟管控 ········· 153
　　　4.1.1 工业无线网络标准与规范 ········· 154
　　　4.1.2 MAC 协议对实时性的支持 ········· 159
　　　4.1.3 实时和可靠的调度方法 ········· 162
　　　4.1.4 高速接入与传输技术 ········· 163
　　　4.1.5 时间敏感网络 ········· 167
4.2 智能网络抗毁技术 ········· 175
　　　4.2.1 研究趋势与存在的问题 ········· 176
　　　4.2.2 网络受损类型 ········· 178
　　　4.2.3 网络抗毁性测度 ········· 182
　　　4.2.4 网络抗毁策略 ········· 189
　　　4.2.5 故障检测与修复 ········· 206
4.3 智能网络协同技术 ········· 207
　　　4.3.1 异构群体智能技术 ········· 208
　　　4.3.2 异构群体协同技术 ········· 214
　　　4.3.3 异构群体研究及应用 ········· 216
4.4 多智能体博弈技术 ········· 228
　　　4.4.1 多智能体博弈概念 ········· 228
　　　4.4.2 完全信息下的动态博弈 ········· 234
　　　4.4.3 复杂场景下的多主体博弈 ········· 241
4.5 本章小结 ········· 247
参考文献 ········· 248

第5章 智联网应用挑战 ·················· 265

5.1 智能对抗与智能安全 ············ 265
5.1.1 智能安全与对抗攻击 ········ 265
5.1.2 人机智能与人机对抗 ········ 270

5.2 智能算法的测评技术 ············ 271
5.2.1 智能算法测评分类 ·········· 271
5.2.2 测评标准规范 ·············· 271
5.2.3 指标归纳（分类） ·········· 277
5.2.4 公认数据集及竞赛 ·········· 279
5.2.5 AIoT 测试标准 AIoT Bench ·· 279

5.3 智能算法在网络应用中面临的挑战 ·· 280
5.3.1 泛化能力 ·················· 280
5.3.2 算法收敛性 ················ 280
5.3.3 算法可解释性 ·············· 281
5.3.4 模型训练成本 ·············· 281
5.3.5 物端设备资源限制 ·········· 281

5.4 智联网技术应用畅想 ············ 282
5.4.1 消费级 ···················· 282
5.4.2 工业级 ···················· 286
5.4.3 宇航级 ···················· 308
5.4.4 军工级 ···················· 309

5.5 本章小结 ······················ 316

参考文献 ·························· 316

第 1 章
智联网技术概述

智联网建立在互联网、大数据、人工智能、物联网等新型信息技术充分发展的基础之上，提升万事万物自主感知、智能连接、智能处理和智能应用，是无处不在的物联网在智能时代的全新载体与思维模式。物联网、人工智能、云计算、边缘计算、新型移动通信等智能技术群的"核聚变"，正推动着万物互联迈向万物智能时代，进而带来了智联网时代。

具体来说，智联网是指融合人工智能、传感网、物联网等技术，通过物联网产生、收集海量的传感器数据并将其存储于云端、边缘端，通过大数据分析，以及更高形式的人工智能，形成智能化的应用场景和应用模式，服务实体经济，为人类的生产、生活所需提供更好的服务，实现万物数据化、万物互联化[1]、万物智能化的愿景。

1.1 从传感到智联：物联网的三个时代

万物智联，传感先行，广义物联网的发展也经历了传感网、物联网和智联网三个阶段。1998 年，加州大学伯克利分校的 Smart Dust 项目获得资助，无线传感器网络开启了物联网 1.0 时代；2009 年，随着互联网和传感网等技术的发展与融合，中国提出建设"感知中国"中心，物联网迈入万物互联的 2.0 时代；2018 年，人工智能与物联网激烈碰撞，催生了无限可能，智联网的到来，宣告物联网正式走向万物智能的 3.0 时代。

1.1.1 传感网

1. 基本概念

无线传感器网络（Wireless Sensor Networks，WSN）是由部署在监测区域内大量传感器节点相互通信形成的多跳自组织网络系统，是物联网底层网络的重要技术形式，也是广义物联网发展的第一阶段，是实现从物理域到信息域的"感知万物"阶段。随着无线通信、传感器技术、嵌入式应用和微电子技术的日趋成熟，传感网可以在任何时间、任何地点、任何环境条件下获取物理世界的信息，为物联网（Internet of Things，IoT）的发展奠定基础[2]。由于无线传感器网络具有自组织、部署迅捷、高容错性和强隐蔽性等技术优势，因此非常适用于生态环境感知、域内信息收集、战场目标定位、智能交通系统和海洋探测等众多领域。

2. 体系结构

无线传感器网络的体系结构如图 1-1 所示，数量巨大的传感器节点以随机散播或者人工放置的方式部署在监测区域中，通过自组织方式构建网络。由传感器节点监测到的区域内数据经过网络内节点的多跳路由传输最终到达汇聚节点，数据在传输过程中被多个节点进行融合和压缩，最后通过卫星、互联网或者无线接入服务器达到终端的管理节点。用户可以通过管理节点对无线传感器网络进行配置管理、任务发布及安全控制等反馈式操作。

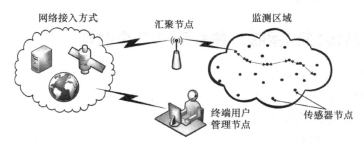

图 1-1 无线传感器网络的体系结构

传感器节点是信息收集的末梢，由传感器模块、处理器模块、无线通信模块和能量供应模块四部分组成。传感器模块负责监测区域内信息的采集和数据转换；处理器模块负责整个传感器节点的操作、存储和处理本身采集的数据及其他节点发来的数据；无线通信模块负责与其他传感器节点

第1章 智联网技术概述

进行无线通信、交换控制消息和收发采集数据；能量供应模块为传感器节点提供运行所需的能量，通常采用微型电池。

汇聚节点可实现较大范围传感器节点信息汇报、融合处理、存储转发等功能，它连接传感器网络与外部网络的信息处理中枢，可以实现内外部协议栈的通信协议转换，并把收集的数据转发到外部网络上，同时实现对传感器网络节点的远程管控。

3．关键技术

无线传感器网络是传感器技术、低功耗信息处理技术、无线通信技术发展的重要成果形态，其出现也极大地丰富了人们对物理世界的快速感知，其关键技术主要体现在三个方面，即信息采集系统设计、网络服务支持和网络通信协议设计。

1）信息采集系统设计

对于一个在无线传感器网络中工作的传感器节点来说，有一些重要的系统设计需要利用有效的无线传感器网络模型、系统平台和操作系统支持等一系列关键技术完成。

无线传感器网络模型对特别应用场景下的感知、传输、处理、应用各环节进行统一建模，从而在整体上具有网络面向应用的特点，便于协调网络结构。由于无线传感器网络模型支持大范围的传感器节点布置，而每个生产厂商的传感器节点产品诸多实现细节方面（如无线通信模块、微处理器和存储空间等）不尽相同，所以需要传感器系统平台来对多类型传感器节点进行融合、统一。另外，无线传感器网络操作系统需要支持相应的传感器平台，这样就能保证感知数据处理的高效性。

2）网络服务支持

为了协调和管理传感器节点，无线传感器网络主要包括了传感器节点的配置、处理和控制服务及数据管理和控制等服务。这些网络服务在能量、任务分布和资源利用方面加强了整个网络的性能。数据管理和控制服务提供了必要的中间件服务支持，如时间同步、数据压缩和融合、安全保障、跨层优化等。而作为一种功能性很强的应用型网络，无线传感器网络不仅要完成数据传输，还要对数据进行一系列的融合、压缩和控制并同时保证任务执行的机密性。节点配置、处理和控制等服务可以适时地将诸如能量和带宽等资源进行最有效的分配、处理和控制，以保证任务执行的机

密性、数据融合的可靠性及传输的安全性。

3）网络通信协议设计

一个可靠并且能量有效的协议栈的开发对于支持多类型无线传感器网络应用具有重要意义。面向不同的应用，网络内部可能由数百甚至上千个节点组成。每个传感器节点通过协议栈以多跳的形式将信息传递给汇聚（Sink）节点。因此，就通信而言，协议栈必须能量有效。目前，无线传感器网络通信协议栈设计的重点，集中在数据链路层、网络层和传输层，以及它们之间的跨层交互。数据链路层通过介质访问控制来构建底层基础结构，控制节点的工作模式；网络层的路由协议决定了感知信息的传输路径；传输层确保了源节点和目的节点处数据的可靠性和高效性。

1.1.2 物联网

1. 基本概念

"物联网"的概念于 1999 年由麻省理工学院的 Auto-ID 实验室提出，将书籍、鞋、汽车部件等物体装上微小的识别装置，就可以时刻知道物体的位置、状态等信息，实现智能管理[3]。Auto-ID 的概念以无线传感器网络和射频识别技术为支撑。1999 年在美国召开的移动计算和网络国际会议 Mobi-Com1999 上提出了"传感网（智能尘埃）是下一个世纪人类面临的又一个发展机遇"。同年，麻省理工学院的 Gershenfeld Neil 教授撰写了 *When Things Start to Think* 一书，以这些为标志开始了物联网的发展。

2005 年 11 月 17 日，在突尼斯举行的信息社会世界峰会（WSIS）上，国际电信联盟（ITU）发布了《ITU 互联网报告 2005：物联网》，正式提出了"物联网"的概念。报告指出：无所不在的"物联网"通信时代即将来临，世界上所有的物体都可以通过互联网主动进行信息交换。射频识别技术（RFID）、WSN、纳米技术、智能嵌入技术将得到更加广泛的应用。2006 年 3 月，欧盟召开会议 From RFID to the Internet of Things，对物联网做了进一步的描述，并于 2009 年制定了物联网研究策略路线图。自 2008 年起，由世界范围内多个研究机构组成的 Auto-ID 联合实验室组织了国际年会 Internet of Things。2009 年，IBM 首席执行官 Samuel J. Palmisano 提出了"智慧地球"（Smart Planet）的概念，把传感器嵌入和装备到电网、铁路、桥梁、隧道、公路、建筑、供水系统、大坝、油气管道等各种应用中,并且通过智能处理,达到智慧状态。

可以认为,物联网是指将各种信息传感设备及系统,如传感器网络、射频标签阅读装置、条码与二维码设备、全球定位系统和其他基于物-物通信模式的短距无线自组织网络,通过各种接入网与互联网结合起来而形成的一个巨大智能网络。如果说互联网实现了人与人之间的交流,那么物联网可以实现人与物体之间的沟通和对话,也可以实现物体与物体间的连接和交互。

2. 系统架构

物联网的系统架构如图 1-2 所示,包括底层网络分布、汇聚网关接入、互联网络融合及终端用户应用四部分,物联网可以实现更大范围、更大规模和更深层次的互联。

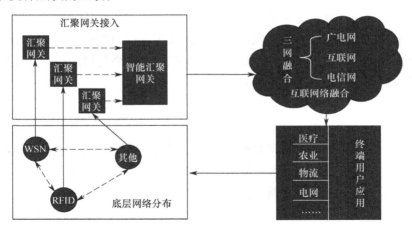

图 1-2　物联网的系统架构

在图 1-2 中,大量的底层网络系统选择性地分布于物理空间当中,根据各自特点通过相应的方式构成网络分布。底层网络通过 RFID、WSN、无线局域网等网络技术采集物物交换信息并传输到智能汇聚网关,通过智能汇聚网关接入互联网络融合体系,最后利用包括广播电视网、互联网、电信网等网络途径使信息到达终端用户应用系统。与此同时,终端用户可以通过主观行为影响底层网络面向不同应用,从而实现人与人、物与物、物与人之间的物联信息交互。

底层网络分布包括 WSN、RFID 系统、无线局域网等异构网络,通过

异构网络的信息交互实现物体对外部物理环境的感知，允许系统对物品属性进行识别及对信息的采集和捕获。从网络功能上看，底层网络都应具有信息采集和路由的双重功能，同时底层异构网络间还需互相协作完成特定的任务。汇聚网关接入主要负责将底层网络采集的信息平稳接入传输网络当中，接入技术包括同轴电缆、双绞线、光纤等有线接入方式及 ZigBee、蓝牙、WiMAX、Wi-Fi、4G、卫星通信等无线接入方式。智能汇聚网关通常具有强大的存储、处理和通信能力，其关键是实现向下与底层网络结合，向上平稳地与接入网络融合。优化网络系统包括广播电视网、互联网及电信网的融合网络，主要完成信息的远距离传输。对于终端用户应用系统来说，主要完成信息相关服务的发现和应用功能。

3．关键技术[4]

物联网技术涉及多个领域，这些技术在不同的行业往往具有不同的应用需求和技术形态。对物联网涉及的关键技术进行归类和梳理，可以形成四个物联网技术体系，包括：感知与标识技术、网络与通信技术、计算与服务技术及管理与支撑技术。

1）感知与标识技术

感知与标识技术是物联网的数据来源和信息处理的基础，负责采集物理世界中发生的物理事件和数据，实现外部世界信息的感知和识别，包括多种发展成熟度差异性很大的技术，如传感器、RFID、二维码等。其中，传感技术利用传感器和多跳自组织传感器网络，协作感知、采集网络覆盖区域中被感知对象的信息。识别技术涵盖物体识别、位置识别和地理识别，对物理世界的识别是实现全面感知的基础。

2）网络与通信技术

网络是物联网信息传递和服务支撑的基础设施，通过泛在的互联功能，实现感知信息高可靠性、高安全性传送。物联网的网络技术涵盖泛在接入和骨干传输等多个层面的内容。以互联网协议版本 6（Internet Protocol Version 6，IPv6）为核心的下一代网络，为物联网的发展创造了良好的基础网络条件。另外，物联网需要综合各种有线及无线通信技术，其中近距离无线通信技术将是物联网的研究重点。

3）计算与服务技术

海量感知信息的计算与处理是物联网的核心支撑，服务和应用则是物联网的最终价值体现。

海量感知信息计算与处理技术是物联网应用大规模发展后，面临的重大挑战之一。需要研究海量感知信息的数据融合、高效存储、语义集成、并行处理、知识发现和数据挖掘等关键技术，攻克物联网"云计算"中的虚拟化、网格计算、服务化和智能化技术。核心是采用云计算技术实现信息存储资源和计算能力的分布式共享，为海量信息的高效利用提供支撑。

物联网的发展应以应用为导向，在"物联网"的语境下，服务的内涵将得到革命性扩展，不断涌现的新型应用将使物联网的服务模式与应用开发遇到巨大挑战，如果继续沿用传统的技术路线，必定束缚物联网应用的创新。从适应未来应用环境变化和服务模式变化的角度出发，需要面向物联网在典型行业中的应用需求，提炼行业普遍存在的或要求的核心共性支撑技术，研究针对不同应用需求的规范化、通用化服务体系结构，以及应用支撑环境、面向服务的计算技术等。

4）管理与支撑技术

随着物联网规模的扩大、承载业务的多元化和服务质量要求的提高及影响网络正常运行因素的增多，管理与支撑技术是保证物联网实现"可运行—可管理—可控制"的关键，包括测量分析、网络管理和安全保障等方面。

测量技术是解决网络可知性问题的基本方法，可测性是网络研究中的基本问题。随着网络复杂性的提高与新型业务的不断涌现，需研究高效的物联网测量分析关键技术，建立面向服务感知的物联网测量机制与方法。网络管理是保证网络系统正常高效运行的有效手段。物联网具有"自治、开放、多样"的自然特性，这些自然特性与网络运行管理的基本需求存在着突出矛盾，需要研究新的物联网管理模型与关键技术，保证网络系统正常、高效地运行。安全保障是基于网络的各种系统运行的重要基础之一，物联网的开放性、包容性和匿名性也决定了其不可避免地存在信息安全隐患。需要研究物联网安全关键技术，使其满足机密性、真实性、完整性、抗抵赖性的四大要求，同时还需要解决好物联网中的用户隐私保护与信任管理问题。

智联网

1.1.3 智联网

1. 基本概念

智能物联网（AIoT，AI+IoT），简称智联网，是2018年开始兴起的概念，指将物联网通过各类传感器感知、采集和产生的大量数据存储在终端设备、边缘端或云端，再利用人工智能和大数据相关技术对数据进行智能分析和预测[5]等，使得网络系统具有感知、认知、学习、行为决策甚至自演进能力，不断提高网络的服务质量和用户体验。人工智能技术为物联网赋予了感知、识别、学习和行为决策能力，物联网为人工智能提供训练机器学习算法的数据。从协同环节来看[6]，智联网主要解决感知智能化、分析智能化与控制/执行智能化的问题。

中国科学院自动化研究所复杂系统管理与控制国家重点实验室的王飞跃教授认为[7]：智联网，以互联网、物联网技术为前序基础科技，在此之上以知识自动化系统为核心系统，以知识计算为核心技术，以获取知识、表达知识、交换知识、关联知识为关键任务，进而建立包含人、机、物在内的智能实体之间语义层次的联结，实现各智能体所拥有的知识之间的互联互通；智联网的最终目的是支撑和完成需要大规模社会化协作的，特别是在复杂系统中需要的知识功能和知识服务。

长期从事智联网研究的学者彭昭认为[8]：智联网是建立在互联网、大数据、人工智能、物联网等基础之上的，是具备智能的连接万事万物的互联网，是智能时代的重要载体和思维方式。智联网通过将物理世界抽象到虚拟世界，并借此建立完整的数字世界，构筑新型的生产关系。智联网将改变旧有思维模式，从而实现人与人、人与物、物与物之间的大规模社会化协作。

2. 体系架构

随着网络边缘终端设备产生的数据量快速增加和新型应用对实效性要求的不断提升，数据处理和应用正在从云端走向网络边缘设备，而边缘计算和雾计算正在加速物联网从"连接"走向"智能"；同时，随着边缘设备算力的提升和人工智能芯片的发展，人工智能正在从云端走向"边缘"。因此，智联网的体系架构主要包括智能基础层、智能感知层、智能网络层、智能应用层四大层级，如图1-3所示。

第1章 智联网技术概述

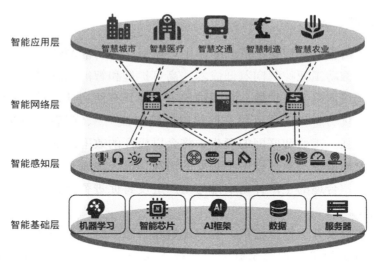

图1-3 智联网的体系架构

智能基础层包括机器学习、智能芯片、人工智能（AI）框架、数据和服务器等，为智联网提供人工智能算法、算力、数据和存储支撑。智能感知层通过各种智能终端设备携带的传感器完成音频、视频、图片、文本等小规模数据的收集，在智能终端设备或边缘服务器完成数据的计算和处理任务，并结合计算机视觉、机器学习、自然语言处理、机器人技术、语音识别等人工智能技术，形成具有协同感知能力和协同控制能力的智联网。例如，对携带多传感器和执行器的无人机、无人车等无人系统的协同感知和控制。需要指出的是，智能终端已不再简单指智能手机、平板电脑等传统意义上的终端设备，家居产品、无人机、无人车、机器人等各种产品在智联网时代都属于拥有智能功能的终端设备。智能网络层可以利用路由器和网关等进行大规模、广范围的数据交换和传输，可以访问更大量的数据并拥有巨大的计算资源，并结合深度学习、持续学习、因果推理等人工智能技术，使得网络设备（如智能终端、路由器和网关）能理解、会思考，不断优化网络存储、网络接入、网络连接、数据路由和调度策略等决策能力，为智联网赋予认知能力和决策能力。智能应用层在智能基础层、智能感知层和智能网络层功能和能力的支撑下，实现数据、网络与各行业相结合，可以实现包括智慧城市、智慧医疗、智慧制造和智慧交通等新型应用。

3. 典型应用

智联网服务于智慧工厂。随着工厂信息化和智能制造的不断发展，智联网在推动工业控制向着低成本、高可扩展和智能化发展中起着重要作用。无线网络在可扩展、布线维护等方面具有便利性，对比有线网络具有明显优势，而无线网络在网络时延确定性[9-11]、可靠性和安全性方面逐步加强。工业智联网的诞生，将会以极高的效率加强信息管理和服务，极大地减少工业过程中不必要的消耗，极大地减少工业生产线上的人工干预，合理的生产计划编排与生产进度将促进智能大工业的出现和高速发展。

智联网服务于智慧城市、智慧建筑和智慧家庭。智联网是建设智慧城市、智慧建筑和智慧家庭的重要技术支撑之一，基于智联网及时传递、整合和利用城市、建筑和家庭产生和关联的各类信息，提高物与物、物与人、人与人的互联互通、提升全面感知和利用信息能力，从而实现对城市的精细化和智能化管理，对建筑的高效化能源管理和优化，以及对家庭的健康化和便捷化的居家服务。例如，AIoT 助力智慧城市实现智能交通、智能电网，提升能源效率，应对气候变化，提升城市运转效率；AIoT 助力智慧建筑，实现楼宇内空调、给排水和供配电的智能控制，以及残障人士无障碍出入等节能环保和便利的居住环境。

智联网服务于智慧交通。智联网在采集和共享交通数据的同时，可以利用大数据和人工智能技术对交通参与者的轨迹信息、交通基础设施占用率和使用情况等进行关联分析，提供实时交通数据下的智能服务，包括交通状况预判、辅助车辆控制、个性化的信息推送和辅助交通管理等，实现智慧交通的系统性、实时性、信息交流的交互性及服务的广泛性。例如，无人驾驶系统可以通过感知周围的行驶环境，推算车辆和行人的意图及行动轨迹，也可以通过检测识别交通指示牌的形态与位置，进行定位及地图建模，辅助制定车辆行驶策略，并可与其他交通参与者进行交互。

1.2 智能传感器：物理信息桥梁

作为人类获取自然界信息的工具，传感器实现物理连接和信息采集，

第 1 章 智联网技术概述

是现代信息来源的重要组成部分。传统意义上的传感器输出的多是模拟信号,本身不具备信号处理和组网功能,需连接到特定测量仪表才能完成信号的处理和传输。智能传感器能在内部实现对原始数据的初步处理,并且可以通过标准的接口与外界实现数据交换,以及根据实际的需要通过软件控制改变传感器的工作,从而实现智能化、网络化。由于使用标准总线接口,智能传感器具有良好的开放性、扩展性,给系统的扩充带来了很大的发展空间。

在当今全球信息化时代,传感器诸多的应用场景要求其更加快速地获得更精准、更全面的物理信息。因此,智能传感器成为传感器技术发展的必然产物,并已取代传统传感器成为市场主流。随着中国信息化战略的推进,智能传感器产业也将迎来新的增长点。

1.2.1 基本概念

智能传感器概念最早由美国宇航局在研发宇宙飞船过程中提出,并于 1979 年形成产品。宇宙飞船上需要大量的传感器不断向地面或飞船上的处理器发送温度、位置、速度和姿态等数据,即便使用一台大型计算机,也很难同时处理如此庞大的数据量。何况飞船又限制计算机的体积和质量,因此希望传感器本身具有信息处理功能,于是将传感器与微处理器结合,就出现了智能传感器,架起了物理世界与信息世界的桥梁。

目前全球对智能传感器还没有统一定义。电气和电子工程师协会(Institute of Electrical and Electronics Engineers,IEEE)从最小化传感器结构的角度,把智能传感器定义为:能提供受控量或待感知量大小且能典型简化其应用于网络环境的集成的传感器。我国在 2017 年制定国家标准 GB/T 33905—2017,把智能传感器定义为:具有与外部系统双向通信手段,用于发送测量、状态信息,接收和处理外部命令的传感器。

智能传感器是一种对被测对象的某一信息具有感受、检出的功能;能学习、推理判断处理信号;并具有通信及管理功能的一类新型传感器。智能传感器有自动校零、标定、补偿、采集数据等能力。其能力决定了智能化传感器还具有较高的精度和分辨率、较高的稳定性及可靠性、较好的适应性,相比于传统传感器还具有非常高的性价比。

早期的智能传感器将传感器的输出信号经处理和转化后由接口送到微

处理机进行运算处理。19 世纪 80 年代的智能传感器主要以微处理器为核心，把传感器信号调节电路、微电子计算机存储器及接口电路集成到一块芯片上，使传感器具有一定的人工智能。19 世纪 90 年代，智能化测量技术有了进一步的发展，使传感器实现了微型化、结构一体化、阵列式、数字式，使用方便、操作简单，并具有自诊断功能、记忆与信息处理功能、数据存储功能、多参量测量功能、联网通信功能、逻辑思维及判断功能。智能传感器大体上可以分三种类型：具有判断能力的传感器；具有学习能力的传感器；具有创造能力的传感器。

1.2.2 结构组成

智能传感器系统主要由传感器、微处理器及相关电路组成，如图 1-4 所示。

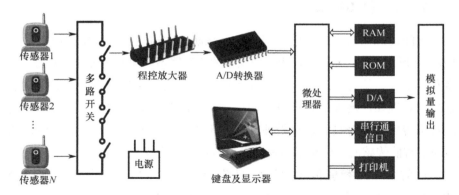

图 1-4　智能传感器系统的结构组成

传感器将被测的物理量、化学量转换成相应的电信号，送到信号调制电路中，经过滤波、放大、A/D 转换后送达微处理器。微处理器对接收的信号进行计算、存储、数据分析处理后，一方面通过反馈回路对传感器与信号调理电路进行调节，以实现对测量过程的调节和控制；另一方面将处理的结果传送到输出接口，经接口电路处理后按输出格式、界面定制输出数字化的测量结果。微处理器是智能传感器的核心，由于微处理器充分发挥各种软件的功能，使传感器智能化，大大提高了传感器的性能。

1.2.3 常见类型

为满足各种智能化的应用需求,传感器类别非常多,如环境传感器、惯性传感器、磁性传感器、模拟类传感器、生物传感器、红外传感器、振动传感器、压力传感器、超声波传感器等[12]。其中,以下传感器比较常用。

(1)环境传感器,主要有各类气体传感器、气压传感器、温度传感器、湿度传感器等。气体传感器可以应用于空气净化器、酒驾监测器、家装中甲醛等有毒气体的检测器,以及工业废气、设备工作环境、特种设备状态等检测中。随着人们对环境问题的重视,环境传感器的重要性越来越凸显,未来有很大的发展空间。

(2)惯性传感器,主要应用在可穿戴产品上,如智能手环、智能手表、VR头盔等,也应用于空间飞行器、水下机器人的自定位和导航等。通过惯性传感器来检测运动的跟踪、识别,告知佩戴者当天的运动量、消耗的卡路里及运动的效果。

(3)磁性传感器,主要用在家用电器上,如咖啡机、热水器、空调等,用来检测角度转了多少或者行程是多少,通常显示在仪表盘上。此外,门磁和窗磁等方面采用的也是磁性传感器,机器人的智能化和精准度也需要磁性传感器做支撑。

(4)模拟类传感器,主要应用在智慧医疗设备上,可以作为心跳、心电图等信号的输入设备,并将健康数据进行可视化输出,让用户了解自身第一手健康、运动数据。

(5)红外传感器,常应用于红外摄像头、扫地机器人等智能家居方面,也用于夜晚、弱光环境和目标场景的监测、识别中。

1.2.4 主要特点

智能传感器具有以下主要特点。

1)高精度

智能传感器可通过自动校零去除零点,与标准参考基准实时对比,自动进行整体系统标定、非线性等系统误差的校正,实时采集大量数据并进行分析处理,消除偶然误差影响,保证智能传感器的高精度。

2)高可靠性与高稳定性

智能传感器能自动补偿因工作条件与环境参数发生变化而引起的系统

特性的漂移，如环境温度、系统供电电压波动而产生的零点和灵敏度的漂移；在被测参数变化后能自动变换量程，实时进行系统自我检验，分析、判断所采集数据的合理性，并自动进行异常情况的应急处理。

3）高信噪比与高分辨力

由于智能传感器具有数据存储、记忆与信息处理功能，通过数字滤波等相关分析处理，可去除输入数据中的噪声，自动提取有用数据；通过数据融合、神经网络技术，可消除多参数状态下交叉灵敏度的影响。

4）强自适应性

智能传感器具有判断、分析与处理功能，它能根据系统工作情况决策各部分的供电情况与高/上位计算机的数据传输速率，使系统工作在最优功耗状态并优化传输效率。

5）较高的性能价格比

智能传感器具有的高性能，不是像传统传感器技术那样通过追求传感器本身的完善、对传感器的各环节进行精心设计与调试、进行"手工艺品"式的精雕细琢来获得的，而是通过与微处理器/微计算机相结合，采用廉价的集成电路工艺和芯片及强大的软件来实现的，所以具有较高的性能价格比。

1.2.5 发展趋势

1. 技术趋势

1）高精度

随着自动化生产程度的提高，对传感器的要求也在不断提高，必须研制出具有灵敏度高、精确度高、响应速度快、互换性好的新型传感器以确保生产自动化的可靠性。当然，精度的提高，也意味着采集数据量和数据位宽的大幅提升。

2）高可靠性、宽范围

传感器的可靠性直接影响电子设备的抗干扰等性能，研制高可靠性、宽范围的传感器将是永久性的发展方向，也是探索和认知全新物理世界的重要形式。发展新型感知材料（如陶瓷传感器）也成为当前热点话题。

3）微型化

各种控制仪器设备的功能越来越强，要求各部件体积越小越好，因而传感器本身体积也越小越好，微型化可以让传感器方便介入被测区域，这就要求发展新的材料及加工技术，目前利用硅材料制作的传感器体积已经很小。例如，传统的加速度传感器是由重力块和弹簧等制成的，体积较大、稳定性差、寿命也短，而利用激光等各种微细加工技术制成的硅加速度传感器体积非常小、互换性可靠性都较好。

其中最有代表性的是微机电系统（Micro Electromechanical System，MEMS）传感器。MEMS 是指尺寸在几毫米甚至更小的高科技装置，其内部结构一般在微米甚至纳米量级，是一个独立的智能系统。随着集成微电子机械加工技术的日趋成熟，MEMS 传感器将半导体加工工艺（如氧化、光刻、扩散、沉积和蚀刻等）引入传感器的生产制造，实现了规模化生产，并为传感器微型化发展提供了重要的技术支撑。

4）微功耗及无源化

传感器信息采集一般都是非电量向电量的转化，工作时离不开电源，在野外现场或远离电网的地方，往往用电池供电或用太阳能等供电，开发微功耗的传感器及无源传感器是必然的发展方向，这样既可以节省能源又可以延长系统寿命。目前，微功耗的传感器芯片发展很快，也让传感器具备了更宽的应用场景。

5）智能化数字化

随着信息化的不断推进，传感器的功能已突破传统的功能，其输出不再是一定范围的单一模拟信号（如 0~10mV），而是微型计算机处理后的数字信号，有的甚至带有控制功能，这就是所说的数字传感器。

6）网络化

网络化是传感器发展的一个重要方向，可以实现规模化测量和分布式测量。与传统的较大型传感器相比，智能微传感器的成本较低，但是其感知范围较小，所以在实际的应用中，通常需要成千上万的微传感器协同工作，这就是智能传感器的网络化。众多微传感器之间的网络化连接采用近距离低功耗的无线技术，甚至开始采用自组织网络进行互联，构建无线传感器网络。该技术曾被美国麻省理工学院（MIT）的《技术评论》杂志评为对人类未来生活产生深远影响的十大新兴技术之首。

7）集成化

目前，一些企业开始研发具备多个或者多种传感器的集成传感器，比如将麦克风与气压传感器进行集成、将气压传感器与温/湿度传感器进行集

成、将麦克风与温/湿度传感器进行集成等。传感器集成化有几个优势：一是使产品功能更加强大，满足多样化需求；二是成本优势，一个集成传感器比多个单独的传感器更加具有成本优势；三是缩小尺寸，可以满足更多可穿戴智能产品的发展需求。

2. 发展重点

1）智能故障探测和预报

任何系统在出现错误并导致严重后果之前，必须对其可能出现的问题做出探测或预报。目前非正常状态还没有准确定义的模型，非正常探测技术还很欠缺，急需将传感信息与知识结合起来以改进机器的智能。目前，在正常状态下能高精度、高敏感性地感知目标的物理参数，而在非常态和误动作的探测方面却进展甚微。因而对故障的探测和预测具有迫切需求，应大力开发与应用。

2）多维状态传感的研究与开发

目前传感技术能在单点上准确地传感物理量或化学量，然而对多维状态的传感却困难，通过集成化、一体化多维状态传感，可以获得相同时空下的多个物理量的同时采集，有利于更客观地了解物理世界。例如，环境测量，其特征参数广泛分布且具有时空方面的相关性，也是迫切需要解决的一类难题。

3）目标成分分析的远程传感

化学成分分析大多基于样本物质，有时目标材料的采样很困难。例如，测量同温层中臭氧含量，远程传感不可缺少，光谱测定与雷达或激光探测技术的结合是一种可能的途径。没有样本成分的分析很容易受到传感系统和目标组分之间的各种噪声或介质的干扰，而传感系统的机器智能有望解决该问题。

4）用于资源有效循环的传感器智能

现代制造系统已经实现了从原材料到产品的高效的自动化生产过程，当产品不再使用或被遗弃时，循环过程既非有效，也非自动化。如果再生资源的循环能够有效且自动地进行，可有效地防止环境的污染和能源紧缺，实现生命循环资源的管理。对一个自动化的高效循环过程，利用机器智能去分辨目标成分或某些确定的组分，是智能传感系统一个非常重要的任务。

3. 研究热点

1）物理转换机理的研究

数字化输出是智能传感器的典型特征之一，它不仅是模拟-数字转换实现的简单的数字化输出，而且还从机理上实现数字化输出。其中，谐振式传感器具有直接数字输出、高稳定性、高重复性、抗干扰能力强、分辨力和测量精度高等优点。传统写真式传感器的频率信号检测需要较复杂的设计，这限制了它的广泛应用和在工业领域的发展。而现在只需在同一硅片上集成智能检测电路，就可以迅速提取频率信号，从而使谐振式微机械传感器成为国际上传感器的研究热点。

2）多源数据融合的研究

数据融合是一种数据综合和处理技术，是许多传统学科和新技术的集成和应用，如通信、模式识别、决策论、不确定性理论、信号处理、估计理论、最优化处理、计算机科学、人工智能和神经网络等。目前，数据融合已成为集成智能传感器理论的重要领域和研究热点。即对多个传感器或多源信息进行综合处理、评估，从而得到更为准确、可靠的结论。因此，对于多个传感器组成的阵列，数据融合技术能够充分发挥各传感器的特点，利用其互补性、冗余性，提高测量信息的精度和可靠性，延长系统的使用寿命。近年来，数据融合又引入了遗传算法、小波分析技术和虚拟技术。

1.2.6 应用场景

智能传感器的应用场景十分广泛，下面进行简要介绍[13]。

1. 智能手机

现在智能手机中比较常见的智能传感器有距离传感器、光线传感器、重力传感器、指纹识别传感器、图像传感器、三轴陀螺仪和电子罗盘等。比如指纹识别传感器可以采集指纹数据，然后进行快速分析与认证，免去烦琐的密码操作，快速解锁。

2. 人工智能/机器人

传感器类似于人类的感觉获取器官，是智能信息系统中的基础元器

件。大量的传感器即可实现"感知+控制",而家庭自动化=感知+控制,这种层面的信息交互与人机交互大多还需要人的参与。而人工智能将人类的逻辑大脑赋予机器,实现"感知+思考+执行",最终上升到这种层次。

例如,家里的空调不仅依靠温/湿度传感器进行自我调节,还可以通过家庭成员的识别来自动选择模式,如风向的调节及针对小孩、老人温度的调节。这些新技术将带来无限大的想象空间,再结合机器增强学习的算法,将提供深度体验。再如,智能机器人使用的关键硬件包括驱动器、减速器和传感器等,智能传感器作为机器人的"五官",在采集外界信息数据上发挥着重要作用。

3. AR/VR

虚拟现实中的传感设备主要包括两部分:一部分是用于人机交互而穿戴于操作者身上的立体头盔显示器、数据手套、数据衣等;另一部分是用于正确感知而设置在现实环境中的各种视觉传感器、听觉传感器、触觉传感器、力觉传感器等。

实现 AR/VR,提高用户体验,需要用到大量用于追踪动作的传感器,如视场深度传感器、摄像头、陀螺仪、加速计、磁力计和近距离传感器等。当前,每家 VR 硬件厂商都在使用自己的技术,索尼使用 PlayStation 摄像头作为定位追踪器,而 Vive 和 Oculus 也在使用自己的技术。

4. 无人机

无人机是当下非常流行的智能硬件装置,其智能飞控系统的实现需要用到各种智能传感器,包括 IMU、MEMS 加速度计、电流传感器、倾角传感器和发动机进气流量传感器等。IMU 结合 GPS 是无人机维持方向和飞行路径的关键。随着无人机智能化的发展,方向和路径控制是重要的空中交通管理规则。IMU 采用的多轴磁传感器,在本质上都是精准度极高的小型指南针,通过感知方向将数据传输至中央处理器,从而指示方向和速度。

而 MEMS 加速度计用于确定无人机的位置和飞行姿态;电流传感器可用于监测和优化电能消耗,确保无人机内部电池充电和电机故障检测系统的安全;倾角传感器能够测量细微的运动变化,应用于移动程序,作为无人机的陀螺仪补偿装置,集成陀螺仪和加速度计,为飞行控制系统提供保持水平飞行的数据;流量传感器可以有效地监测电力无人机、燃气发动机的微小空气流速。

5. 智能穿戴

传感器在可穿戴设备中也起到了至关重要的作用,因为可穿戴设备最基本的功能就是通过传感器实现运动感知,通过可交互传感器实现微控制。以小米手环为例,就用到了亚德诺公司的 MEMS 加速度和心率传感器来实现运动和心率监测;Apple Watch 内部除了 MEMS 加速度计、陀螺仪、MEMS 麦克风,还使用了脉搏传感器。

6. 智能家居

传感器是智能家居控制系统实现控制的基础,随着技术的发展,越来越多的传感器被用到智能家居系统中。智能家居传感器是家居中的"眼鼻耳",因为智能家居首先离不开对居住环境"人性化"的数据采集,也就是说把家居环境中的各种物理量、化学量、生物量转化为可测量的电信号装置与元件。智能家居领域需要使用传感器来测量、分析与控制系统设置,家中使用的智能设备涉及位置传感器、接近传感器、液位传感器、流量和速度控制传感器、环境监测传感器、安防感应传感器等。

7. 智能汽车/自动驾驶

车联网是物联网发展的重大领域,智能汽车是车联网的核心,正处于高速发展中。在智能汽车时代,主动安全技术成为备受关注的新兴领域,需要改进现有的主动安全系统,如侧翻与稳定性控制,这就需要用 MEMS 加速度传感器和角速度传感器来感测车身姿态。语音将成为人与智能汽车的重要交互方式,MEMS 麦克风将迎来发展新机遇。MEMS 传感器在汽车领域还有很多应用,包括安全气囊(应用于正面防撞气囊的高 g 值加速度计和用于侧面气囊的压力传感器)、汽车发动机(应用于检测进气量的进气歧管绝对压力传感器和流量传感器)等。

自动驾驶技术的兴起也进一步推动了 MEMS 传感器进入汽车领域。虽然卫星导航(GPS 导航、北斗卫星导航)系统可以计算自身位置和速度,但在卫星导航信号较差的地方(如地下车库、隧道)和信号受到干扰的时候,导航位置更新的速度很慢甚至不更新,这对自动驾驶来说是致命的缺陷。利用 MEMS 陀螺仪和加速度计获取速度和位置(角速度和角位置)信息后,车辆任何细微的动作和倾斜姿态都被转化为数字信号,通过总线

传递给行车电脑。随着硅体微加工、晶片键合等技术的发展,即使在最快的车速状态下,MEMS 的精度和反应速度也能够适用(精度已经上升到 0.01m)。

8. 智慧工业

智能工厂利用物联网技术加强信息管理和服务,掌握产销流程、提高生产过程的可控性、减少生产线上人工的干预、及时正确地采集生产线数据,以合理地安排生产计划与生产进度,并优化供应链。在工业生产领域,传感器应用非常广泛,工业生产各环节都需要传感器进行监测,并把数据反馈给控制中心,以便对出现异常的节点进行及时干预,保证工业生产正常进行。业界普遍认为,新一代的智能传感器是智能工业的"心脏",它让产品生产流程持续运行,并让工作人员远离生产线和设备,保证人身安全和健康。

MEMS 使传感器小型化、智能化,MEMS 传感器将在智慧工业时代大有可为。MEMS 温/湿度传感器可用于环境条件的检测,MEMS 加速度计可以用来监测工业设备的振动和旋转速度。高精度的 MEMS 加速度计和陀螺仪可以为工业机器人的导航和转动提供精确的位置信息。

1.3 传感网技术:感知连接时代

传感网是感知万物的关键触手,是微机电系统、计算机、通信、自动控制、人工智能等多学科交叉的综合性技术。传感网将自组网技术与传感器技术相结合,实现协作地感知、采集和处理网络覆盖区域中感知对象的信息并发送给用户。传感网的核心技术包括 RFID、网络协议(MAC 协议、路由协议等)、定位和时间同步等,下面将分别进行简要介绍。

1.3.1 自组网

自组织网络(Ad Hoc Network),简称自组网,是一种自治多跳无中心网络。用户终端可以随意地自主进入和离开网络,任一节点出现故障并不会影响整个网络的正常运行,具备很强的抗毁性,为军事通信、临时通信和灾区救援等场景提供有效的基础支撑。随着移动通信技术的飞速发展和普及,自组网将成为移动通信的核心技术之一,被广泛地应用于军事、民用和工业等各个领域。

1. 基本概念

自组网是由一组带有无线转发装置的移动节点组成的无中心网络，其不依赖于预设的基础设施，网络节点基于自身的无线转发装置自由组网以实现通信。当交互节点不在彼此的通信范围内时，须借助其他中间节点转发数据分组实现多跳通信。自组织网络起源于 1968 年美国夏威夷大学建立的 ALOHA 网络，随后于 1973 美国又提出了 PR（Packet Radio）网络。IEEE 在开发 802.11 标准时，提出将 PR 网络改名为 Ad Hoc 网络，即今天我们常说的自组网。

自组网具备以下特点：

（1）无中心对等网络。常规网络中存在路由器、服务器、基站等控制设备，用户终端通过这些控制设备实现通信，因此终端与这些设备的地位是不对等的。自组网没有严格的控制设备，网络节点兼备终端和路由功能，所有节点地位平等。

（2）网络拓扑结构动态变化。网络节点随机移动、节点自主关机/开机、无线信道干扰等因素，导致节点间通过无线链路形成的网络拓扑结构频繁变化。

（3）多跳通信方式。节点的发射功率受限，节点通信范围有限。当网络节点与其通信范围之外的节点进行通信时，须借助中间节点中继转发数据分组才能实现。

（4）传输带宽受限。由于自组网采用无线传输技术，无线信道自身的物理特性决定了所能提供的带宽比有线信道要小。此外，共享信道竞争产生的碰撞、干扰、信号衰减等因素，使得每个节点使用的实际带宽远小于理论上的物理带宽。

（5）有限的节点能量。网络节点的能量大多由电池供应，电池的能量是有限的，这限制了节点的能量使用。

（6）安全问题。自组网比固定的有线网络容易遭受链路层的攻击、被窃听和破坏。

2. 应用领域

自组网因具备自组织、自管理、大规模和抗毁性强等特点，受到军民等领域的广泛关注。随着自组网及其相关技术的快速发展，自组网将会在

以下场景中得到更广泛的应用。

（1）军事领域。在战争环境中，基站等通信设备经常会遭到对方的攻击，由于自组网不依赖于预设的基础设施，这为作战通信带来了巨大的帮助和支撑。依赖于自组网，无人机集群网络应运而生，并被广泛应用于军事作战场景中，如紧急救援、侦察与监控。

（2）车联网。随着智能驾驶技术的发展和普及，车辆间的信息传输也变得频繁，基于自组网搭建的车联通信系统也得到了广泛的应用，称为车联网。每辆车被看作网络中的一个节点，能够感知周围的车流量和事故信息，并将所感知的信息发送给其他车辆或后端数据库，以改善行车效率，减少交通事故等事件的发生。

（3）无线传感网络。传感器作为收集特定信息的设备已被广泛应用于生活中的各个领域，大量的数据信息需要在网络中传输。然而在很多环境下，传感器难以通过固定的设备进行信息传输，这需要依靠自组网来解决。

（4）个人域网络。也称为体域网，仅包含与个体相关的设备，这些设备无法与广域网连接。蓝牙技术是一种典型的个人域网络技术，但其只能用于室内近距离通信。因此，自组网为建立 PAN 与 PAN 之间的多跳互联提供了可能。一个典型的应用是个体健康监测，基于自组网，将个体监测设备、医护人员终端设备及后端医疗分析设备相连，以随时随地对患者健康状况进行监测和评估。

（5）紧急救灾。在紧急突发情况下，由于自然灾害（如地震、海啸等）或其他各种原因导致网络基础设备被破坏，此时可借助自组网技术快速搭建临时网络，以提供可靠通信，从而减少营救时间和灾难带来的危害。

1.3.2 RFID

1. 基本概念

RFID 是一种无线通信技术，可以通过无线电信号识别特定目标并读写相关数据，而无须识别系统与特定目标之间建立机械或光学接触。射频识别最重要的优点是非接触识别，它能穿透雪、雾、冰、涂料、尘垢和条形码无法使用的恶劣环境阅读标签,并且阅读速度极快,大多数情况下不到 100ms。

RFID 技术的优势不在于监测设备及环境状态,而在于"识别"。即通过主动识别进入磁场识别范围内的物体来做相应的处理。RFID 不是传感器,它主要通过标签对应的唯一 ID 号识别标志物。而传感器是一种检测装置,能感受到被测量的信息,并能将检测感受到的信息按一定规律变换为电信号或其他所需形式的信息输出,以满足信息的传输、处理、存储、显示、记录和控制等要求。它是实现自动检测和自动控制的首要环节。

2. RFID 系统组成

射频识别系统主要由三部分组成:电子标签、天线、阅读器。此外,还需要专门的应用系统对阅读器识别做相应处理,如图 1-5 所示。

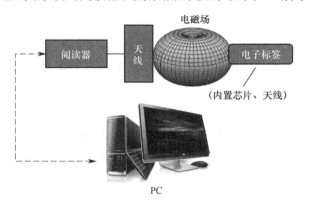

图 1-5 射频识别系统的组成结构

1)电子标签

电子标签也称射频标签、应答器,由芯片及内置天线组成。芯片内保存有一定格式的电子数据,作为待识别物品的标识性信息,是射频识别系统的数据载体。内置天线用于和射频天线间进行通信。

2)阅读器

阅读器是读取或读/写电子标签信息的设备,主要任务是控制射频模块向标签发射读取信号,并接收标签的应答,对标签的对象标识信息进行解码,将对象标识信息连带标签上其他相关信息传输到主机以供处理。

3)天线

天线是标签与阅读器之间传输数据的发射/接收装置。

3. 基本工作原理

RFID 电子标签技术是物联网的核心技术,是能够让物品自我介绍的一种技术。它采集物品的信息,并给它贴上特定的标签,通过无线数据通信网络把它们自动采集到中央信息系统,实现物品(商品)的识别,进而通过开放性的计算机网络实现信息交换和共享,实现对物品的"透明"管理。

RFID 技术的基本工作原理是:标签进入磁场后,接收解读器发出的射频信号,凭借感应电流所获得的能量发送出存储在芯片中的产品信息(Passive Tag,无源标签或被动标签),或者主动发送某一频率的信号(Active Tag,有源标签或主动标签);解读器读取信息并解码后,送至中央信息系统进行有关数据处理。

一套完整的 RFID 系统由阅读器(Reader)与电子标签(Tag)也就是所谓的应答器(Transponder)及应用软件系统三部分组成,其工作原理是 Reader 向 Transponder 发射一特定频率的无线电波能量,用以驱动 Transponder 电路将内部的数据送出,此时 Reader 就依序接收解读数据,送给应用程序做相应的处理。

RFID 卡片阅读器及电子标签之间的通信及能量感应方式大致可以分成:感应耦合(Inductive Coupling)及后向散射耦合(Backscatter Coupling)两种,一般低频的 RFID 大都采用第一种方式,而较高频的 RFID 大多采用第二种方式。

(1)感应耦合:依据电磁感应定律,通过空间高频交变磁场实现耦合。感应耦合方式一般适合于中、低频工作的近距离 RFID 系统。

(2)后向散射耦合:依据电磁波的空间传播规律,发射出去的电磁波碰到目标后发生反射,从而携带回相应的目标信息。后向散射耦合方式一般适合于高频、微波工作的远距离 RFID 系统。

通俗的理解,感应耦合这种方式主要应用在低频(LF)、高频(HF)波段,由于低频 RFID 系统的波长更长,能量相对较弱,因此主要依赖近距离的感应来读取信息。后向散射耦合主要应用在高频、超高频(UHF)波段,由于高频率 RFID 系统的波长较短,能量较高。因此,阅读器天线可以向标签辐射电磁波,部分电磁波经标签调制后反射回阅读器天线,经解码以后发送到中央信息系统接收处理。

阅读器根据使用的结构和技术不同可以是读或读/写装置,是 RFID 系统信息控制和处理中心。阅读器通常由耦合模块、收发模块、控制模块和接口单元组成。阅读器和应答器之间一般采用半双工通信方式进行信息交换,同时阅读器通过耦合给无源应答器提供能量和时序。在实际应用中,可进一步通过 Ethernet 或 WLAN 等实现对物体识别信息的采集、处理及远程传送等管理功能。应答器是 RFID 系统的信息载体,目前应答器大多是由耦合元件(线圈、微带天线等)和微芯片组成的无源单元。

4．RFID 系统分类

目前,按照 RFID 系统使用的频率范围,可将 RFID 系统划分为四个应用频段:低频、高频、超高频和微波,如表 1-1 所示。其中,LF 和 HF 频段 RFID 电子标签一般采用电磁耦合原理(电磁感应),而 UHF 及微波频段的 RFID 一般采用电磁发射(电磁传播)原理。

表 1-1 RFID 系统分类

系统分类	频率	波长	通信距离	受水或金属影响	传输速率	读取方式	成本	典型应用
低频(LF)	约 125kHz	约 2000m	<0.5m	不影响	很慢	电磁感应	低	门禁
高频(HF)	约 13.56MHz	约 20m	<1.5m	影响较小	较慢	电磁感应	低	会员卡
超高频(UHF)	约 840~960MHz	约 31~36cm	3~10m	影响严重	较快	电磁传播	中	仓储管理
微波	约 2.45GHz、5.8GHz	约 12/5 cm	3~10m	影响严重	很快	电磁传播	高	道路收费系统

1)低频射频标签

低频射频标签简称为低频标签,其工作频率范围为 30~300kHz。典型工作频率有 125kHz 和 133kHz。低频标签一般为无源标签,其工作能量通过电感耦合方式从阅读器耦合线圈的辐射近场中获得。低频标签与阅读器之间传送数据时,低频标签需要位于阅读器天线辐射的近场区内。低频标签的阅读距离一般情况下小于 1m。

典型应用:动物识别、容器识别、工具识别、电子闭锁防盗(带有内置应答器的汽车钥匙)等。

2)高频射频标签

高频射频标签的工作频率一般为 3~30MHz。典型工作频率为 13.56MHz。该频段的射频标签,因其工作原理与低频标签完全相同,即采用电感耦合方式工作,所以宜将其归为低频标签类中。但另外,根据无线电频

率的一般划分，其工作频段又称为高频，所以也常将其称为高频标签。

高频标签一般也采用无源为主，其工作能量同低频标签一样，也通过电感（磁）耦合方式从阅读器耦合线圈的辐射近场中获得。标签与阅读器进行数据交换时，标签必须位于阅读器天线辐射的近场区内。中频标签的阅读距离一般情况下也小于 1m。

典型应用：电子车票、电子身份证、电子闭锁防盗（电子遥控门锁控制器）、小区物业管理、大厦门禁系统等。

3）超高频、微波射频标签

超高频与微波频段的射频标签简称为微波射频标签，其典型工作频率有 433.92MHz、862（902）~ 928MHz、2.45GHz、5.8GHz。

微波射频标签可分为有源标签与无源标签两类。工作时，射频标签位于阅读器天线辐射场的远场区内，标签与阅读器之间的耦合方式为电磁耦合方式。阅读器天线辐射场为无源标签提供射频能量，将有源标签唤醒。相应的射频识别系统阅读距离一般大于 1m，典型情况为 4~6m，最大可达 10m 以上。阅读器天线一般均为定向天线，只有在阅读器天线定向波束范围内的射频标签可被读/写。由于阅读距离的增加，应用中有可能在阅读区域中同时出现多个射频标签的情况，从而提出了多标签同时读取的需求。

典型应用：铁路车辆自动识别、集装箱识别，还可用于公路车辆识别与自动收费系统。

5. 应用实例

1）交通管控

ETC 系统，即通常所说的不停车收费系统，它是以现代通信技术、电子技术、自动控制技术、计算机和网络技术等高新技术为主导，实现车辆不停车自动收费的智能交通电子系统。

当装有 RFID 标签的车辆在 0~10m 范围内接近 ETC 读写器时，ETC 读写器受控发出微波查询信号，安装在受查车辆固定位置的电子标签收到读写器的查询信号后，将此信号与电子标签自身的数据信息（如高速里程）反射回读卡器。这种技术可以减少人为的乱收费现象，同时提高通关速度、防止堵车。

ETC 系统要求 RFID 能够实现至少 10m 的远距离识别。由于技术要求

第1章 智联网技术概述

和实际情况的不同,所采用的读卡器的型号也不同。日本、美国、中国等大多数国家的标准定在 5.8～5.9GHz 频段。在我国选用 5.8GHz 频段,具有如下优点:首先,我国通信系统标准体系靠近欧洲体系,无线电频率资源的分配大致相同;其次,5.8GHz 频段背景噪声小,而且解决该频段的干扰和抗干扰问题要比解决 915MHz、2.45 GHz 频段时容易。

2)监狱司法

监狱智能管理系统可以安全可靠地区分、识别劳动教育人员、管理人员,将管理系统中每个人的信息和现实中的每个人一一对应,从真正意义上实现劳教所管理信息化。其应用是服刑人员佩带腕式标签,在监狱的主要出入口装上阅读器和定位器,当服刑人员到达定位器的有效感应区域的时候,定位器就把自身的位置信息发送给腕式标签,腕式标签再将接收到的位置信号和自身的 ID 信息传递给阅读器,由阅读器将信息传递给计算机系统,并统一分析腕式标签的 ID 信息和地址信息是否正常、腕式标签的活动状态是否异常。如果发现异常,则发出警报,通知监狱管理人员。

感应式电子巡更通过采用 RFID 技术,将巡逻人员在巡更巡检工作中的时间、地点及情况自动准确记录下来。感应式电子巡更和标签无须接触,即可通过相互之间的电波对射达到读卡效果,避免接触带来的磨损。这种腕带能够实时监控服刑人员的个人信息和活动信息。但是,这种腕带是可摘除的,这对防止服刑人员逃逸似乎没什么作用。

3)流通领域

RFID 技术使合理的产品库存控制和智能物流技术成为可能。它在物流行业的应用流程是:每个产品出厂时都被附上电子标签,然后通过读写器写入唯一的识别代码,并将物品的信息录入到数据库中。此后装箱销售、出口验证、到港分发、零售上架等各环节都可以通过读写器反复读写标签。标签就是物品的"身份证"。借助电子标签,可以实现对原料、半成品、成品、运输、仓储、配送、上架、最终销售,甚至退货处理等环节进行实时监控。RFID 技术提高了物品分拣的自动化程度,降低了差错率,使整个供应链管理显得透明而高效。

4)防伪领域

目前,国际防伪领域逐渐兴起的 RFID 技术,其优势已经引起了广泛的关注:非接触、多物体、移动识别;企业加入防伪功能简单易行;防伪过程几乎不用人工干预;防伪过程中标签数据不可见、无机械磨损、防污

损；支持数据的双向读写；与信息加密技术结合，使标签不易伪造；易于与其他防伪技术结合使用。

工作频率在 UHF（860～960MHz）的 RFID 技术读写距离达到 10m，而且无源被动式射频标签成本低，因此在供应链管理领域受到了广泛的关注。它利用无线射频方式进行非接触双向通信，以达到识别目的并交换数据。与其他防伪技术如激光防伪、数字防伪等技术相比，无线射频识别技术防伪的优点在于：每个标签都有一个全球唯一的 ID 号码——UID，UID 是在制作芯片时放在 ROM 中的，无法修改，无法仿造；无机械磨损，防污损；读写器具有不直接对最终用户开放的物理接口，保证其自身的安全性；数据安全方面除标签的密码保护外，数据部分可用一些算法实现安全管理。

国际上，在护照防伪、电子钱包等方面已可以在标准护照封面或证件内嵌 RFID 标签，其芯片同时提供安全功能并支持硬件加密，符合 ISO 14443 的国际标准。国内在此领域也已经形成了相当规模的应用，二代身份证的推广应用就是此方面的典型代表。相信这一技术很快会在其他的重要证件发放管理中得到广泛应用。非法企业生产假冒伪劣产品、以次充好、牟取暴利，不法人员伪造证件等违法犯罪行为给社会造成了极大的危害，严重影响了社会秩序，影响了国家的经济建设。RFID 防伪技术的广泛应用不仅将为企业带来直接的经济效益，还将为国家相关管理部门正确、及时、动态、有效地监管特殊物品生产经营单位的生产状况，打击和取缔非法生产活动，堵塞管理漏洞，消除安全隐患，保障国家和人民的生命财产安全，为国民经济持续发展提供有力的技术保障。

1.3.3 MAC 协议

1．基本概念

MAC（Medium Access Control）即介质访问控制。在无线网络中，MAC 协议用于制定网络节点接入无线信道的规则，能够使数据报文的传输冲突减少并缩短等待接入信道的时间，以提升网络性能。

2．主要体现方面

1）能量效率

能量效率表示网络节点传输单位数据所需要消耗的能量。有的无线网络节点部署在难以提供持续电源的环境中，此时能量效率对于降低能耗、提升网络寿命起着至关重要的作用。

2）可拓展性

可拓展性表示网络在面对环境变化时的适应能力。无线网络因其成本低廉、部署灵活的优势，常常应用于陌生或恶劣的环境中，因此需要网络对无线信道性能、数据流量、拓扑结构的变化具有足够的适应力。

3）网络效率

网络效率综合表示网络的各类性能，与有线网络相似，无线网络效率包括时延、吞吐率、公平性、可靠性等。

4）算法复杂度

算法复杂度包括时间复杂度和空间复杂度。由于无线网络节点通常结构简单，电量供应也比较受限，在无线网络节点上运行的算法也需要尽量减少其占用的存储空间和运算力。

3．面临的问题

无线网络 MAC 协议运行包括感知、通信、计算三个主要模块。

（1）感知：无线节点在传输数据前可通过侦听信道确定信道是否空闲，但也存在隐藏端和暴露端问题。无线节点还可通过休眠来节省能量，休眠过程中也需要定期或不定期地侦听信道，确定是否有报文需要收发。

（2）通信：无线节点需要合理规划数据收发时机及信道选择，尽量减少无线信号的冲突，提升能量效率和网络性能。

（3）计算：无线节点的计算能力和供电通常比较受限，过于复杂的计算会严重影响网络的性能与寿命。

4．MAC 协议分类

（1）根据信道分配策略的不同，MAC 协议可分为竞争型 MAC 协议、非竞争型 MAC 协议和混合型 MAC 协议。

（2）根据流量产生模式不同，MAC 协议可分为时间触发型 MAC 协议、事件触发型 MAC 协议和混合触发型 MAC 协议。

（3）根据 MAC 协议使用的信道数目不同，MAC 协议可分为单信道 MAC 协议和多信道 MAC 协议。

（4）根据协议的部署方式不同，MAC 协议可分为集中式 MAC 协议和

分布式 MAC 协议。

以第二种分类为例,简要介绍三种协议。

时间触发型 MAC 协议:各发送节点依一定的频率传输数据报文,其特点是数据流量稳定,易于预测。时分复用等 MAC 协议可以保证稳定的低时延,得到广泛使用,功率域信道复用技术的发展也有助于提升该类型 MAC 协议的性能。

事件触发型 MAC 协议:各发送节点在随机时间传输数据报文,其特点是数据流量随机,难以预测,不利于预先安排各节点接入信道的时间,而随机接入信道的 MAC 协议可以灵活安排有需求的节点传输报文[14]。

混合触发型 MAC 协议:介于上述两者之间,数据流量分批产生,各批次流量随机生成,同批次流量内数据定期传输,因此其数据可以在一定程度上预测。混合触发型 MAC 协议需要合理利用混合型流量场景中流量的规律性[15]。

1.3.4 路由协议

1. 基本概念

在自组网中,数据需要通过多跳通信方式传输,因此路径选择算法是网络层设计的一个主要任务。路由协议是自组网的关键技术之一,主要负责寻找一条从源节点到目的节点的最优路径以满足不同服务质量。数据分组将沿该路径进行转发和传输。

2. 主要分类

当前自组网路由协议主要分为基于网络拓扑路由协议、基于地理位置信息路由协议和基于机器学习方法的路由协议。

1)基于网络拓扑路由协议

基于网络拓扑路由又可分为静态路由、主动路由、按需路由和混合式路由四类。

静态路由基于固定的路由表路由,仅适用于网络拓扑结构不变的业务环境,对网络拓扑结构变化的业务环境是不适用的。常见的静态路由包括负载携带和传递路由(Load Carry and Deliver Routing,LCAD)[16]与数据中心路由(Data Centric Routing,DCR)。LCAD 是自组网发展初期使用的静态路由算法,其优点是可同时增强网络安全和提高网络吞吐量;缺点是平均端对端时延随网络成员之间通信视距的扩大而迅速上升。DCR 可满足小规模自组网中多对一的分组传递要求,但不适用于大规模组网。

主动路由可定期更新路由表,因网络中的每个节点都有现成的路由表可供即时选择路径,平均端对端时延会很低;缺点是网络收敛所需时间长、控制开销大。典型的主动路由协议有目标序列距离矢量(Destination-Sequenced Distance-Vector,DSDV)[17]路由协议,该协议把路由的序列号作为第一属性、跳数作为第二属性进行优先选择,但是当网络拓扑结构高速变化时,无论节点是否发送数据都必须进行周期性更新,网络控制开销会增大;此外,各个节点都必须保留到达全部节点的路由,严重占用内存。

按需路由协议在传输数据前才查询传输路径,优点是能够降低控制开销,缺点是没有现成的路由表供即时传输路径选择,导致端对端时延高。常用于自组网的按需路由协议有基于时隙请求的按需距离矢量(Ad hoc On-demand Distance Vector,AODV)[18]路由,AODV 为每个网络成员单独分配转发时隙,可有效提高数据转发的成功率,但控制开销较大。

混合路由是由主动路由和按需路由融合而成的路由,集合了主动路由低时延和按需路由网络控制开销低的优点,主要适用于网络拓扑结构稳定的网络。区域路由(Zone Routing,ZR)[19]是这类路由的典型代表;ZR 在小尺度范围采用主动路由,在大尺度范围采用按需路由,以提升网络的扩展能力。

由于自组网具有动态变化的网络拓扑结构特征,基于网络拓扑路由协议会带来较大的路由开销,因而基于地理位置信息的路由成为提升路由性能的主要选项。

2)基于地理位置信息路由协议

GPSR[20]是由 Harvard University 的著名学者 Brad Karp 领导的研究小组提出的以地理信息为基础的路由协议,近年来被广泛地用于自组网领域。该协议以网络节点的地理信息为依据来制定数据包传送策略和传输路径。Shirani R. 等人通过仿真实验验证了 GPSR 协议在节点密度较大的自组网中具有良好的性能。然而由于在 GPSR 中路由转发采用右手定则绕过空洞区域,当传递路径上高频率遇到空洞时,其决策的下一跳存在随机性,导致跳数增加。近年来,有很多学者对 GPSR 进行改进,如引入多点定向传送数据包的 GPSR-EZ 路由协议[21]。

3）基于机器学习方法的路由协议

近年来，已开展基于机器学习算法的路由协议的研究工作。这类路由协议利用机器学习算法的学习能力，基于对网络拓扑结构、信道状态、用户行为、流量移动性等更准确的感知来进行最优路由路径选择。这些算法桥接物联网和人工智能两个研究领域，以实现智联网。以下是一些典型的基于机器学习方法的路由协议。

Boyan 等人[22]首次将强化学习引入静态网络的路由问题中，提出了一种自适应算法 Q-routing。随后，一些研究者基于 Q-routing 提出了适用于自组网的基于强化学习路由协议。Jung 等人[23]提出基于 Q-learning 的地理临时路由协议（QGeo）。这是一种基于强化学习的地理路由方案，用于减少高移动性场景中的网络开销。Liu 等人[24]改进了 QGeo 路由协议，并提出了一种基于 Q-learning 的多目标优化路由协议（QMR）。与 QGeo 相比，QMR 具有更低的端到端时延、更低的能耗和更高的数据包到达率。

为了改善路由协议对网络拓扑结构变化的自适应能力，一些学者将深度学习与强化学习结合，提出了基于深度强化学习的路由协议。Liu 等人[25]提出一种基于深度强化学习的自适应和可靠路由协议（ARdeep）。这是一种基于深度强化学习的自适应和可靠路由协议，它使用马尔可夫决策过程模型制定路由决策，以适应网络环境的变化。它在路由决策中综合考虑链路状态、包的错误率、链路的预期连接时间、节点剩余能量、节点到目的地的距离等，来精确推断网络环境，做出更合适的转发决策。仿真结果表明，ARdeep 优于现有 QGeo 路由协议。

近年来，网络编码技术被引入路由协议设计中，以改善数据传输速率和可靠性。随机线性网络编码（RLNC）[26]是一种经典的网络编码方法，其中所有网络节点将到目前为止收到的所有数据包保存在其缓冲区中，并使用来自某个无限域的随机系数转发这些数据包的线性组合。由于其随机选择线性组合系数的特性，RLNC 不能根据网络环境的变化（如变化的链路质量和变化的中间节点数量）来自适应地调整编码系数。Wang 等人[27]提出了一种基于深度强化学习的智能网络编码算法，可用于路由协议设计，优化端到端时延和能耗。该方法将编码系数优化问题表示为一个马尔可夫决策过程，并采用深度强化学习算法来优化编码系数。不同于 RLNC 算法随机选择编码系数，该方法根据当前网络状况自学习和动态调整源节点和每个中继节点的编码系数。实验结果表明，该方法具有良好的泛化能力，能够很好地适应链路质量快速变化的动态场景。

1.3.5 定位

1．基本概念[28]

在大部分传感网应用场合里，必须知道节点的具体位置才是有意义的。通过人工测量或配置来获取节点的精确坐标的方法往往是不可行的，这时传感网能够通过网络内部节点之间的相互测距和信息交换，形成一套全网节点坐标，进行精确位置数据输出。

网络中传感器节点自身位置信息的获取是大多数应用的基础。首先，传感器节点必须明确自身位置才能详细说明"在什么位置发生了什么事件"，从而实现对外部目标的定位和跟踪；其次，了解传感器节点的位置分布状况可以对提高网络的路由效率提供帮助，从而实现网络的负载均衡及网络拓扑结构的自动配置，改善整个网络的覆盖质量。因此，必须采取一定的机制或算法来实现无线传感网中各节点的定位。

2．定位方法的性能评价标准

传感网定位性能的评价标准主要分为七种，下面分别进行介绍。

1）定位精度

定位技术首要的评价指标就是定位精度，其又分为绝对精度和相对精度。绝对精度是测量的坐标与真实坐标的偏差，一般用长度计量单位表示。相对误差一般用误差值与节点无线射程的比例表示。定位误差越小，定位精度越高。

2）规模

不同的定位系统或算法也许可以在一栋楼房、一层建筑物或仅仅是一个房间内实现定位。另外，给定一定数量的基础设施或一段时间，一种技术可以定位多少目标也是重要的评价指标。

3）锚节点密度

锚节点定位通常依赖人工部署或使用 GPS 实现。人工部署锚节点的方式不仅受网络部署环境的限制，还严重制约了网络和应用的可扩展性。而使用 GPS 定位，锚节点的费用会比普通节点高两个数量级，这意味着即使仅有 10%的节点是锚节点，整个网络的价格也将提高 10 倍。另外，定位精

度随锚节点密度的增加而提高的范围有限,当到达一定程度后不会再提高。因此,锚节点密度也是评价定位系统和算法性能的重要指标之一。

4)节点密度

节点密度通常用网络的平均连通度来表示,许多定位算法的精度受节点密度的影响。在无线传感网中,节点密度增大不仅意味着网络部署费用的增加,而且会因为节点间的通信冲突问题带来有限带宽的阻塞。

5)容错性和自适应性

定位系统和算法都需要比较理想的无线通信环境和可靠的网络节点设备。而真实环境往往比较复杂,且会出现节点失效或节点硬件受精度限制而造成距离或角度测量误差过大等问题,此时,物理地维护或替换节点或使用其他高精度的测量手段常常是困难或不可行的。因此,定位系统和算法必须有很强的容错性和自适应性,能够通过自动调整或重构纠正错误,对无线传感网进行故障管理,减小各种误差的影响。

6)功耗

功耗是对无线传感网的设计和实现影响最大的因素之一。由于传感器节点的电池能量有限,因此在保证定位精度的前提下,与功耗密切相关的定位所需的计算量、通信开销、存储开销、时间复杂性是一组关键性指标。

7)代价

定位系统或算法的代价可从不同的方面来评价。时间代价包括一个系统的安装时间、配置时间、定位所需时间;空间代价包括一个定位系统或算法所需的基础设施和网络节点的数量、硬件尺寸等;资金代价则包括实现一种定位系统或算法的基础设施、节点设备的总费用。

3. 主要定位方法

传感网的定位方法较多,可以根据数据采集和数据处理方式的不同来进行分类。在数据采集方式上,不同的算法需要采集的信息有所侧重,如距离、角度、时间或周围锚节点的信息,其目的都是采集与定位相关的数据,并使其成为定位计算的基础。在信息处理方式上,无论是自身处理还是上传至其他处理器处理,其目的都是将数据转换为坐标,完成定位功能。目前比较普遍的分类方法有三种:

(1)依据距离测量与否可划分为:测距算法和非测距算法。其中测距法是对距离进行直接测量，非测距算法依靠网络连通度实现定位，测距算法的精度一般高于非测距算法，但测距算法对节点本身硬件要求较高，在某些特定场合，如在一个规模较大且锚节点稀疏的网络中，待定位节点无法与足够多的锚节点进行直接通信测距，普通测距方法很难进行定位，此时需要考虑用非测距的方式来估计节点之间的距离，两种算法均有其自身的局限性。

（2）依据节点连通度和拓扑分类可划分为：单跳算法和多跳算法。单跳算法较多跳算法来说更加简便易行，但是存在着可测量范围过小的问题，多跳算法的应用更为广泛，当测量范围较广，导致两个节点无法直接通信的情况较多时，需要利用多跳通信来解决。

（3）依据信息处理的实现方式可划分为：分布式算法和集中式算法。以监测和控制为目的的算法因为其数据要在数据中心汇总和处理，大多使用集中式算法，其精度较高，但通信量较大。分布式算法是传感器节点在采集周围节点的信息后，在其自身的后台执行定位算法，该方法可以减少网络通信量，但目前节点的能量、计算能力及存储能力有限，复杂的算法难以在实际平台中实现。

其中，基于测距的算法中，距离的测量方法主要有以下三种：第一种是基于时间的方法，包括基于信号传输时间的方法（Time Of Arrival，TOA）和基于信号传输时间差的方法（Time Difference Of Arrival，TDOA）；第二种是基于信号角度的方法（Angle Of Arrival，AOA）；第三种是基于接收信号强度的方法（Received Signal Strength Indicator，RSSI）。

4. 新型定位算法

除了传统的定位算法，新型的无线传感网定位算法也逐渐出现，如基于移动锚节点的定位算法、三维定位算法及智能定位算法等，下面分别介绍：

1）基于移动锚节点的定位算法

利用移动锚节点定位可以避免网络中多跳和远距离传输产生的定位误差累计，并且可以减少锚节点的数量，进而降低网络成本。例如 MBAL（Mobile Beacon Assisted Localization）定位算法，锚节点在移动过程中随时更新自身的坐标，并广播位置信息。未知节点测量与移动节点处于不同位置时的距离，当得到三个或三个以上的位置信息时，就可以利用三边测量法确定自己的位置，进而升级为锚节点。此外，移动锚节点用于定位所有未知节点时所移动的路径越长则功耗越大，因此对移动锚节点的活动路径法是对距离进行直接测量，非测距算法依靠网络连通度实现定位，测距算法的精度一般高于非测距算法，但测距算法对节点本身硬件要求较高，在某些特定场合，如在一个规模较大且锚节点稀疏的网络中，待定位节点无法与足够多的锚节点进行直接通信测距，普通测距方法很难进行定位，此时需要考虑用非测距的方式来估计节点之间的距离，两种算法均有其自身的局限性。

（2）依据节点连通度和拓扑分类可划分为：单跳算法和多跳算法。单跳算法较多跳算法来说更加简便易行，但是存在着可测量范围过小的问题，多跳算法的应用更为广泛，当测量范围较广，导致两个节点无法直接通信的情况较多时，需要利用多跳通信来解决。

（3）依据信息处理的实现方式可划分为：分布式算法和集中式算法。以监测和控制为目的的算法因为其数据要在数据中心汇总和处理，大多使用集中式算法，其精度较高，但通信量较大。分布式算法是传感器节点在采集周围节点的信息后，在其自身的后台执行定位算法，该方法可以减少网络通信量，但目前节点的能量、计算能力及存储能力有限，复杂的算法难以在实际平台中实现。

其中，基于测距的算法中，距离的测量方法主要有以下三种：第一种是基于时间的方法，包括基于信号传输时间的方法（Time Of Arrival，TOA）和基于信号传输时间差的方法（Time Difference Of Arrival，TDOA）；第二种是基于信号角度的方法（Angle Of Arrival，AOA）；第三种是基于接收信号强度的方法（Received Signal Strength Indicator，RSSI）。

4．新型定位算法

除了传统的定位算法，新型的无线传感网定位算法也逐渐出现，如基于移动锚节点的定位算法、三维定位算法及智能定位算法等，下面分别介绍：

1）基于移动锚节点的定位算法

利用移动锚节点定位可以避免网络中多跳和远距离传输产生的定位误差累计，并且可以减少锚节点的数量，进而降低网络成本。例如，MBAL（Mobile Beacon Assisted Localization）算法，锚节点在移动过程中随时更新自身的坐标，并广播位置信息。未知节点测量与移动节点处于不同位置时的距离，当得到三个或三个以上的位置信息时，就可以利用三边测量法确定自己的位置，进而升级为锚节点。此外，移动锚节点用于定位所有未知节点时所移动的路径越长则功耗越大，因此对移动锚节点的活动路径签经过磁场后生成感应电流,把数据传送出去,以多对双向通信交换数据,从而达到识别和三角定位的目的。

射频识别室内定位技术作用距离很近,但它可以在几毫秒内得到厘米级定位精度的信息,且由于电磁场非视距等优点,传输范围很大,而且标识的体积比较小,造价比较低。但其不具有通信能力,抗干扰能力较差,不便于整合到其他系统之中,且用户的安全隐私保障和国际标准化都不够完善。射频识别室内定位已经被仓库、工厂、商场广泛使用在货物、商品流转定位上。

2)Wi-Fi室内定位技术

Wi-Fi定位技术有两种:一种是利用移动设备和三个无线网络接入点的无线信号强度,通过差分算法,来比较精准地对人和车辆进行三角定位;另一种是事先记录巨量的确定位置点的信号强度,通过用新加入的设备的信号强度对比拥有巨量数据的数据库,来确定位置。

Wi-Fi定位可以在广泛的应用领域内实现复杂的大范围定位、监测和追踪任务,总精度比较高,但是用于室内定位的精度只能达到2m左右,无法做到精准定位。Wi-Fi路由器和移动终端的普及,使定位系统可以与其他客户共享网络,硬件成本很低,而且Wi-Fi的定位系统可以降低射频(RF)干扰的可能性。Wi-Fi定位适用于对人或车的定位导航,可以用于医疗机构、主题公园、工厂、商场等各种需要定位导航的场合。

3)超宽带(UWB)室内定位技术

超宽带技术是近年来新兴的一项全新的、与传统通信技术有极大差异的无线通信技术。它不需要使用传统通信体制中的载波,而是通过发送和接收具有纳秒或微秒级以下的极窄脉冲来传输数据,从而具有3.1~10.6GHz量级的带宽。目前,包括美国、日本、加拿大等在内的国家都在研究这项技术,它在无线室内定位领域具有良好的应用前景。

UWB技术是一种传输速率高、发射功率较低、穿透能力较强并且是基于极窄脉冲的无线技术,无载波。正是这些优点,使它在室内定位领域得到了较为精确的结果。超宽带室内定位技术常采用TDOA演示测距定位算法,利用信号到达的时间差,通过双曲线交叉来定位。超宽带定位系统,包括产生、发射、接收、处理极窄脉冲信号的无线电系统。而超宽带室内定位系统则包括UWB接收器、UWB参考标签和主动UWB标签。定位过程中由UWB接收器接收标签发射的UWB信号,通过过滤电磁波传输过程

中夹杂的各种噪声干扰，得到含有效信息的信号，再通过中央处理单元进行测距定位计算分析。

超宽带室内定位技术可用于室内精确定位，如战场士兵的位置发现、机器人运动跟踪等。超宽带系统与传统的窄带系统相比，具有穿透力强、功耗低、抗干扰效果好、安全性高、系统复杂度低、能提供精确定位等优点。因此，超宽带室内定位技术可以应用于室内静止或移动物体及人的定位跟踪与导航领域，且能提供十分精确的定位。根据不同公司使用的技术手段或算法不同，精度可保持在 0.1～0.5m。

4）地磁定位技术

地球可视为一个磁偶极，其中一极位于地理北极附近，另一极位于地理南极附近。地磁场包括基本磁场和变化磁场两个部分，基本磁场是地磁场的主要部分，起源于地球内部，比较稳定，属于静磁场部分。变化磁场包括地磁场的各种短期变化，主要起源于地球内部，相对比较微弱。

现代建筑的钢筋混凝土结构会在局部范围内对地磁产生扰乱，指南针可能也会因此受到影响。原则上来说，非均匀的磁场环境会因其路径不同产生不同的磁场观测结果。被称为 IndoorAtlas 的定位技术，正是利用地磁在室内的这种变化进行室内导航，并且导航精度已经可以达到 0.1～2m。不过使用这种技术进行导航的过程还是稍显麻烦，需要先将室内楼层平面图上传到 IndoorAtlas 提供的地图云中，然后使用其移动客户端实地记录目标地点不同方位的地磁。记录的地磁数据都会被客户端上传至云端，这样其他人才能利用已记录过的地磁进行精确室内导航。百度于 2014 年战略投资了地磁定位技术开发商 IndoorAtlas，并于 2015 年 6 月宣布在自己的地图应用中使用其地磁定位技术，将该技术与 Wi-Fi 热点地图、惯性导航技术联合使用。精度高，可以达到米级定位标准，但磁信号容易受到环境中不断变化的电、磁信号源干扰，定位结果不稳定，精度会受影响。

5）超声波定位技术

超声波定位技术通过在室内安装多个超声波扬声器，发出能被终端麦克风检测到的超声信号，通过不同声波的到达时间差，推测出终端的位置。

由于声波的传送速度远低于电磁波，其系统实现难度非常低，可以非常简单地实现系统的无线同步，然后用超声波发送器发送，接收端采用麦克风接收，自己运算位置即可。由于声波的速率比较低，传送相同的内容需要的时间比较长，只有通过类似 TDOA 的方式才能获得较大的系统容量。

第 1 章 智联网技术概述

6）ZigBee 室内定位技术

该项技术中，通过若干个待定位的盲节点和一个已知位置的参考节点与网关之间形成组网，每个微小的盲节点之间相互协调通信以实现全部定位。

ZigBee 是一种新兴的短距离、低速率无线网络技术，这些传感器只需要很少的能量，以接力的方式通过无线电波将数据从一个节点传到另一个节点，作为一个低功耗和低成本的通信系统。ZigBee 的工作效率非常高，但 ZigBee 的信号传输受多径效应和移动的影响都很大，而且定位精度取决于信道物理品质、信号源密度、环境和算法的准确性，造成定位软件的成本较高，提高空间还很大。ZigBee 室内定位技术已经被很多大型工厂和车间的人员在岗管理系统所采用。

7）红外线室内定位技术

红外线是一种波长介于无线电波和可见光波之间的电磁波。红外线室内定位技术定位的原理是，红外线标识发射调制的红外线，通过安装在室内的光学传感器接收进行定位。虽然红外线具有较高的室内定位精度，但是由于红外线不能穿过障碍物，使红外线仅能视距传播。直线视距和传输距离较短这两大主要缺点使其室内定位的效果很差。当标识放在口袋里或者有墙壁及其他遮挡时就不能正常工作，需要在每个房间、走廊安装接收天线，造价较高。因此，红外线只适合短距离传播，而且容易被室内的灯光干扰，在精确定位上有局限性。

典型的红外线室内定位系统 Activebadges 使待测物体附上一个电子标识，该标识通过红外发射机向室内固定放置的红外接收机周期性地发送该待测物唯一 ID，接收机再通过有线网络将数据传输给数据库。这个定位技术功耗较大且常常会受到室内墙体或物体的阻隔，实用性较低。如果将红外线与超声波技术相结合，就可方便地实现定位功能。用红外线触发定位信号，使参考点的超声波发射器向待测点发射超声波，应用 TOA 基本算法，通过计时器测距定位。一方面降低了功耗，另一方面避免了超声波定位技术传输距离短的缺陷，使红外线技术与超声波技术优势互补。

8）蓝牙定位技术

蓝牙定位技术通过测量信号强度进行定位。这是一种短距离、低功耗的无线传输技术，在室内安装适当的蓝牙局域网接入点，把网络配置成基于多用户的基础网络连接模式，并保证蓝牙局域网接入点始终是这个微微网（Piconet）的主设备，就可以获得用户的位置信息。蓝牙定位技术主要应用于小范围定位，如单层大厅或仓库。

蓝牙室内定位技术最大的优点是设备体积小、易于集成在 PDA、PC 及手机中，因此很容易推广普及。理论上，对于持有集成了蓝牙功能移动终端设备的用户，只要设备的蓝牙功能开启，蓝牙室内定位系统就能够对其进行位置判断。采用该技术进行室内短距离定位时容易发现设备且信号传输不受视距的影响。根据使用的技术手段或算法不同，精度可保持在 3~15m。

9）北斗卫星等定位技术

北斗卫星定位系统是中国自主研发的，利用地球同步卫星为用户提供全天候、区域性的卫星定位系统。它能快速确定目标或用户所处地理位置，向用户及主管部门提供导航信息。

北斗卫星定位系统在 2008 年的汶川地震抗震救灾中发挥了重要作用。在当地通信设施严重受损的情况下，通过北斗卫星定位系统实现各点位、各部门之间的联络，精确判定各路救灾部队的位置，以便根据灾情及时下达新的救援任务。现阶段北斗卫星应用于民事的比较少，而市面上也可以看到有北斗手机和北斗汽车导航。

10）基站定位技术

基站定位一般应用于手机用户，手机基站定位服务又称为移动位置服务（Location Based Service，LBS），它是通过电信移动运营商的网络（如 GSM 网）获取移动终端用户的位置信息（经纬度坐标），在电子地图平台的支持下，为用户提供相应服务的一种增值业务，如目前中国移动动感地带提供的动感位置查询服务等。

由于 GPS 定位比较费电，所以基站定位是 GPS 设备的常见功能。但是基站定位精度较低，误差一般在 500~2000m。

1.3.6 时间同步

1．基本概念[29]

时间同步是无线传感网的一项重要的底层支撑技术，其目的是为网络中节点的本地时间提供共同的时间戳，无线传感器节点间的时间同步是实现节点的协同感知、通信、能量管理等网络功能的前提条件。作为无线传感网技术中的一项关键技术,时间同步技术不仅需要提高时间同步精度来实现系统运行的可靠性,还需要减少时间同步开销,延长网络寿命,实现系统运行的可持续性。

因为在无线传感网中,各节点相互独立并且以无线的方式进行通信,各节点都采用各自的本地时钟模块进行计时,而这种计时模块功能主要是由晶体振荡器提供的,晶振频率的误差及初始计时时刻的不同会导致节点时钟时间和本地时钟无法同步,这就会造成传感网应用无法正常运行,也会大大降低其他的服务质量。

2. 设计原则[30]

在过去的几十年里,对有线网络时间同步协议的研究已非常成熟,目前广泛用于时间同步的协议有 NTP 和 GPS,但由于无线传感网本身的特性,这些协议不适用于无线传感环境中,无线传感网时间同步协议的设计主要考虑以下几个方面:

1)可扩展性

由于传感器的廉价和微型化,使无线传感网通常包含数千个传感器节点,并且能够被广泛地部署在检测区域内,因此要求协议在大规模网络中不仅能正常工作,而且能保持较好的性能。

2)鲁棒性

无线传感网通常部署在人们无法接近、危险的环境中,外部环境的变化和传感器故障都会导致网络的高度动态性,这就要求协议能够对这些情况进行处理,保证系统的鲁棒性。

3)节点能量有限

因为传感器是由电池供电的,能量非常有限,所以时间同步协议的设计要充分考虑节点能量的消耗。

4)传输延迟

无线传感网传输延迟的不确定性严重影响了时间同步的精度,因此时间同步协议的设计要考虑传输延迟所带来的问题。

3. 技术难点

节点间时钟差异主要来源于节点晶振的差异。节点的上电时间不同带来节点不同的时间相位偏移,晶振因制作工艺和环境的影响会产生频率偏

差和频率漂移,并进一步导致节点时钟的输出时间产生偏差和漂移。无论是估计同一时刻不同节点的时间差值,还是通过对节点的晶振建立时间模型来实现时间同步,在节点进行报文交互的过程中都必然面临报文时延的不精确性。

1)发送时间(Send Time)

即发送端用于消息组装和向 MAC 层发出发送请求的时间,该时间取决于系统开销和当前处理器的负载。发送时间是不确定的,有时可以高达几百毫秒。

2)介质访问时间(Access Time)

即在信息传输开始前,等待访问传输信道的时间。介质访问时间是无线传感网消息传输延迟中最不确定的一部分,根据当前信道空闲度和网络负载状况,从几毫秒到几秒不等。

3)传输时间(Transmission Time)

即发送端发送信息所需的时间,该时间取决于信息的长度和发送端的发送速度,一般在几十毫秒左右。

4)传播时间(Propagation Time)

即从消息离开发送方开始,传播到接收方所需要的时间。传播时间在无线传感网消息传输延迟中最具确定性,仅仅取决于发送端和接收端的距离,该时间一般少于 $1\mu m$(300m 范围内)。

5)接收时间(Reception Time)

接收端接收消息的时间与发送端的传输时间是一样的。

6)接收处理时间(Receive Time)

即接收端处理接收到的消息并通知接收方应用层的时间,该时间的特点与发送时间相似。

除上述随机性较大的发送时间、介质访问时间、接收处理时间外,传输过程中存在的噪声经常会在同步报文的时延中引入部分符合高斯或指数分布的小时延。

4. 经典时间同步协议

根据节点同步过程中同步报文的传输方向和交互方式的差异,经典时间同步协议可以归纳为三类:基于接收—接收的同步机制、基于发送—接收的双向同步机制和基于发送—接收的单向同步机制。

1)基于接收—接收的同步机制

在基于接收—接收的同步机制中,由参考节点向其广播范围内的节点广播不携带任何时间信息的参考同步报文。收到参考同步报文的一个节点会向另一个节点发送接收到该参考同步报文的本地时间。此时另一个节点可以根据收到的接收时间和自身记录的接收时间得到参考同步报文到达不同节点的时间差值,即两个节点的时间差值。

接收—接收模式下的同步协议,以同一参考同步报文到达不同节点,应当在同一个时刻为出发点,通过节点间交换接收时间得到节点间的时间差值,通过补偿该时间差值来实现节点间的时间同步。

基于接收—接收的同步机制的代表时间同步协议为 RBS(Reference Broadcast Synchronisation)。该机制下的同步协议虽然能够实现较高的同步精度,但是需要大量的参考同步报文和节点间交互报文,同步开销较大。尤其是在多跳网络中,所需的报文数量和同步计算的复杂度均将成倍增加。另外,节点间报文交互是接收—接收的同步机制下实现网络时间同步的前提条件,所以基于接收—接收的同步机制不适用于跳数较多和节点分布较为稀疏的网络环境。

2)基于发送—接收的双向同步机制

在基于发送—接收的双向同步机制中,待同步节点向基准节点发送同步请求报文,基准节点收到请求报文之后,向待同步节点发送包含自身当前时间的同步应答报文。待同步节点收到此应答报文之后通过自身的本地时间估算出节点间的时间偏差和传输时延,并据此校准自己的时钟。

双向同步机制在较短时间间隔内,认为节点间的时间偏差不变且报文传输时延一致,通过两次同步报文交互获得节点间的时间信息。基于发送—接收的双向同步机制的时间同步协议主要包括 TPSN(Time-sync Protocol for Sensor Networks)和 TS/MS(Tiny Time Synchronisation Protocol /Mini Time Synchronisation Protocol)。

采用双向同步机制的 TPSN 具有较高的同步可靠性,同步性能也比较好。但是因为没有考虑节点的时钟模型和晶振存在的频率偏移,在利用 TPSN 协议同步之后,节点仍会产生新的时间偏差,因此 TPSN 必须较为频繁地进行同步操作。TS/MS 同步协议在 TPSN 的基础上采用线性节点时钟模型,通过对少量的时间点进行拟合处理便可得到节点的时间偏差和时钟漂移。TS/MS 时间同步协议采用较少的时间点得到比 TPSN 更高的同步精度，属于轻量级时间同步算法，适用于能量受限制的无线传感网。

基于发送—接收的双向同步机制的时间同步协议在具有较高同步可靠性的同时产生相对较大的同步开销。另外，双向同步协议对网络拓扑结构的扩展的兼容性较差，无法适用于动态拓扑结构网络。

3）基于发送—接收的单向同步机制

在基于发送—接收的单向同步机制的时间同步协议中，主要由基准节点向网络中单向广播包含报文发送时间的同步报文。子节点接收到同步报文之后，根据估计报文时延和记录本地报文的接收时间，对自身时间进行同步调整。

基于发送—接收的单向同步机制的时间同步方法主要包括 DMTS（Delay Measurement Time Synchronisation）、FTSP（Flooding Time Synchronisation Protocol）等方法。DMTS 方法通过估计同步报文的传输时延，将同步报文中携带的发送时间与同步报文传输时延之和作为子节点的全局时间，对子节点进行时间同步。FTSP 忽略同步报文的传输时延，认为待同步节点接收同步报文和基准节点发送报文为同一时刻，即节点记录的接收时间和准节点的发送时间为两节点间的偏差。通过对时间点进行拟合，利用线性时钟模型得到待同步节点于基准节点的时钟偏移和相位偏移。

基于发送—接收的同步机制采用单向信息交互，同步精度较高，能适应网络拓扑结构的动态变化。和双向同步机制相比，它能够有效地减少网络中的同步开销，减小网络能耗。但由于基于发送—接收的单向同步机制采用泛洪广播机制，当网络规模较大时，产生的同步报文偏多。另外，FTSP 协议中节点的多径效应使节点的同步精度不能得到保证。

总的来说，经典的时间同步协议主要通过得到节点间的时间差异，更新待同步节点的时钟来实现节点间的时间同步。在以上三种同步机制中，基于发送—接收的双向同步机制和基于发送—接收的单向同步机制均没有考虑同步报文的传输时延；基于接收—接收的同步机制以接收节点间的时间对比为基础，无须考虑参考报文传输时的发送时延、信道访问时延和传播时延，时间同步精度不受发送方影响。基于发送—接收的双向同步机制因为采用双向报文传输，所以更适用于对可靠性要求较高的应用。基于发送—接收的同步机制采用时钟模型，利用得到的时钟参数对节点的时钟偏移进行修正补偿，同步精度较高；和双向同步机制相比，单向的同步方式更适用于动态变化的网络拓扑结构。

5. 新型时间同步协议

经典的时间同步协议主要解决节点间的时间同步精度问题。新型时间同步协议在进一步提高精度的同时着手降低网络中的同步能耗,并研究应用于特定环境下的时间同步协议。

1)基于物理脉冲耦合的同步协议

经典的时间同步协议无法完全消除传输过程中时延对同步精度的影响,所以难以做到对节点间同步精度的进一步提升。在基于物理脉冲耦合的同步协议中,传感器节点被看作完全相同的耦合振荡器,通过物理方式来消除报文传输过程中的时延,实现节点间的高精度同步。

基于物理脉冲耦合的同步机制以萤火虫同步算法为主。1988 年,Buck 对萤火虫同步闪烁的现象进行了总结,并对此现象进行了基于 phase-advance 和 phase-delay 两种模式下的时间同步建模。1990 年,Mirollo 和 Strogatz 提出 M&S 脉冲耦合振荡模型,在假定脉冲时延为零的情况下,耦合振荡系统可以达到同步。1998 年,Ernst 在前人的基础上对脉冲时延情况下的耦合振荡系统的同步状况进行了研究。当一个振荡器状态激发时,会和临近的振荡器产生电耦合,使临近的振荡器产生一个耦合强度的状态增量。Ernst 通过理论证明,在脉冲时延不为零的情况下,正的耦合强度无法使振荡器之间产生同步现象,只有在负的耦合强度情况下,振荡器之间才能取得同步。

2)基于调度的时间同步协议

基于调度的时间同步协议有 TSMP(Time Synchronised Mesh Protocol)、TSCH(Time Synchronised Channel Hopping)。基于调度的时间同步机制是在网络初期将所有节点间的工作时隙、工作信道、网络结构均进行分配,并通过广播报文的形式告知网络中所有节点,节点在各自分配的时隙和分配好的邻居节点之间进行报文交互。父节点在固定的同步周期向网络广播时间同步报文,子节点在安全时间内接收到同步报文,然后根据发送时间和接收时间调整自身的时钟。如果安全时间内没有收到时间同步报文,则认为子节点与网络失去同步。

基于调度的同步机制能够达到较高的时间同步精度,但是该机制需要网络层、MAC 层及物理层进行整体协作,不再是单纯的时间同步机制。而且一般需要多信道甚至多频段的复用,整体上较为复杂。

3）分布式同步协议

经典的同步协议中，基于发送—接收的双向同步算法无法解决无线传感网中节点加入、失效和移动引起的网络拓扑结构动态变化问题，也无法较好地减小网络中的累积同步误差。为了解决这个问题，分布式同步协议应运而生。

分布式同步协议主要通过节点周期性地广播本地时间来实现网络内节点的时间同步。分布式同步协议主要包括：实现邻居节点高精度同步的梯度时间同步协议 GTSP（Gradient Time Synchronization Protocol）、分开校正频偏和相偏以实现更可靠时间同步的平均时间同步 ATS（Average Time Synch）协议、节点广播时间到网络虚拟时钟的分布时间同步协议等。

分布式同步协议不要求网络拓扑结构为层次拓扑结构，这使分布式同步协议的鲁棒性较强，能更好地适应拓扑结构动态变化的无线传感网。由于分布式同步协议主要基于全局节点进行时间扩散和不停地同步迭代，分布式同步协议的收敛速度相对于经典的同步协议来说比较慢；并且分布式同步协议中需要的同步报文数量较多，网络开销较大，不利于减小网络同步能耗。

4）混合时间同步协议

除提高时间同步精度，延长同步周期进而减少网络同步能耗之外，部分时间同步协议采用主动同步和被动同步相结合的混合时间同步机制。

混合时间同步机制中，代表节点之间采用双向的时间同步机制。在同步报文交互过程中，代表节点广播半径中的邻居节点能够监听到双向同步报文，得到同步报文中的时间信息。通过分析报文中包含的两个节点的时间信息，监听节点实现被动的时间同步。混合时间同步机制只需要代表节点之间进行报文交互，多数节点只需要对周围环境中的报文进行监听，无须发送报文，较大程度地减少了网络中的时间同步报文数量。混合时间同步机制通过主动时间同步来保证网络同步精度，通过被动时间同步来节省网络同步开销，从而实现了保证同步精度和节约能耗的双重目标。但是由于被动时间同步主要通过节点监听周围环境中的报文来实现自身的时间同步，所以混合时间同步协议中节点的分布密度不能过小，适用的网络规模不宜过大。

5）特殊用途时间同步协议

传统的时间同步协议无法适用于报文时延较长、节点移动较为频繁的水下应用，近年来针对水下传感网的特殊用途的无线同步协议逐渐发展起来。水下应用的时间同步协议主要从估计报文时延方面来实现节点同步。例如,利用邻居节点间的相对速度和多普勒频移来计算节点的真实移动速度,得到精确的报文时延,并进一步通过双向时间同步机制和基于权重的最小二乘法来求得节点相对于参考节点的相对时钟参数。

除了上述同步协议,新型的时间同步协议还包括利用外部时间源的外部梯度时间同步协议、针对移动网络拓扑结构的时间同步协议、利用卡尔曼滤波实现高精度时间同步的卡尔曼一致滤波时间同步协议和基于最大似然估计的时间同步协议等。

总的来说,新型时间同步协议主要基于非层次网络结构,更少地受到网络中心节点的制约,能够更好地适用于网络拓扑结构动态变化的无线传感网。无论是通过物理方式还是主动、被动同步方式结合,新型时间同步协议和经典时间同步协议相比,能够较大地减少网络同步能耗。另外,新型时间同步协议在提高同步精度和降低网络开销的同时,开始对特殊应用条件下的时间同步进行探索。虽然新型时间同步协议和经典时间同步协议相比有较多的优点,但是新型时间同步协议的复杂程度一般较高,对节点有较高的性能要求;而且新型时间同步协议大多数仍旧处于理论研究阶段,并没有在实际环境中大量应用。

1.4 物联网技术:万物互联时代

物联网技术是信息科技产业的第三次革命,通过信息传感设备,按约定的协议,将任何物体与网络相连,物体通过信息传播媒介进行信息交换和通信,以实现智能化识别、定位、跟踪、监管等功能,最终达到万物互联的目的。下面将从认知无线电、分布式调度、数据融合三个方面,简要介绍物联网相关技术。

1.4.1 认知无线电

随着无线通信技术的快速发展和广泛应用,各种无线通信设备竞争使用频谱资源。同时,根据美国联邦通信委员会(Federal Communications Commission,FCC)的研究,只有很少一部分频谱资源被频繁使用。因此有效提高频谱利用率具有重要意义,认知无线电便是有效提高频谱资源利用率的方法之一[31]。

智联网

1. 基本概念

1999年,Joseph Mitola博士首次提出认知无线电(Cognative Radio,CR)的概念,他认为认知无线电可以使软件无线电从预置程序的盲目执行者转变为无线电领域的智能代理,并描述了认知无线电如何通过无线电知识表示语言(Radio Knowledge Representation Language, RKRL)来提高个人无线业务的灵活性。2005年,Haykin从通信角度对认知无线电进行了定义,指出它是一个智能的无线通信系统,可以自动地感知周围频谱的使用情况,在不影响授权用户正常通信的前提下利用空闲的频谱资源。

认知无线电中具备认知功能的用户称为次用户,与之对应的是具有频谱使用权的主用户。次用户可以使用未被主用户利用的授权频谱。同时,次用户需要在主用户再次接入时,立即撤离正在使用的频谱,并感知其他可用的空闲频谱。因此,次用户首先应具有频谱感知的能力,在此基础上结合有效的频谱共享策略,与其他用户共享有限的频谱资源;其次,合适的功率控制技术是次用户动态接入授权频谱的重要保障。在最小化对主用户干扰的前提下,提高系统的吞吐量、改善次用户的服务质量。认知无线电技术被认为是下一代无线通信与网络的核心技术,是在满足用户端到端服务需求的前提下高效利用网络资源的最佳方法。

2. 主要特点

1)对环境的感知能力

此特点是CR技术成立的前提,只有在环境感知和检测的基础上,才能使用频谱资源。频谱感知的主要功能是监测一定范围的频段,并检测频谱空洞。

2)对环境变化的学习能力、自适应性

此特点体现CR技术的智能性,在遇到主用户信号时,能尽快主动退避,在频谱空洞间自如地切换。

3)通信质量的高可靠性

要求系统能够实现任何时间、任何地点的高度可靠通信,能够准确地判定主用户信号出现的时间、地点、频段等信息,及时调整自身参数,进而提高通信质量。

4）系统功能模块的可重构性

CR 设备可根据频谱环境动态编程，也可通过硬件设计，支持不同的收发技术。可以重构的参数包括工作频率、调制方式、发射功率和通信协议等。

3．体系及标准[20]

主/次用户之间的频谱资源共享是认知无线电的核心思想。认知无线电的体系结构具有多样性，主要包括广播电视网络、蜂窝网络、无线局域网（WLAN）及无线城域网（WMAN）等。美国国防高级研究计划局在 xG（Next Generation）项目中提出了一种基于认知无线电的下一代网络结构，如图 1-6 所示。从网络组成看，该网络由主用户网和次用户网组成。其中主用户网主要指现存的网络结构，次用户网包括固定基础设施和自组织，具有认知功能。

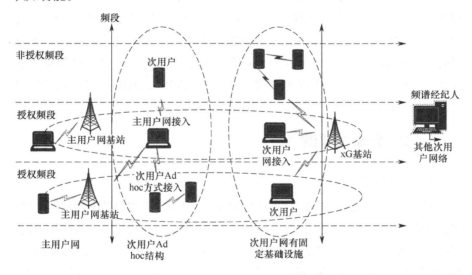

图 1-6　次认知无线电体系结构

从频谱资源看，该网络由授权频段和非授权频段组成。对于授权频段，主用户享有优先使用权，次用户只能伺机接入空闲的授权频谱；对于非授权频段，次用户无须授权即可使用，工作在这些频段的设备相互之间会产生严重干扰。为了不影响用户的通信质量，利用认知无线电技术使各用户能够动态地自适应接入空闲频谱，进而有效地提高频谱利用率。

认知无线电的标准主要有基于认知无线电技术的无线通信系统标准

智联网

802.22 和涉及动态频谱接入技术的 IEEE SCC41，IEEE 还有一些标准涉及认知无线电技术，如 IEEE 802.11（Wi-Fi）、IEEE 802.15.4（ZigBee）和 IEEE 802.16（WiMAX）。

4．应用领域

1）白频谱

白频谱指那些分配给广播电视，但实际上没有被充分使用的频段。WRC07 大会上通过了一项决议，释放广播电视频段的部分 VHF/UHF 频段供移动通信系统使用。VHF/UHF 频段穿透性好，覆盖范围大，利用认知无线电技术对该频段的再次利用，可以有效缓解频谱资源匮乏的问题。

2）能量收集

电池是无线设备的主要能量来源。电池本身寿命有限，需要定期更换与维护，同时也会造成环境污染。这些问题使得人们开始寻找一种可持续、环保的供电方式。其中，能量收集技术受到了人们的广泛关注，可收集的能量包括太阳能、热能及电磁波等多种形式。开发具有能量收集功能的认知无线电系统，在提高频谱资源利用率的同时，增加次用户的工作时间，并对主用户正在使用的繁忙信道进行能量的收集。

1.4.2　分布式调度[32]

1．基本概念

无线传感器网络、无线自组织网络和物联网等属于资源受限的网络，通常会受到节点能量、通信带宽、计算能力和存储能力等的约束。调度技术是在这些约束条件下优化网络性能的一种重要方法。网络中的节点调度根据是否能获取全局信息可以分为集中式调度与分布式调度。在分布式调度中，网络中的每个节点接收网络环境的局部信息并独立做出调度决策。

分布式调度的优化目标通常是：提高能量效率以延长网络的生存时间，减少数据包（从源节点发出到被目的节点接收）的网络延迟，提高目的节点的吞吐率，减少数据包从源节点到目的节点所经过的跳数等。优化目标可以是单个目标，也可以是多个目标的组合。优化目标的对象可以是整个网络，也可以是每个节点，对于后者的情况，节点之间的关系可以进一步分为竞争关系与合作关系。

分布式调度策略包括：控制节点处于活动状态还是休息状态；控制节点发送队列中不同数据包的发送顺序；控制不同数据包的发送时刻；为节点分配不同的发射功率；控制节点的位置等。节点在做决策时，可以仅考虑某个因素也可以同时考虑多个因素。分布式调度策略可以执行在某个协议层上，如 MAC 层或路由层，也可以通过多层协议之间共同协作最大限度地提高待优化目标。分布式调度算法的优劣，在于其是否能够达到待优化目标的最优值及对网络环境变化适应能力的强弱。

2．主要目标[23]

当前，无线传感网分布式调度方法的主要目标是：

（1）提高节点能量效率，延长节点和网络的生存期。

（2）提高覆盖度。覆盖度是指在网络监控范围内，某一区域或某一位置能被多少个节点有效感知，提高覆盖度可以提高监控的可靠性和精确度。

（3）降低网络延迟，更好地实现实时监控和多媒体应用。网络延迟指数据包从源节点发出后被汇聚节点（Sink 节点）接收所经历的时间。

（4）提高吞吐率。吞吐率是指 Sink 节点的数据接收率，反映网络带宽的利用状况，信号冲突和节点休眠会降低吞吐率。

（5）连通性，保证发送的数据能被 Sink 节点接收。节点能通过多跳通信将数据发送到 Sink 节点时，称该节点是连通的。

3．调度方法分类[20]

1）节点调度

节点调度是在完成监控任务的前提下，通过减少处于工作状态的节点数量，达到节省节点能量和延长网络生存期的一类调度方法。该类方法一般将节点的状态划分为活动和休息两种。节点在活动时，完成感知、通信和处理等任务；在休息时，会处于某种程度的休眠状态。节点调度的前提是在降低节点能量消耗的同时，不降低系统的覆盖度要求。

2）包调度

传统网络中的包调度一般指路由器对所存储数据包的发送顺序进行调整。在无线通信中，包调度的主要目的是不同数据流分配信道带宽和最大化的信道带宽。包调度也是无线传感网节点级拥塞控制方法，可以解决不同数据流的带宽分配问题。

3）传输调度

传输调度是一种传输控制机制，通过对数据包发送时刻进行分配、平滑网络数据流量、降低数据包冲突概率来达到减少传输时延或节省节点能量的目的，该类方法可在网络协议的多个层中开展。当传输调度不与媒介访问结合时，通常采用基于统计的方法对节点的传输时机进行控制。

4）功率调度

功率调度通过减小节点的发射功率，减少数据包冲突的发生，来减少传输时延和由冲突引起的能量损耗，同时延长网络生存期。该类方法还可以提高同时发送数据的节点数量，提高网络带宽。但是，功率调度后，可能会造成更多的隐藏终端，引起网络拓扑结构变化，因此需要对数据冲突进行深入分析，同时要考虑如何保证网络的连通性。

5）MAC 调度

MAC 调度将信道访问控制与调度相结合，在为上层协议提供数据链路的同时，优化节点性能。根据物理信道竞争方式的不同，MAC 调度可以分为无竞争（Content-Free Based）信道的 MAC 调度方法、基于竞争（Content Based）的 MAC 调度方法和混合策略的 MAC 调度方法三类。

无竞争信道的调度方法通过采用 TDMA、CDMA 或 FDMA 技术为节点分配不同的时槽、正交编码或工作频率，以减少信号冲突的产生。基于竞争的 MAC 协议广泛采用了各种调度机制来减少数据包的冲突，通过减少占空比来减小能量消耗、提高网络生存期。混合策略的 MAC 调度方法吸取竞争模型和无竞争模型调度方法的优点，虽然也是一种 TDMA 方法，但是考虑了物理层冲突，可以根据节点的工作负荷动态调整发送时占用的时槽。

1.4.3 数据融合[33]

1. 基本概念

数据融合（Data Fusion）的概念最早由美国学者在 20 世纪 70 年代末期提出并首先应用于军事领域。复杂多变的战争环境要求现代指挥自动化技术系统使用多种传感器并综合尽可能多的情报，以便获取全面、可靠的战场情报信息，支持指挥控制、决策过程。采用多传感器将导致系统信息量剧增且各传感器所提供信息的时间地点坐标、表达形式、可信度及不确定性、侧重点和用途等的不同,这些问题对信息的处理和管理工作提出了新的要求。数据融合就是在从信息的收集及情报获取到决策做出的过程中,处理这些信息的问题。作为支撑物联网广泛应用的关键技术之一,物联网数据融合概念是针对多传感器系统而提出的。在多传感器系统中,由于信息表现形式的多样性、数据量的巨大性、数据关系的复杂性,以及要求数据处理的实时性、准确性和可靠性都已大大超出了人脑的信息综合处理能力,在这种情况下,多传感器数据融合技术应运而生。

美国三军组织实验室理事联合会(JDL)给出了一种军事角度的定义:数据融合是一种多层次、多方面的处理过程,包括对多源数据进行检测、相关、组合和估计,从而提高状态和身份估计的精度,以及对战场态势和威胁的重要程度进行适时完整的评价。后来,JDL 将该定义修正为:数据融合是指对单个和多个传感器的信息和数据进行多层次、多方面的处理,包括:自动检测、关联、相关、估计和组合。

当前,数据融合定义的简洁表述:数据融合是利用计算机技术对时序获得的若干感知数据,在一定准则下加以分析、综合,以完成所需决策和评估任务而进行的数据处理过程。

数据融合有三层含义:

(1)数据的全空间,即数据包括确定的数据和模糊的数据、全空间的数据和子空间的数据、同步的数据和异步的数据、数字的数据和非数字的数据,它是复杂的多维多源的,覆盖全频段。

(2)数据的融合不同于组合,组合指的是外部特性,融合指的是内部特性,它是系统动态过程中的一种数据综合加工处理。

(3)数据的互补过程,数据表达方式上的互补、结构上的互补、功能上的互补、不同层次的互补,是数据融合的核心,只有互补数据的融合才可以使系统发生质的飞跃。

2.应用领域

通过数据融合,传感器系统能增强抗干扰能力、扩展时空覆盖范围、减少数据冗余、增加可信度和精确性等。随着数据融合技术的推广,数据融合技术已经被应用到包括军事、民用在内的各领域:图像融合,通过融合使多幅图片的信息融合到一幅综合多幅图片信息的新图像中,从而去除冗余或矛盾、提高信息的精准度等;工业智能机器人,通过将来自多个传

感器的雷达信号、声音信号、图像信号进行融合，完成抓取、移动、触摸等动作，实现货物搬运、零件制造、检验和装配等工作；遥感，通过高维空间分辨率全色图像和低光谱分辨率图像的融合得到高维空间分辨率和高光谱分辨率的图像，对多波段和多时段的遥感图像进行融合来增加分类的准确性；故障诊断和监控，通过提取传感器信息中的特征值，使用故障诊断方法推断得到是否存在故障的决策。

3．级别与分类

数据融合的级别共分为三级：数据级、特征级和决策级。每一级别的融合方式都有优缺点，以下将进行具体分析。

1）数据级融合

数据级融合是最低等级的融合，是直接在原始数据上进行的数值融合，在各种传感器的原始测报未经预处理之前就进行数据的特征提取与判断决策。数据级融合一般采用集中式融合体系进行融合处理。这类数据融合方法的优点在于由于只是对传感器原始数据进行数值处理，数据量上的损失较小，而且精度较高。但是也存在着一定的不足：对原始数据进行处理涉及海量数据，因此需要的计算资源较多、实时性较差；由于直接在原始数据上进行处理，原始数据反映出传感器的不确定性、不完全性及不稳定性也随之带到融合过程中，因此必须设计纠错的功能；要求传感器必须是同类的并且目标相同；数据通信要求高，抗干扰能力较差。

2）特征级融合

特征级融合属于中间层次的融合，先对来自传感器的原始信息进行特征提取（特征所反映的可以是目标的边缘、方向、速度等，然后对特征信息进行综合分析和处理。特征级融合的优点在于实现了可观的信息压缩，有利于实时处理，并且由于所提取的特征直接与决策分析有关，因而融合结果能最大限度地给出决策分析所需要的特征信息。同时，一些有用的信息可能被忽略，影响融合的性能。特征级融合一般采用分布式或集中式的融合体系。特征级融合可分为两大类：一类是目标状态融合；另一类是目标特性融合。前者主要用于多传感器目标的追踪，后者用于模式识别。

3）决策级融合

决策级融合是高层次的融合，使用不同类型的传感器观测同一个目标，每个传感器在本地完成基本的处理，其中包括预处理、特征抽取、识别或判决，以建立对所观察目标的初步结论。然后通过关联处理进行决策级融合判决，最终获得联合推断结果。这类融合方法得到的结论是数据融合的最终结果，结论往往只在假设中选出，损失的数据量最大，可能损失有用的信息，但是需要的通信量最小，实时性强。

4. 结构介绍

物联网中数据形态的异质性决定了在对数据进行处理时必须建立物联网数据组织模型，包括中心型数据组织模型、分布式数据组织模型、点对点数据组织模型和混合型数据组织模型。每种方法都有各自的优缺点。中心型数据组织方式在集中分析数据时效率高，但是单节点的存储量会成为系统的瓶颈，因此适用于实时性强、数据量小的系统。分布式数据组织方式可以通过增加节点数扩充系统存储量，理论上存储量是无限的，但是由于数据存储分散，统一处理时会增加时延，因此适用于数据量大且对实时性要求不高的系统。点对点数据组织方式比较简单。混合型数据组织方式虽然缓解了中心型数据组织方式和分布式数据组织方式的缺点，但是会使网络构建层的负担增加。

而分布式系统又有多种结构：并行结构、分散式结构、串行结构、树形结构。并行结构中多个传感器得到未经处理的原始数据后，就在节点上做出结论，然后将各局部小结论向总的融合中心上传，最后由融合中心得到最终的结论。分散式结构中，多个传感器将收集的原始数据进行融合，分别得到最终结论，将选择的过程传给上级节点。串行结构中一个传感器将对收集的原始数据进行分析，将得到的结论传到下一个传感器，下一个传感器将其与收集到的数据一同当作参数进行分析，得到的结论再传到下一个传感器，以此类推。最终结论在最后的传感器上得到。树形结构中的数据由传感器端收集上来，融合节点的组成像树一样，父节点以子节点的结论为参数进行融合，在根节点得到最终的结论。

1.5 智联网技术：万物智能时代

当下正处于物联网的大爆发时期，在物联网与人工智能的结合部位，将会产生一系列崭新的机遇。一方面，物联网正在从"连接"走向"智能"；另一方面，人工智能正在从"云端"走向"边缘"，两者正在合力推

进物联网向智联网进化。随着智联网时代的到来，作为物联网主要技术之一的"云计算"也随之升级换代，下面将从雾计算、边缘计算和海计算三个方面进行介绍。

1.5.1 雾计算

1. 基本概念

雾计算（Fog Computing）最初是由美国纽约哥伦比亚大学的斯特尔佛教授（Prof. Stolfo）提出的，当时的意图是利用"雾"来阻挡黑客入侵。雾计算第一次出现在人们的视野中，是 2011 年在拉斯维加斯举办的第八届车联网国际会议上。思科（Cisco）的 Bonomi F. 等人率先提出一种区别于云计算的计算模式，该计算模式将云端的服务和任务扩展到网络边缘，以克服云计算在位置感知、内容实时交付、服务低时延、移动性支持等方面的缺陷。随后，在 2012 年的移动云计算（Mobile Cloud Computing，MCC）研讨会上，Bonomi F. 等人对雾计算的特性和服务场景做了进一步研讨。作者们定义了雾计算具备的七个特性：支持低延迟服务和位置感知服务、服务节点呈广泛的地理分布特性、支持服务的移动性、服务节点大量部署、无线接入服务占主导地位、支持流媒体等内容实时交付要求、服务节点和接入设备存在异构性。而上述特性使得雾计算可以为诸如车联网、智慧城市、无线传感网等物联网场景的服务和应用提供计算平台。

同年，思科给出了雾计算的明确定义：雾计算是云计算的延伸，在雾计算模式中，数据、处理和应用程序都集中在网络边缘的设备中，而不是几乎全部保存在云中，因此"雾是更贴近地面的云"。惠普实验室指明，"雾计算是由大量异构的分布式设备，通过有线/无线的方式协同完成任务的计算与存储"。

2. 主要优点

1）低时延

不同于远程部署的云，雾通常部署于网络边缘，近距离为终端设备提供计算、存储及网络等服务。对于实时数据的发送，可以通过单跳链路通信完成，大大减小了数据传输时延。相比于将数据传输至云端进行计算，保证了实时数据处理的服务质量，减轻了主干网络通信的压力。

2）节省核心网络带宽

雾作为云和终端的中间层，本就在用户与数据中心的通信通路上。雾可以过滤、聚合用户消息（如不停发送的传感器消息），只将必要的消息发送给云，减小核心网络的压力。

3）高可靠性

为了服务不同区域的用户，相同的服务会被部署在各区域的雾节点上。这也使得高可靠性成为雾计算的内在属性，一旦某一区域的服务异常，用户请求可以快速转向其他临近区域。

4）背景信息了解

因为分布在不同区域，雾计算中的服务可以了解到区域背景信息，如本区域带宽是否紧张，根据这一知识，一个视频服务可以及时决策是否降低本地区视频质量，来避免即将到来的卡顿现象；而对一个地图应用，则可将本地区地图缓存，提高用户体验。

5）低能耗

雾计算具有低能耗的优势，终端设备将任务发送至附近的雾节点处理，终端设备的能耗问题得到解决。在雾计算环境中，分布式部署的雾相比集中式部署的云能效性更高。在云计算环境中，海量数据传输至云需要消耗大量的能量，对于移动设备来说是一个很大的挑战。引入雾计算可解决能耗问题，海量数据无须发送至云端进行分析，靠近数据源的雾节点为降低能耗提供了有效的解决方案。

6）位置感知精确

雾计算主要使用边缘网络中的设备，由于网络边缘分布范围较广，节点数量庞大，密度较高，部署在雾计算环境中的设备能够感知周围环境的详细信息，可以随时获取其中设备的位置信息、正在发生的行为及人员的出席情况等。

7）移动性支持

在雾计算环境中，静止的雾节点不但可以为静止/移动的终端用户提供服务，而且移动的雾节点也可以为静止/移动的终端用户提供服务。移动的雾节点可以是正在行驶的汽车、飞行中的无人机、配有可穿戴设备的行人等。通过采用不同的通信协议及任务迁移等技术，实现雾节点与移动终端设备的信息无缝交互。

8）异构性

随着物联网技术的快速发展，预测在未来不久，将会有数百亿个物理设备连接到物联网。雾节点由位于网络边缘的智能体、网络设备等组成，这些设备的功能及性能都存在很大的差异，同时依赖不同的通信协议和传输介质。雾计算能够在制造现场通过虚拟化技术和面向服务的理念将异构设备进行抽象，形成提供计算、存储与网络服务的高度虚拟化共享平台，为操作技术（Operation Technology，OT）与信息技术（Information Technology，IT）互相融合提供载体，从而有效降低云端与制造系统交互的任务难度。

3．系统架构[35]

相较于云计算终端用户层、网络层和云层的三层架构，雾计算的系统在引入中间雾层后架构可以分成五层，分别是终端用户层、接入网络层、雾层、核心网络层和云层，如图 1-7 所示。不难看出，离底层越近，分布的区域越大，且终端用户数据传输到该层的时延越小。

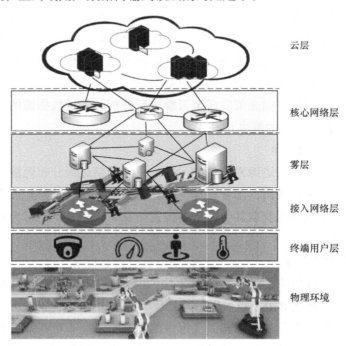

图 1-7　雾计算的系统架构

1）终端用户层

终端用户层主要由用户的手机、便携式电脑等终端设备构成，而且随着传感网技术的发展，传感器节点也将在这一层中发挥重要作用。任务将在这一层中产生，处理后的结果也将返回到这一层。此外，终端设备还需要发现并指定对应任务转发的雾节点。

2）接入网络层

当终端用户层的用户生成内容后，会由接入网络的网络设备将这些信息按照预定的规则发送到对应的雾节点上。在这一层中通信的网络既包含有线局域网，又包含 Wi-Fi、5G 等无线接入网络。

3）雾层

雾层是雾计算的核心。在雾层中部署有贴近用户的、高密度的计算和存储设备，极大地降低了传统云计算的时延，同时也能给予用户移动性的支持。这些设备被称为雾节点（Fog Node）。可以将雾节点按照其部署位置和功能分成三类：雾边缘节点（Fog Edge Node）、微雾（Foglet）和雾服务器（Fog Server）。

雾边缘节点一般由智能网关、边界路由器等构成，是距离终端用户层最近的雾节点，提供一定程度的计算、存储和通信功能。雾服务器比雾边缘节点具有更强的计算能力和更大的存储空间，能够应对更多的请求。其可直接与远端的云数据中心通过网络连接。微雾在相对复杂的雾层结构中出现，位于雾边缘节点和雾服务器之间，起着预处理、路由等中间件的作用，通过 SDN（Software Defined Network）可以实现流量的智能转发，避免拥塞。

4）核心网络层与云层

对于超出雾层计算或存储能力的任务，会被雾服务器通过 IP 核心网络发往云数据中心。多跳的有线网一般用到 SDN 技术。

云层主要由远端的云数据中心服务器构成，这些服务器往往具备比雾层服务器更强的计算能力和更大的存储能力，因此，其一般起到数据备份、大计算量任务处理的作用。与雾层类似，云端服务器也是相连的，装载有任务的虚拟机可在云端服务器间来回迁移，以增大执行效率。

4．资源调度的考虑因素

在雾计算中，任务将被装载在虚拟机（Virtual Machine，VM）或容器

（Container）中运行。这些虚拟机或容器可以在物理机之间进行迁移，以更高效地利用物理机的资源。虚拟机或容器迁移的位置依赖于调度算法的设计。在调度算法的设计上，相比于云计算的复杂之处，一方面，雾计算对时延的敏感程度很高，因此，用户到雾节点的时间、任务在不同雾节点中迁移的时间、雾节点将任务转发到云数据中心的时间都可能被纳入考量；另一方面，雾节点除计算节点外可能还设置了存储相关的节点，这些节点的放置方式也会影响到相关的服务质量。因此，在调度算法的设计中需要考虑如下因素。

1）存储容量

存储是雾层的一大功能，对于存储，希望数据能尽量靠近需求，但也同时希望使用尽量少的存储空间。数据获取时间和数据备份数目这两个指标一般会同时出现，作为存储情况的衡量指标。

2）时延

除存储外，雾层中雾节点更多地承担着计算的功能，而时延是对计算能力的一个重要的衡量指标。用往返时延衡量计算时延存在问题。对于计算时延来说，采用如违反服务等级协议（SLA Violation）这样的针对资源短缺程度的衡量方法将更加合理。

3）功耗

这也是对计算能力的一个重要的衡量指标。为提升资源使用效率，任务一般加载在虚拟机中执行，同一设备上的虚拟机将共享该设备的资源。人们寄希望于将尽量多的虚拟机打包到尽量少的设备上，但打包的程度越高，资源短缺的风险越大，从而时延的风险也随之增大。因此，一般会结合功耗和时延对计算能力进行统一的考量。此外，还有一些类似的指标也可以起到相同的效果，如与资源消耗量成正比的二氧化碳排放量。

4）效用

雾计算和云计算一样具有其商业价值。例如，在车联网中利用周围车辆与道路两旁的智能传感器所提供的算力进行计算，而在这里就产生了计价的问题。由于现在还没有一个像云按需服务这样成熟的商业模式，因此，这项指标主要针对具体的情景。

5）网络资源占用与迁移时间

为了获得更高的收益，可以在必要时对虚拟机进行迁移。由于网络资源有限，虚拟机在网络上进行迁移存在代价，而这个代价一般通过网络资源占用和迁移时间来反映。其中，网络资源占用直接衡量带宽资源，而迁移时间不仅间接反映了带宽的情况，还反映了在网络线路传输过程中的时延。由于雾节点之间距离较小，这种时延实际上可以忽略不计，因此，这两种衡量方法均可采用。

5．相关应用[35]

由于雾计算比云计算具有贴近用户、能够提供地理分布与移动性支持的特点，因此其适于四种应用类型：一是以大型网络游戏、超高清视频为代表的具有大数据量但要求较低时延的应用；二是以无线传感网为代表的基于地理分布的应用；三是以车联网、可穿戴设备为代表的需要快速反馈的移动应用；四是以智能电网、智能交通指挥系统为代表的大规模分布式决策系统。

1）具有大数据量但要求较低时延的应用

对于大型网络游戏、超高清视频这样的应用来说，雾计算可以像内容分发网络一样，将大数据缓存在靠近用户的位置，从而减少了从远端数据中心获取数据的时延，也节省了网络的带宽。与此同时，雾节点也可以进行一定程度的数据处理，从而减轻了终端设备的计算任务，提升了应用的性能。

2）基于地理分布的应用

雾节点可以部署在靠近传感器的位置以减少从终端设备到雾节点的距离。这样做可以有效缩短传感器的传输距离，从而节约了传感器的能耗，保证了数据的质量，降低了数据被窥探的风险。与此同时，雾节点可以协助终端传感设备进行计算，提升了数据的计算效率。

3）快速反馈的移动应用

相比于云计算，雾计算通过安装在移动物体上的传感器与该区域内固定装载的传感器进行协同感知，然后及时交由对应的雾节点进行处理，并将得到的结果立即反馈给用户，可以有效降低时延。这种时延的降低对未来的无人驾驶大有裨益。

4）大规模分布式决策系统

在大规模分布式决策系统中，雾计算可以改善传统的云计算在位置感知、移动性支持和时延上的问题，形成快速有效的物联信息决策系统，以达到更有效、更智能的决策目的。

1.5.2 边缘计算

1. 基本概念[36]

1) 发展历史

早在 2003 年,美国公司 AKMAAI 与 IBM 在内部的研究项目"开发边缘计算应用"中首次提出"边缘计算"(Edge Computing),并在其 Web Sphere 上提供基于边缘的服务。2004 年,新加坡管理大学 H. H. Pang 首次在公开文献[37]中指出了边缘计算将应用程序逻辑和底层数据迁移到网络边缘,旨在提高其可用性和可扩展性。2015 年 9 月,欧洲电信标准化协会(ETSI)发表关于移动边缘计算的白皮书,并在 2017 年 3 月将移动边缘计算行业规范工作组正式更名为多接入边缘计算(Multi-access Edge Computing,MEC),致力于更好地满足边缘计算的应用需求和相关标准制定。

2) 定义[38]

边缘计算目前还没有一个严格的、统一的定义,不同研究者从各自的视角来描述和理解边缘计算。美国卡内基梅隆大学的 Satyanarayanan 教授把边缘计算描述为"边缘计算是一种新的计算模式,这种模式将计算与存储资源(如 Cloudlet、微型数据中心或雾节点等)部署在更贴近移动设备或传感器的网络边缘"。美国韦恩州立大学的施巍松等人把边缘计算定义为:"边缘计算是指在网络边缘执行计算的一种新型计算模式,边缘计算中边缘的下行数据表示云服务,上行数据表示万物互联服务,而边缘计算的边缘是指从数据源到云计算中心路径之间的任意计算和网络资源。"

这些定义都强调边缘计算是一种新型计算模式,它的核心理念是"计算应该更靠近数据的源头,可以更贴近用户"。这里"贴近"一词包含多种含义。首先可以表示网络距离近,这样由于网络规模的缩小,带宽、延迟、抖动这些不稳定的因素都易于控制和改进;还可以表示为空间距离近,这意味着边缘计算资源与用户处在同一个情景之中(如位置),根据这些情景,信息可以为用户提供个性化的服务(如基于位置信息的服务)。空间距离与网络距离有时可能并没有关联,但应用可以根据自己的需要来选择合适的计算节点。

2．主要优点

（1）在网络边缘处理大量临时数据，不再全部上传云端，这极大地减轻了网络带宽和数据中心功耗的压力。

（2）在靠近数据生产者处做数据处理，不需要通过网络请求云计算中心的响应，大大减少了系统延迟，增强了服务响应能力。

（3）边缘计算不再将用户隐私数据上传，而是存储在网络边缘设备上，减少了网络数据泄露的风险，保护了用户数据安全和隐私。

3．核心技术

1）网络

边缘计算将计算推至靠近数据源的位置，甚至将整个计算部署于从数据源到云计算中心的传输路径上的节点，这样的计算部署对现有的网络结构提出了三个新的要求。其一是服务发现：由于计算服务请求者的动态性，计算服务请求者如何知道周边的服务。其二是如何从设备层支持服务的快速配置。其三是负载均衡：如何根据边缘服务器及网络状况，动态地将边缘设备产生的数据调度至合适的计算服务提供者。

2）隔离技术

隔离技术是支撑边缘计算稳健发展的重要研究技术，边缘设备需要通过有效的隔离技术来保证服务的可靠性和质量。隔离技术需要考虑两个方面的因素：一是计算资源的隔离，即应用程序间不能相互干扰；二是数据的隔离，即不同应用程序应具有不同的访问权限。

3）体系结构

无论是如高性能计算一类传统的计算场景，还是如边缘计算一类的新兴计算场景，未来的体系结构应该是通用处理器和异构计算硬件并存的模式。异构计算硬件牺牲了部分通用计算能力，使用专用加速单元减小了某一类或多类负载的执行时间，并且显著提高了性能功耗比。边缘计算平台通常针对某一类特定的计算场景设计，处理的负载类型较为固定，故目前有很多前沿工作针对特定的计算场景设计边缘计算平台的体系结构。

4）边缘计算操作系统

边缘计算操作系统向下需要管理异构的计算资源，向上需要处理大量的异构数据及多样的应用负载，负责将复杂的计算任务在边缘计算节点上

部署、调度及迁移，从而保证计算任务的可靠性及资源的最大化利用。与传统的物联网设备上的实时操作系统 Contiki 和 FreeRTOS 不同，边缘计算操作系统更倾向于对数据、计算任务和计算资源的管理框架。

5）算法执行框架

随着人工智能的快速发展，边缘设备需要执行越来越多的智能算法任务，如家庭语音助手需要进行自然语言理解、智能驾驶汽车需要对街道目标进行检测和识别、手持翻译设备需要翻译实时语音信息等。在这些任务中，机器学习尤其是深度学习算法占有很大的比重，使硬件设备更好地执行以深度学习算法为代表的智能任务是研究的焦点，也是实现边缘智能的必要条件，而设计面向边缘计算场景下的高效的算法执行框架是一个重要的方法。开展针对轻量级的、高效的、可扩展性强的边缘设备算法执行框架的研究十分重要，这也是实现边缘智能的重要步骤。

6）数据处理平台

在边缘计算场景下，边缘设备时刻产生海量数据，数据的来源和类型具有多样化的特征，这些数据包括环境传感器采集的时间序列数据、摄像头采集的图片视频数据、车载 LiDAR 的点云数据等，数据大多具有时空属性。构建一个针对边缘数据进行管理、分析和共享的平台十分重要。

7）安全和隐私

虽然边缘计算将计算推至靠近用户的地方，避免了数据上传到云端，降低了隐私数据泄露的可能性，但是边缘计算仍存在一些安全隐私问题，首先，相较于云计算中心，边缘计算设备在传输路径上具有更高的潜在可能被攻击者入侵；其次，边缘计算节点的分布式和异构性决定了其难以进行统一的管理，从而导致一系列新的安全问题和隐私泄露等问题；最后，边缘计算存在信息系统普遍存在的共性安全问题，如网络安全、系统安全等。

在边缘计算的环境下，安全防护方案有以下几种：其一，对传统安全方案（如密码学、访问控制策略）进行一定的修改，以适用边缘计算；其二，利用机器学习来增强系统的安全防护；其三，近些年也有一些新兴的安全技术可以使用到边缘计算中，如硬件协助的可信执行环境（Trusted Execution Environment，TEE）——在设备上一个独立于不可信操作系统而存在的可信的、隔离的、独立的执行环境，为不可信环境中的隐私数据和敏感计算提供了一个安全而机密的空间，通过将应用运行于可信执行环境中,并且将使用到的外部存储进行加/解密,在边缘计算节点被攻破时,仍然可以保证应用及数据的安全性。

4.典型应用

1)公共安全中实时数据处理

公共安全从社会的方方面面,如消防、出行,影响着广大民众的生活。随着智慧城市和平安城市的建设,大量传感器被安装到城市的各个角落,提升公共安全。然而,想要进一步提升安全性,最终还得依赖于视频等技术,然而这将导致大量的带宽需求。边缘计算作为近数据源计算,可以大大降低数据带宽,可以用来解决公共安全领域多种数据处理的问题。

2)智能网联车和自动驾驶

随着机器视觉、深度学习和传感器等技术的发展,汽车的功能不再局限于传统的出行和运输工具,而是逐渐变为一个智能的、互联的计算系统,我们称这样新型的汽车为智能网联车(Connected and Automated Vehicles,CAV)。智能网联车的出现催生了一系列新的应用场景,如自动驾驶、车联网及智能交通。Intel 在 2016 年的报告中指出,一辆自动驾驶车辆一天产生的数据为 4TB,这些数据无法全部上传至云端处理,需要在边缘节点(汽车)中存储和计算。

3)虚拟现实

虚拟现实(VR)和增强现实(AR)技术的出现彻底改变了用户与虚拟世界的交互方式。为保证用户体验,VR/AR 的图片渲染需要具有很强的实时性。研究表明:将 VR/AR 的计算任务卸载到边缘服务器或移动设备,可以降低平均处理时延。

4)工业物联网

边缘计算应用于工业物联网有三个优势:

(1)改善性能。工业生产中常见的报警、分析等应用靠近数据生产者的地方处理和决策会更快,通过减少与云数据中心的通信可以增加边缘处理的弹性。

(2)保证数据安全和隐私。可以避免数据传输到共享数据中心后数据暴露等带来的安全问题。

(3)降低操作成本。通过在边缘做计算处理,可以减少边缘设备和数据中心的数据传输量和带宽,从而降低了工业生产中由网络、云数据中心

计算和存储带来的成本。

5）智能家居

随着物联网技术的发展，智能家居系统得到进一步的发展，其利用大量的物联网设备（如温/湿度传感器、安防系统、照明系统）实时监控家庭内部状态，接受外部控制命令并最终完成对家居环境的调控，以提升家居安全性、便利性、舒适性。边缘计算可以将计算（家庭数据处理）推送至家庭内部网关，减少家庭数据的外流，从而降低数据外泄的可能性，提升系统的隐私性。

6）智慧城市

智慧城市就是利用先进的信息技术，实现城市智慧式的管理和运行。然而，智慧城市的建设所依赖的数据具有来源多样化和异构性的特点，同时涉及城市居民隐私和安全问题，因此应用边缘计算模型，将数据在网络边缘处理是一个很好的解决方案。

1.5.3 海计算

1. 基本概念

海计算（Sea Computing）是 2009 年 8 月 18 日，通用汽车金融服务公司董事长兼首席执行官 Molina 在 2009 技术创新大会上所提出的全新技术概念[39]，中国科学院江绵恒副院长于 2010 年 4 月 12 日在北京国谊宾馆召开的中国科学院战略高技术十二五规划研讨会上也提出了该概念[40]。海计算是一种新型物联网计算模型，通过在物理世界的物体中融入计算、存储、通信能力和智能算法，实现物物互联，通过多层次组网、多层次处理将原始信息尽量留在前端，提高信息处理的实时性，缓解网络和平台压力。

海计算为用户提供基于互联网的一站式服务，是一种最简单、可依赖的互联网需求交互模式。用户只要在海计算系统输入服务需求，系统就能明确识别这种需求，并将该需求分配给最优的应用（或内容资源）提供商进行处理，最终返回给用户相匹配的结果。

海计算模式下的物联网技术架构如图 1-8 所示。海计算通过在物理世界的物体中融入计算与通信设备及智能算法，让物物之间能够互联，在事先无法预知的场景中进行判断，实现物与物之间的交互。海计算一方面通过强化融入各物体的信息装置，实现物体与信息装置的紧密融合，有效地获取物质世界信息；另一方面，通过强化海量的独立个体之间的局部即时交互和分布式智能，使物体具备自组织、自计算、自反馈的海计算功能。海计算的本质是物物之间的智能交流，实现物物之间的交互。云计算是服务器端的计算模式，而海计算代表终端的大千世界，海计算是物理世界各物体之间的计算模式。

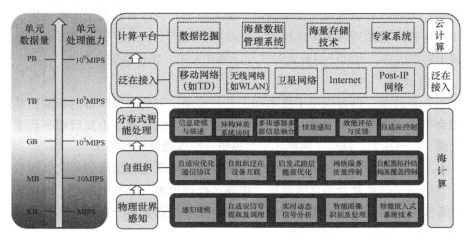

图 1-8　海计算模式下的物联网技术架构

2．特点及优势

与云计算的后端处理相比，海计算指的是智能设备的前端处理。海计算的每个"海水滴"就是全球的每个物体，它们具有智能，能够协助感知互动。亿万种物体组成物联网系统，就如同海水滴形成大海一样。简而言之，海计算模式倡导由多个融入了信息装置、具有一定自主性的物体，通过局部交互而形成具有群体智能的物联网系统。

1）特点

一是节能、高效。充分利用局部性原理，可以有效地缩短物联网的业务直径，即覆盖从感知、传输、处理与智能决策到控制的路径，从而降低能耗，提高效率。

二是通用结构。引入融入信息装置的"自主物体"，有利于产生通用的、可批量重用的物联网部件和技术，这是信息产业主流产品的必备特征。

三是分散式结构。海计算物联网强调分散式结构，较易消除单一控制

点、单一瓶颈和单一故障点，扩展更加灵活。群体智能使得海计算物联网更能适应需求和环境变化。

海计算有效克服了前端采集设备处理、存储、传输等方面能力受限的天生缺陷，充分发挥了每个信息采集设备的能力，利用海量前端设备的个体智能化和群体智能化应对海量信息处理，为网络和平台提供了更大选择空间，为各类智慧应用的实现提供了更大可能。海计算改变了前端采集、中端传输、后端处理的传统模式，在成本、性能、网络、平台等方面均体现出明显优势，有利于提升业务实现效率和效果，延长系统寿命。

2）优势

一是成本。随着微电子技术和工艺的发展，前端采集设备的智能化并不会带来成本的显著增加，而海计算缓解了网络的传输压力及后端平台的处理、存储压力，减少了网络和平台投资，整体建设成本降低。

二是性能。海计算采用前端采集设备和后端平台相结合的层次处理模式，缩短了信息融合和反馈路径，提高了处理效率，降低了能耗，提高了业务实时性；通过分散式结构避免出现单一控制点、单一瓶颈、单一故障点，拓展性更好，鲁棒性更强。

三是网络。海计算通过前端个体智能处理、群体智能融合及存储本地化显著减少了传输信息量，减轻了网络负担。

四是平台。海计算通过智能前端设备对原始信息进行处理，得到特征信息或决策信息，并利用底层网络融合完成大部分信息融合处理，实现存储本地化，显著缓解平台的处理和存储压力。

3．关键技术

海计算涉及自组网、时间同步、短距离通信、协同处理、信息安全等多个关键技术领域。

1）自组网

某些特殊安防场景（如战场监控等）下前端采集设备随机部署，无法进行现场或远程组网配置，影响海计算群体智能的实现，需要能够在设备部署完毕、新设备加入网络、设备退出网络等场景下进行自组网。

在所有设备首次部署完毕之后通过设备搜索、时间同步等技术实现设备间的网络互联，进行正常网络通信。当有新设备加入网络时，网络拓扑结构将发生变化。新设备通过向附近设备发出加入请求及信息交互实现新设备的加入。当有设备主动退出或因故障退出网络时，附近设备发现通过该退出设备的路由断掉，会通过与周围设备进行组网信息的交互实现重新组网。

2）时间同步

信息采集设备之间的时间同步是保证设备间协同处理有效实现的前提。时间同步受发送时间、介质访问时间、接收处理时间等多种因素的影响，不同场景对时间同步的算法复杂度、算法精度等要求各异。目前，针对信息采集设备的时间同步机制研究主要包括集中式同步和分布式同步两种机制：集中式同步机制由根设备生成拓扑树，拓扑树的各级设备与上一级设备同步，不能越级同步，单跳偏差逐跳累积，整个网络的拓扑性差，全网同步收敛速度慢；分布式同步机制无须由根设备生成树，设备之间采用分布式广播同步，通过相邻设备间的信息交互，使设备时间同步到一个虚拟时间上，收敛速度快，扩展性好，鲁棒性强，不会因为根设备失效而导致全网重新同步。

3）短距离通信

智能采集设备间距离较短，通常采用无线方式进行通信。传统的无线技术功耗较高、时延较大，无法满足频繁的设备交互需求。短距离通信技术包含物理层和链路层技术、无线通信技术两部分。物理层和链路层技术包括已有蓝牙（IEEE 802.15.1）、超宽带 UWB（IEEE 802.15.3a）和低速低功耗通信（802.15.4）等一些技术。它们为无线通信的实现制定了底层规范，是无线通信有效实现的基础。

而无线通信技术包括 ZigBee、ISA100 和 Wireless HART 等技术。它们建立在物理层和链路层技术之上，实现了在短距离情况下智能采集设备间的无线通信和信息交互，为感知层网络的协同信息处理奠定了基础。短距离通信技术采用轻量级的通信协议，功耗、时延性能明显改善，是实现海计算模型下智能采集设备信息交互的关键。

4）协同处理

由于计算、通信、存储等能力受限，单个智能设备采集的原始信息和经过处理的特征或决策信息存在片面性和零散性，无法满足智慧安防对信息完整性的要求，需要通过设备间以及设备与平台间的协同处理实现群体智能，从而获取更完整、可靠的信息。协同处理的信息包括上传数据、下行数据、状态数据、控制数据和功能数据。

更为具体地，上传数据包含结果信息和过程反馈信息；下行数据包含任务说明和服务质量需求；状态数据包含设备性能、场景特征、状态更新等参数；控制数据包含状态控制信息、角色控制信息和任务控制信息；功能数据包含数据级信息、特征级信息和决策级信息。

5）信息安全

传统的互联网信息安全多关注提高算法鲁棒性，而降低算法复杂度的驱动力不强；物联网前端采集设备由于处理能力受限，需要轻量级的信息安全体系。为抵御拥塞攻击、耗尽攻击、黑洞攻击、泛洪攻击等常见攻击，海计算模型下的信息安全技术研究主要集中在密码算法、密钥管理、认证、安全路由、入侵检测、防 DOS 攻击和访问控制等方面。

理论上，参与信息处理的节点数目越多，融合信息越多，效果就越好，但同时产生的系统开销（包括通信资源、计算资源、能耗等）也越大；节点间交换的信息层次（原始信息层次最低，特征信息次之，决策信息层次最高）越低，包含的信息量越多，需要的通信带宽也越大。在满足系统性能要求的情况下尽量降低系统开销，是海计算有效落地面临的核心问题。

4．应用案例

无人驾驶汽车就是一个典型的海计算应用，车与车之间、车与红绿灯之间、车与行人之间的情况需要通过即时感知和交互式智能来判定。基于泛在感知的智能化机械加工需要在机床中融入能够感知和处理诸如压力、温度、位置等信息的智能装置，将智能赋予机床，因此海计算应该是机械加工行业发展物联网的一个方向。协调管理家庭中各种设施的智能家居系统也是海计算模型的一个应用场景。一些典型的智能目标监测与识别应用，如战场环境监测、智能交通、入侵检测等，对系统的实时性、准确性具有较高的要求，很难通过"分布式信息采集→云计算平台→反馈控制"这种架构来构建系统；而借助海计算技术，则可以充分挖掘终端节点的计算资源，实现智能实时感知和精确控制。

1.6 本章小结

从感知中国的传感网技术到万物互联的物联网技术，最后发展到万物智能的智联网技术，智能传感器在时代迭变中发挥了至关重要的作用。每个时代的演变都离不开相应技术的发展，而新技术的产生又催生新时代的到来。

智联网时代万物智能，既是"智能地"互联，也是"智能体"互联互通、融合共生，海量智能体与人的智能相互增强学习，已经进入"人机融合"的时代。正是大数据、人工智能、云计算和集成电路等技术的快速发展，催生了物联网进入 3.0 时代。

参 考 文 献

[1] 李凡, 冯鹏飞, 孙蕊, 等. 智联网技术在林业信息化中的应用研究[J]. 物联网技术, 2019, 9(06): 101-103.

[2] 钱志鸿, 王义君. 面向物联网的无线传感器网络综述[J]. 电子与信息学报, 2013, 35(01): 215-227.

[3] 刘强, 崔莉, 陈海明. 物联网关键技术与应用[J]. 计算机科学, 2010, 37(06): 1-4, 10.

[4] 孙其博, 刘杰, 黎羴, 等. 物联网：概念、架构与关键技术研究综述[J]. 北京邮电大学学报, 2010, 33(03): 1-9.

[5] XU Y J, LIU X, CAO X, et al. Artificial Intelligence:A Powerful Paradigm for Scientific Research[J]. The Innovation 2021, 2(4), 100179.

[6] 艾瑞咨询. 中国智能物联网（AIoT）白皮书[R/OL]. http://report.iresearch.cn/wx/report.aspx?id=3529.

[7] 王飞跃, 张俊. 智联网：概念、问题和平台[J]. 自动化学报, 2017, 43(12): 2061-2070.

[8] 彭昭. 智联网·新思维："智能+"时代的思维大爆发[M]. 北京：电子工业出版社，2019.

[9] WANG Q, JAFFRES-RUNSER K, XU Y J, et al. TDMA versus CSMA/CA for wireless multi-hop communications: a stochastic worst-case delay analysis[J]. IEEE Transactions on Industrial Informatics, 2017, 13(02): 877-887.

[10] WANG Q, JAFFRES-RUNSER K, SCHARBARG J L, et al. A thorough analysis of the performance of delay distribution models for IEEE 802.11 DCF[C], Elsevier Ad Hoc Networks, Volume 24, Part B, January 2015: 21–33.

[11] WANG Q, JAFFRES-RUNSER K, XU Y J, et al. A certifiable resource allocation for real-time multi-hop 6TiSCH wireless networks[C]. The 13th IEEE World Conference on Factory Communication Systems (WFCS2017), 2017.

[12] 尤政. 智能传感器技术的研究进展及应用展望[J]. 科技导报, 2016, 34(17): 72-78.

[13] 智能传感器的 8 大应用场景[EB/OL]. http://www.iotworld.com.cn/html/News/

201912/e76d0675c4927eb7.shtml.

[14] XU Y D, WANG Q, XU Y J. MPDMAC-SIC: Priority-based distributed low delay MAC with successive interference cancellation for multi-hop industrial wireless networks[J]. Computer Communications, 2020, 154: 48-57.

[15] XU Y D, WANG Q, XU Y J. A Self-adaptive Low Delay MAC Protocol For Event-driven Industrial Wireless Networks[C]. IEEE MASS, 2020.12. Delhi, India.

[16] CHENG Chen-Mou, HSIAO Pai-Hsiang, KUNG H T, et al. Maximizing Throughput of UAV-Relaying Networks with the Load-Carry-and-Deliver Paradigm[C]. IEEE Wireless Communications and Networking Conference (WCNC), Mar 2007: 4417–4424.

[17] PERKINS C E, BHAGWAT P. Highly dynamic destination-sequenced distance-vector routing (dsdv) for mobile computer. in Proceedings of the Conference on Communications Architectures, Protocols and Applications, ser. SIGCOMM'94. New York, NY, USA: ACM, 1994: 234–244.

[18] PERKINS C E. Ad Hoc On-Demand Distance Vector (AODV) Routing[C]// Proc IEEE Workshop on Mobile Computing Systems & Applications. 1999.

[19] HAAS Z, PEARLMAN M, SAMAR P. The Zone Routing Protocol (ZRP) for Ad Hoc Networks[J]. IETF Mobile Ad-hoc Network (MANET) Working Group 98, 2002, 34(2):108-108.

[20] KARP B. GPSR: Greedy Perimeter Stateless Routing for Wireless Networks[J]. Acm Mobicom, 2000.

[21] 张莹莹. 车载自组织网络路由算法研究[D]. 大连: 大连海事大学, 2010.

[22] BOYAN J A, LITTMAN M L. Packet routing in dynamically changing networks: A reinforcement learning approach[C]. in Int. Conf. on Neural Info. Processing Systems. San Francisco, CA, USA: Morgan Kaufmann Publishers Inc., 1993: 671–678.

[23] JUNG W, YIM J, KO Y. Qgeo: Q-learning-based geographic ad hoc routing protocol for unmanned robotic networks[J]. IEEE Communications Letters, 21(10): 2258–2261, 2017.

[24] LIU J, WANG Q, HE C, et al. QMR: q-learning based multi-objective optimization routing protocol for flying ad hoc networks[J]. Computer Communications, 2020, 150: 304–316.

[25] LIU J, WANG Q, HE C, et al. Ardeep: Adaptive and reliable routing protocol for mobile robotic networks with deep reinforcement learning[C]. The 45th IEEE Conference on Local Computer Networks (LCN), 2020: 465–468.

[26] HO T, MEDARD M, KOETTER R, et al. A random linear network coding approach to multicast[J]. IEEE Transactions on Information Theory, 2006, 52(10): 4413–4430.

[27] WANG Q, LIU J, JAFFRES-RUNSER K, et al. INCdeep: Intelligent Network

Coding with Deep Reinforcement Learning[C]. IEEE INFOCOM 2021-IEEE Conference on Computer Communications. IEEE, 2021: 1-10.

[28] 彭宇, 王丹. 无线传感器网络定位技术综述[J]. 电子测量与仪器学报, 2011, 25(05): 389-399.

[29] 庞泳, 李盛, 巩庆超. 无线传感网时间同步技术综述[J]. 计算机应用与软件, 2016, 33(12): 1-5.

[30] 胡冰, 孙知信. 无线传感器网络时间同步机制研究[J]. 计算机科学, 2015, 42(07): 1-4, 11.

[31] 陈兵, 胡峰, 朱琨. 认知无线电研究进展[J]. 数据采集与处理, 2016, 31(03): 440-451.

[32] 面向大数据的分布式调度[DB/OL]. https://wenku.baidu.com/view/ 57a755d2bfd5 b9f3 f90f76c66137 ee06eef94ede.html.

[33] 魏旻, 王平. 物联网导论[M]. 北京: 人民邮电出版社, 2015.

[34] 牛建军, 邓志东, 李超. 无线传感器网络分布式调度方法研究[J]. 自动化学报, 2011, 37(05): 517-528.

[35] 贾维嘉, 周小杰. 雾计算的概念、相关研究与应用[J]. 通信学报, 2018, 39(05): 153-165.

[36] 施巍松, 张星洲, 王一帆, 等. 边缘计算：现状与展望[J]. 计算机研究与发展, 2019, 56(01): 69-89.

[37] PANG H H, TANK L. Authenticating query results in edge computing[J]. Data Engineering, 2004: 560-571.

[38] 赵梓铭, 刘芳, 蔡志平, 等. 边缘计算: 平台、应用与挑战[J]. 计算机研究与发展, 2018, 55(02):327-337.

[39] 赵俊钰. 海计算: 智慧安防的助推器[J]. 中国公共安全, 2014(16): 138-141.

[40] 孙凝晖, 徐志伟, 李国杰. 海计算：物联网的新型计算模型[J]. 中国计算机学会通讯, 2010(02): 39-43.

第 2 章

智联网技术架构

智联网技术架构是设计与实现智联网系统所遵守的一系列技术架构和原则,定义了智联网系统的各组成部件及其互联关系。智联网系统架构就是将应用场景驱动的智联网系统的功能划分为不同层级,每一层完成相应的任务,从而保证智联网的功能正确完成[1],建立应用自适应的智能化系统。本章介绍智联网系统主流的架构及未来发展趋势。

2.1 智联网系统架构

智联网在传统物联网的基础上融合了智能技术,其系统架构继承传统物联网架构的同时,根据计算所在位置衍生出了智联网的端网云架构及将云计算部分下沉的端边云架构,其本质上的区别是对海量数据进行处理的计算的位置不同。

2.1.1 物联网体系结构

智联网与物联网一脉相承,国内外对物联网体系结构的研究由来已久。SENSEI[2]是欧盟第七框架计划支持的三层物联网体系结构,包括通信服务层、资源层和应用层;欧盟第七框架计划的另一个项目 IoT-A[3]架构为 SENSEI 架构的增强版,是为解决大规模异构物联网环境中无线与移动通信带来的问题而提出的四层体系结构,包括无线通信协议层、M2M API 层、IP 层和应用层;USN[4]体系结构为由韩国电子与通信技术研究所(ETRI)提出的五层体系结构,自底向上分别为感知网、接入网、网络基础设施、中间件和应用平台等。智联网融合 AI 技术和 IoT 技术,其体系结构继承了传统物联网体系结构,在此基础上,为更好地融合利用 AI 技术而对传统物联网体系结构进行了调整。

2.1.2 端网云架构

以上众多体系结构可高度抽象概括为典型的端网云架构，端网云架构是互联网与传统行业融合建设的基础结构。"端网云"代表泛在化终端感知网络、融合化网络通信层和云平台层。融入该架构的人工智能技术与方案，从而形成智联网。此外，该架构中的云平台层可向上与应用层相结合，形成涵盖云平台层的应用层[5]，如图2-1所示。

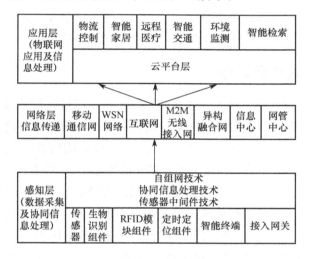

图2-1　典型端网云架构

其中，感知层由各种传感器或智能终端构成，采集并处理数据，实现对物理世界的智能感知识别、信息采集处理和自动控制，并通过通信模块将物理实体连接到网络层[6]。

网络层基于网络、通信技术和协议实现信息的数据传输。它包括了现有的互联网、通信网、广电网及各种接入网和专用网。数据传输网络主要实现信息的传递、路由和控制，包括延伸网、接入网和核心网。网络层可依托电信网，也可以依托行业专用通信网络。

云平台层是指云计算以及用以支撑云计算的基础设施及资源。将物联网终端产生的海量数据通过网络传输、存储于云端。云计算是用来计算海量复杂的网络数据的技术，是专门处理大数据的技术。各种各样的信息在云计算中心汇聚，然后根据需要进行处理和分流。而应用层是包括各种应用子集层和服务支撑层，功能是对各类业务提供统一、实时的信息资源支撑，由各类可重复使用并实时更新的信息库和应用服务资源库做保证，云计算服务使各类业务服务根据用户的需求随需组合[7]。

在该架构下，感知层获取大量原始数据并进行处理，将数据或处理过的数据经过网络层传输至云平台层，云平台层利用高性能的云计算对其进行处理，赋予数据智能，最终转换成对终端用户有用的信息。

端、网、云三者不是割裂的，而是相互融合的整体。在端网云体系中，智联网的智能性主要体现在云端，云端利用云计算、数据挖掘和模糊识别等人工智能技术，对海量的数据和信息进行分析和处理，对物体实施智能化控制。此外，智能终端的自主决策也体现了智能性[8]。

2.1.3 端边云架构

端网云架构采用了基于云计算的执行模式，通过将智能服务部署于云端，依托云端服务器集群丰富的硬件资源来处理计算请求。这虽然解决了硬件资源不足的问题，但云端服务器远距离传输的特性也造成了额外时延，导致基于云计算的架构无法满足实时服务需求[9]。随着设备的智能化、终端数量的快速增长、数据的爆发式增长，对带宽、功率、延迟、隐私等要求逐渐变高，将所有数据传送到云端是不现实的。随着移动通信技术和边缘计算的研究发展，边缘计算成为一种应对数据压力的有效方法。因此，利用网络"边缘"对云端分流，能够有效减小云端的流量与计算压力，云端 AI、流计算等能力从云向边缘下沉，形成了端+边+网+云架构，有时也称端边云架构，如图 2-2 和图 2-3 所示。

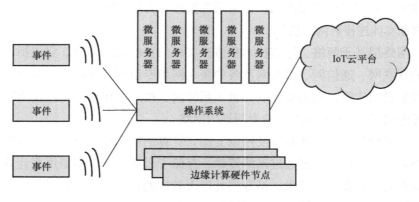

图 2-2　典型端边云架构一

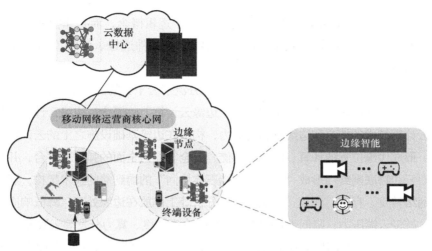

图 2-3　典型端边云架构二

该架构在端与云之间引入边缘计算技术来支撑人工智能服务，在网络边缘分布式部署大量的边缘节点，从而向资源受限的终端设备提供支持来实现边缘智能。边缘节点接收到来自终端设备的服务请求后开始进行数据处理，在边缘端还可以进行多个边缘节点之间的智能协作以提供更好的服务。当边缘端无法满足应用的资源需求时，可以将数据传输至云端处理，称为边云协同。云端除了提供强大的资源支持之外，还能为边缘端提供人工智能模型的聚合更新能力，从而帮助边缘节点对全局知识进行学习和训练。

"边"即边缘层，智联网边缘（IoT Edge）是边缘计算在物联网中的应用。与端网云架构不同的是，边缘智能依托于边缘计算低时延、分布式的特性，实现了将人工智能的自主学习、智能决策能力下放。智联网边缘在靠近物或数据源头的边缘侧，融合网络、计算、存储、应用核心能力的开放平台，就近提供计算和智能服务，满足行业在实时业务、应用智能、安全与隐私保护等方面的基本需求。对智联网而言，边缘计算技术意味着许多控制将通过本地设备实现而不需要交由云端，处理过程将在本地边缘节点中完成，这些节点无疑将大大提升处理效率，减轻云端的负荷，大大减少信息传递中的网络时延、网络负载、信息安全等问题，为用户提供更快、更安全的响应。

该架构下，边缘的位置并不清楚，取决于业务问题需要解决的关键目标。工业互联网联盟在白皮书《工业物联网的边缘计算》（*Introduction to*

智联网

Edge computing in IoT）中指出：边缘是一个逻辑概念，而并非物理划分。有四种边缘值得关注，分别为网关型边缘、中间件边缘、终端型边缘和混合云边缘[10]。

该架构中云、边、端三体协同，边缘分流了云平台的部分工作，《边缘云计算技术及标准化白皮书》中提出了"边缘云计算"的概念。边缘云计算是基于云计算技术的核心和边缘计算的能力，构筑在边缘基础设施之上的云计算平台。形成边缘位置的计算、网络、存储、安全等能力全面的弹性云平台，并与中心云和物联网终端形成"云、边、端三体协同"的端到端的技术架构，通过将网络转发、存储、计算、智能化数据分析等工作放在边缘处理，降低响应时延、减轻云端压力、降低带宽成本，并提供全网调度、算力分发等云服务。

人工智能促使边缘不仅仅是连接，而且变得智能，边缘端多种多样的应用场景（如车联网、智慧家居等）不断产生着大量的数据，边缘计算中的丰富数据可以支持人工智能。边缘计算与人工智能是互补的，也是相辅相成的，与传统的算法相比，边缘计算具有更加灵活的、可扩展的分布式计算的特性[11]。

随着人工智能及 5G 技术的发展，未来智联网的架构将继续发生变化。很多边缘计算业务将会放在各智能终端上，结合 5G 通信的终端直连技术，边缘计算平台的功能就会弱化，感知层会更加智能。同时网络形态会变得单一，智能终端设备互联需要统一的网络协议和网络标准。智联网体系结构也会随着 5G 技术、智能技术的发展而不断变化。

2.2 云边端智能技术

在智联网系统中，不再只是信息汇聚的云端智能，而是将智能信息处理融于前端，实现接近传感器物理端的边缘和物端智能。边缘智能和物端智能在很多情况下界线并不明显，当智能处理与分析下沉，终端智能处理能力增强时，终端智能即为边缘智能。

2.2.1 云端智能

物联网终端数量庞大，同时持续收集数据，信息总量之大，需要特定的工具、服务和应用程序来存储与高效分析使用这些数据。大数据中包含了海量的数据，需要借助云计算技术对这些数据进行分析和计算，才能真正提高数据的应用价值，为各个领域的发展提供技术支持。因此，产生了云端，IoT 成为数据的来源，而云则成为存储数据的最终目的地。在物联网端网云架构中，云是一个庞大的、相互关联的强大服务器网络，多数存储和数据处理等活动发生在云中，而不是设备本身。对于大多数物联网来说，系统的大脑在云中，云物联网设备能够以更大的功率和效率运行。

云具有扩展性，可以通过应用程序及硬件资源的变化来改变数据分析的速度和容量。云计算和边缘计算相互集成，提供了更大的操作过程数据范围，允许过滤和排除进入云的不必要的信息，并通过提取深入的近实时见解来加快整个工作流程并减少停机时间。此外，在实际的智联网应用中，云可以带来规模经济。

随着智联网对终端响应时间要求的提升，原本部署在云端的功能部分迁移至边缘，在边缘计算中，云边缘是中心云服务在边缘侧的延伸，逻辑上仍是中心云服务的一部分，主要的能力提供及核心业务逻辑处理依赖于中心云服务或需要与中心云服务紧密协同。而边缘云是在边缘侧构建的中小规模云或类云服务能力。

2.2.2 边缘智能与物端智能

边缘智能是边缘节点在边缘侧提供的高级数据分析、场景感知、实时决策、自组织与协同等服务，其概念引入了有关获取、存储和处理数据的范式转变，将数据的智能处理置于终端数据源设备与核心云计算设备中间。边缘智能的目的即是将人工智能算法融入边缘以支持动态的、自适应的资源分配与管理。

通过将智能引入边缘计算节点，系统可以[12]：
- 通过将机器学习算法放在边缘设备上来减少与云服务器的联系，从而稳定减少了往返延迟对决策的影响；
- 根据特定于运行中的应用程序的本地身份管理和访问控制策略做出决策，从而确保数据接近源并遵守本地法规；
- 通过减少公共区域网络上的通信，使用缓存或本地算法预处理数据来降低通信成本，从而仅将决定或警报（而非原始数据）转发到云服务器；
- 根据边缘或核心基础架构的变化对用户、应用程序或网络请求进行负载平衡，以适应临时故障或维护程序；

- 根据警报或边缘设备之间的预处理信息交换（即边缘上两个对等方之间的东西方（E/W）通信）来做出决策。

边缘智能设备需要具备的能力主要包括：边缘数据采集能力、智能的运算能力和可操作的决策反馈能力。

物端智能是指终端设备具有的智能处理能力，可以向中央处理器发送数据和从中央处理器接收数据。传统终端的主要功能集中在数据采集和传输，而智能终端的特征数据抓取和数据预处理能力大大提高。随着智能芯片和算法的升级，智能终端将具有更强的计算、存储、数据压缩能力，为数据查找和传输降低门槛，减轻云计算通用处理器和网络传输带宽的压力。在一些场景中，边缘智能与终端智能并无明显界限，边缘智能与物端智能相融合则生成边缘计算终端[13]。

2.2.3 智能终端处理器

边缘计算节点（ECN）硬件架构和智能终端硬件结构分别如图 2-4 和图 2-5 所示。其中（智能终端）处理器是架构的核心器件之一，其功能和效率对整个系统的性能影响极大。智能终端处理器是智能算法实现、海量数据获取和存储及计算的物理基础。

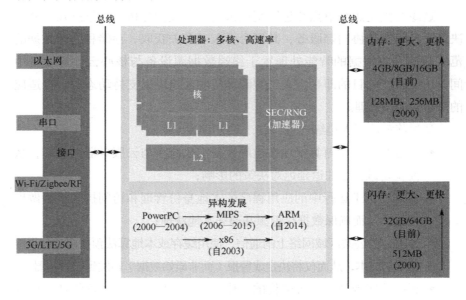

图 2-4 边缘计算节点（ECN）硬件架构

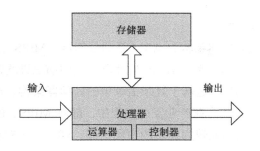

图 2-5　智能终端硬件结构

智能终端处理器的基本要求主要有以下三点[14]：

（1）高性能。智能终端发展非常迅速，新应用层出不穷，不少应用对智能终端要求变高，因此，智能终端处理器需要具有较高的性能，才能提供给用户完整的功能和较好的体验。

（2）高集成度。智能终端对尺寸非常敏感，因此，要求处理器具有较高的集成度，能在比较小的尺寸上集成更多的器件，这样不仅能够使整个终端尺寸得到控制，还能降低设计的复杂程度，提高系统的可靠性。

（3）低功耗。智能终端大都采用电池供电，系统功耗非常敏感，因此，要求处理器有较低的功耗。

1. 通用处理器系列

在介绍处理器之前，需要对处理器的架构有所了解。处理器可以分为基于精简指令集的处理器和基于复杂指令集的处理器。

精简指令集计算机（Reduced Instruction Set Computing，RISC）是一种执行较少类型计算机指令的微处理器，由于 RISC 处理器采用硬布线控制逻辑，其处理能力强，速度快。RISC 的特点主要包括：

（1）流水线及常用指令均可用硬件执行；

（2）采用大量寄存器，使大部分指令操作都在寄存器之间进行，提高了处理速度；

（3）采用缓存—主机—外存三级存储结构，使取数指令与存数指令分开执行，使处理器可以完成尽可能多的工作，且不因从存储器存取信息而放慢处理速度。

复杂指令集计算机（Complex Instruction Set Computers，CISC）是一种包含丰富指令集的处理器，这使为处理器编写程度变得容易，但同时丰富

的指令集会影响其性能。

目前四大主流处理器架构为 ARM 系列处理器、MIPS 系列处理器、PowerPC 系列处理器和 x86 系列/Atom 处理器,其中前三种均是基于精简指令集的处理器架构;x86 则是基于复杂指令集的处理器架构,Atom 是 x86 或者 x86 指令集的精简版。在产业发展过程中,随着 MIPS、PowerPC 的日渐式微,指令集架构已形成较为稳定的市场格局:x86 和 ARM 两大指令集占据大部分市场份额,其中,在服务器、PC 领域,x86 指令集占主要地位;在移动通信领域,ARM 指令集被广泛使用,具有垄断地位。

2. RISC-V 指令集

1) 概况

2010 年,加州大学伯克利分校一个研究团队在为新项目选择处理器指令集时分析了 ARM、MIPS、SPARC、x86 等多个指令集,发现它们不仅设计越来越复杂,还存在授权限制及授权使用费昂贵等问题。于是伯克利的研究团队从零开始设计一套全新的指令集,这个新的指令集命名为"RISC-V",意为第五代 RISC[15]。

RISC-V 是一种基于已有的精简指令集计算机(RISC)原理的开放标准指令集体系结构(ISA)[16]。相对于 x86 指令集的完全封闭及 ARM 指令集高昂的授权使用费,RISC-V 指令集基于 BSD 协议许可完全开源共享,任何公司、大学、研究机构与个人都可以自由免费使用。RISC-V 指令集具有性能优越、彻底免费开放两大特征。RSIC-V 的设计目标是能够满足从微控制器到超级计算机等各种复杂程度的处理器需求,支持 FPGA、ASIC 乃至未来器件等多种实现方式,同时能够高效地实现各种微结构,支持大量定制与加速功能,并可与现有软件及编程语言良好适配。

2) 技术特性

RISC-V ISA 的特性包括负载存储架构,简化 CPU 中多路复用器的位模式,IEEE 754 标准浮点,架构上中立的设计,以及将最高有效位放在固定位置以提速符号扩展[17]。许多先前的开源指令集架构使用 GNU 通用公共许可协议来鼓励用户允许他们的实现方法被其他人复制或使用。RISC-V 的设计者表示,RISC-V 指令集是给实际计算机使用的,它不像其他学术上的指令集设计那样只为比较好地阐述理念而做最优化。RISC-V 指令集的一些功能既可以提高计算机运算速度又可以降低成本和减少电源使用。如

Load/store 架构,在 CPU 里面的比特表示方法来简化 MUX(数据多任务器),以标准为基础来简化的浮点数,架构中立的设计,以及把 MSB(Most significant bit)放到固定位置来加速 sign extension。sign-extension 常常就是静态时序分析里面的关键路径,它是可变宽度且可扩展的,因此可以始终添加更多的编码位。它支持三个字宽,32 位、64 位和 128 位及各种子集。对于三个字宽,每个子集的定义略有不同。这些子集支持小型嵌入式系统、个人计算机、带有矢量处理器的超级计算机及仓库规模的 19in 机架安装式并行计算机[18]。

RISC-V 保留了 128 位 ISA 扩展版本的指令集空间,60 余年的行业经验表明,指令集设计中最不可恢复的错误是缺少内存地址空间。此外,RISC-V 也可以用来做学术研究。它拥有简化的整数指令子集,允许学生做基本的练习,而整数指令子集就是一个简单的指令集架构(ISA),让软件可以控制机器。而不定长度的指令集架构也允许扩展,以满足研究或学生练习需求。分割出来的特权指令集可以支持在不重新设计编译器的情况下,进行操作系统方面的研究。RISC-V 开放的知识产权允许相关的设计被发布、使用和修改。目前,许多公司正在提供或已经宣布了 RISC-V 硬件,提供了具有 RISC-V 支持的开源操作系统,并且该指令集在几种流行的软件工具链中得到了支持。

3)RISC-V 运营及产业化

2015 年成立了 RISC-V 基金会,其为开放的、非营利性质的基金会,基金会拥有、维护和发布与 RISC-V 的定义有关的知识产权。原始的作者和所有者已将其权力移交给了基金会。RISC-V 基金会于 2019 年 11 月宣布,由于对美国贸易法规的担忧,其将搬迁至瑞士。目前,该组织名为 RISC-V International。基金会负责维护 RSIC-V 指令集标准手册与架构文档,RISC-V 基金会每年都会举办各种专题讨论会和全球活动,将广阔的生态系统聚集在一起,讨论当前和未来 RISC-V 项目的实施,以促进 RISC-V 阵营的交流和发展。

自 2015 年成立至今,RISC-V 基金会已拥有超过 750 家成员[19],成员中涵盖了半导体设计制造公司、系统集成商、设备制造商、军工企业、科研机构、高校等各类组织,其中白金会员包括谷歌、微芯科技、美光、英伟达、恩智浦、高通、三星、西部数据等全球知名科技/半导体企业,金、银和审计员队列中也有台积电、英飞凌、意法半导体、联发科等一众知名

智联网

半导体企业。早在 2017 年，存储巨头西部数据宣布将把每年各类存储产品中嵌入的 10 亿个处理器核换成 RISC-V，并于 2019 年 2 月发布其基于 RISC-V 指令集的自研通用架构 SweRV。

除企业、机构等单位外，多个国家也对 RISC-V 做出了战略规划与部署，如美国国防部高级研究计划局（DARPA）资助了 RISC-V 基金会，并在安全征集提案中要求使用 RISC-V；欧洲委员会 2018 年启动 EPI 计划，RISC-V 和 ARM 都将作为此次计划的备选指令集；印度更是全面拥抱 RISC-V，RISC-V 已成为印度国家指令集。

2019 年 6 月，图灵奖得主、RISC-V 基金会创始人之一大卫·帕特森（David Patterson）在瑞士宣布，将依托清华-伯克利深圳学院（TBSI），在内部建设 RISC-V 国际开源实验室（RISC-V International Open Source Laboratory），又称大卫帕特森 RIOS 图灵实验室。清华大学称，实验室将瞄准世界 CPU 产业战略发展新方向和粤港澳大湾区产业创新需求，聚焦于开源指令集 CPU 研究，建设以深圳为根节点的 RISC-V 全球创新网络和以技术成果转移为主要使命的非营利性组织，全面提升 RISC-V 生态系至最先进、可商用水平[20]。

4）RISC-V 生态保持

RISC-V 是一个开源的精简指令集架构，在这个精简的指令集之上，可以采用模块化的方式来添加不同的指令集，因此灵活性比较高。这样不同领域的应用可以针对指令集进行不同侧重的优化，从而达到处理器更极致的功耗优化和性能提升。这是 RISC-V 相较 x86 等指令集最大的优势所在，很多开发者也都看中了这一点。但是这样不可避免地会出现标准不统一的问题，碎片化的情况可能会影响其发展速度。为此，RISC-V 基金会要求基础的指令集保持统一，这样实现了最基本的软/硬件接口的统一。然后 RISC-V 基金会提供一套标准的拓展指令集，通过统一的拓展指令集就可以确保上层软件和底层硬件的通用性。当然，如果开发者想要深度定制，可以在预留位置上自定义指令集，并不会与标准指令集冲突。

同时，基金会鼓励开发者将自己的拓展指令集分享出来，如果需求的市场成长机会较大，开发者可以要求基金会提出讨论意见，若大家一致认可，就会作为统一标准的拓展指令集。

5）RISC-V 在中国

RISC-V 给中国芯片产业带来了机遇，中国在芯片处理器内核方面长期缺乏自主的通用处理器内核，几乎都是购买国外的 ARM 处理器内核。开源的 RISC-V 大大降低了中国的芯片业创新门槛。

中国在引入 RISC-V 并进行创新上积极努力，2019 上海市政府颁发了鼓励芯片公司使用本土自主知识产权 RISC-V 内核的文件。2019 年 10 月，阿里巴巴旗下平头哥半导体宣布，开源基于 RISC-V 指令集的低功耗微控制芯片（MCU）设计平台，将业界对本已非常火热的 RISC-V 指令集的关注推向新高度。2020 年 6 月 15 号，华米发布黄山 2 号芯片，与上一代黄山 1 号均为基于 RISC-V 指令集开发的全新架构芯片，相较于目前市面上大多数厂商采用的 ARM 架构处理器，黄山 2 号具有简洁、高效和低功耗的特点，是一款专门为可穿戴设备打造的运算芯片。除阿里巴巴外，华米科技、紫光展锐、兆易创新、芯来科技等芯片厂商也已发布基于 RISC-V 指令集的芯片产品。

此外，众多企业、高校和机构成为 RISC-V 基金会成员后，中国本土也建立起两大 RISC-V 联盟。2018 年 9 月，中国 RISC-V 产业联盟（China RISC-V Industry Consortium）正式成立，该联盟由芯原控股、芯来科技、上海赛昉科技（SiFive China）、杭州中天微、北京君正、兆易创新、紫光展锐、晶晨半导体、华大半导体、上海集成电路行业协会等单位共同发起。2018 年 11 月，中国开放指令生态（RISC-V）联盟在乌镇世界互联网大会正式成立，成员包括北京大学、清华大学、华为、百度、紫光展锐、腾讯、华米科技、全志科技、苏州国芯等系列高校、互联网巨头及半导体企业。

RISC-V 被认为是继 x86 架构和 ARM 架构之后的第三个主流架构，也被当作"中国芯"崛起的历史机遇。但 RISC-V 要形成一个完整的、统一的生态是很难的，RISC-V 发展任重道远。

3. 通用 CPU 与 AI 芯片

终端处理器主要包括传统意义上进行计算的通用 CPU 和专门为 AI 设计的专用芯片，如图形处理器 GPU、嵌入式神经网络处理器（NPU）、神经形态芯片等。

传统主流处理器为 ARM 处理器。ARM 系列处理器是一个精简指令集（RISC）处理器架构家族，其广泛地使用在许多嵌入式系统设计中，具有指

令长度固定、执行效率高、体积小、耗能低等特点。ARM 处理器本身是 32 位设计，但也配备 16 位指令集。

ARM 处理器家族的基础是 ARM 公司的 ARM 内核，各大厂商在授权付费使用 ARM 内核的基础上研发生产各自的芯片，形成了嵌入式和移动端 ARM CPU 大家族，主要厂商包括 Atmel、Intel、TI、NXP 等，形成了目前的 Classic 系列、Cortex-M 系列、Cortex-R 系列、Cortex-A 系列和 Cortex-A50 系列芯片。ARM 处理器可以在很多消费性电子产品上看到[21]，从可携式装置（PDA、移动电话、多媒体播放器、掌上型电子游戏和计算机）到计算机外设（硬盘、桌上型路由器），甚至在导弹的弹载计算机等军用设施中都有它的存在。

ARM 架构处理器占据了终端 CPU 的大部分市场，此外，MIPS 处理器也有少量应用。

目前，关于 AI 芯片的定义并没有一个严格和公认的标准。比较宽泛的看法是，面向人工智能应用的芯片都可以称为 AI 芯片。AI 芯片目前有两个发展方向：一是延续经典的冯·诺依曼计算架构，以加速计算能力为发展目标，主要分为并行加速计算的 GPU（图形处理单元）、半定制化的 FPGA（现场可编程门阵列）、全定制化的 ASIC（专用集成电路）；另一个方向是颠覆传统的冯·诺依曼计算架构，采用基于类脑神经结构的神经拟态芯片来解决算力问题。综上，AI 芯片可大体划分为三种：一是经过软/硬件优化可以高效支持 AI 应用的通用芯片，如 GPU；二是侧重加速机器学习特别是神经网络、深度学习算法的芯片，这是目前 AI 芯片中最多的形式；三是受生物脑启发设计的神经形态计算芯片[22]。

图形处理单元（Graphics Processing Unit，GPU）是相对较早的加速计算处理器，具有速度快、芯片编程灵活简单等特点。由于传统 CPU 的计算指令遵循串行执行方式，不能发挥出芯片的全部潜力，而 GPU 具有高并行结构，在处理图形数据和复杂算法方面拥有比 CPU 更高的效率。在结构上，CPU 主要由控制器和运算器组成，而 GPU 则拥有更多用于数据处理的运算逻辑单元，这样的结构更适合对密集型数据进行并行处理，程序在 GPU 系统上的运行速度相较于单核 CPU 往往提升几十倍乃至上千倍。同时，GPU 拥有了更加强大的浮点运算能力，可以缓解深度学习算法的训练难题，释放人工智能的潜能，但是 GPU 也有一定的局限性。深度学习算法分为训练和推断两部分，GPU 平台在算法训练上非常高效。但在推断中对

第2章 智联网技术架构

单项输入进行处理的时候，并行计算的优势不能完全发挥出来[23]。

侧重加速机器学习的 AI 芯片是为了适用机器学习算法而研发的，主要包括 TPU、NPU 等。Google 的 TPU（Tensor Processing Unit，张量处理单元）是一款为机器学习而定制的芯片，经过了专门深度机器学习方面的训练，它有更高效能（每瓦计算能力），TPU 是专为机器学习量身定做的，执行每个操作所需的晶体管数量更少，自然效率更高。TPU 与同期的 CPU 和 GPU 相比，可以提供 15～30 倍的性能提升，以及 30～80 倍的效率（性能/瓦特）提升。TPU 能为机器学习提供比所有商用 GPU 和 FPGA 更高的量级指令。TPU 是为机器学习应用特别开发的，以使芯片在计算精度降低的情况下更耐用，这意味着每一个操作只需要更少的晶体管，使用更多精密且大功率的机器学习模型，并快速应用这些模型，因此用户便能得到更加正确的结果。NPU 嵌入式神经网络处理器（Neural-network Processing Units）采用"数据驱动并行计算"的架构，特别擅长处理视频、图像类的海量多媒体数据。NPU 处理器专门为物联网人工智能而设计，用于加速神经网络的运算，解决传统芯片在神经网络运算时效率低下的问题。为了解决物联网设备中内存带宽小的特点，在 NPU 编译器中会对神经网络中的权重进行压缩，在几乎不影响精度的情况下，可以实现 6～10 倍的压缩效果[24]。

神经形态芯片（Neuromorphic Chip）采用电子技术模拟已经被证明了的生物脑的运作规则，从而构建类似于生物脑的电子芯片，即"仿生电脑"。其与神经形态工程含义类似。神经形态工程（Neuromorphic Engineering）在 1980 年代晚期由加州理工学院教授卡弗·米德（Carver Mead）提出，指利用具有模拟电路的超大规模集成电路（Very-Large-Scale Integration，VLSI）来模拟生物的神经系统结构。近些年神经形态计算也用来指采用模拟、数字、数模混合 VLSI 及软件系统实现的神经系统模型。受到脑结构研究的成果启发，研制出的神经形态芯片具有低功耗、低延迟、高速处理、时空联合等特点[25]。

传统的冯·诺依曼架构存在着"冯·诺依曼瓶颈"，它限制了系统的整体效率和性能。神经拟态芯片不采用经典的冯·诺依曼架构，而是基于神经形态架构设计，是模拟生物神经网络的计算机制，如果将神经元和突触权重视为大脑的"处理器"和"记忆"，则它们会分布在整个神经皮层。神经拟态计算从结构层面去逼近大脑，其研究工作可分为两个层次。一是神经网络层面，与之相应的是神经拟态架构和处理器，以 IBM Truenorth 为代表,这种芯片把定制化的数字处理内核当作神经元,把内存作为突触。其逻辑结构与传统冯·诺依曼结构不同:内存、CPU 和通信部件完全集成在一起,因此信息的处理在本地进行,克服了传统计算机内存与 CPU 之间的速度瓶颈问题。同时神经元之间可以方便快捷地相互沟通,只要接收到其他神经元发过来的脉冲(动作电位),这些神经元就会同时做动作。二是神经元与神经突触层面,与之相应的是元器件层面的创新。如 IBM 苏黎世研究中心宣布制造出世界上首个人造纳米尺度的随机相变神经元,可实现高速无监督学习[26]。

智能终端芯片从传统通用芯片发展到通用芯片专用化再发展到 AI 专用芯片,芯片的发展随 AI 算法而更新。同时,异构计算可将不同指令架构的计算单位(如传统的 CPU、GPU、DSP 及创新的 TPU、DLA 等)融合在一起,实现高效协同运行的计算技术,为智能终端提供更多的可能性。

4. 类脑智能(Brain-Inspired Intelligence)

类脑智能就是以计算建模为手段,受脑神经机理和认知行为机理启发,并通过软/硬件协同实现的机器智能。类脑智能系统在信息处理机制上类脑,在认知和智能水平上类人,其目标是使机器以类脑的方式实现各种人类具有的认知能力及其协同机制,最终达到或超越人类智能水平[27]。

人工智能学科的终极目标是强人工智能,即实现人类水平的智能。但目前仍没有任何一个通用智能系统能够接近人类认知水平,虽然存在在特定领域(如 AlphaGo 击败人类职业围棋选手)人工智能战胜人类的案例,但仅限于特定领域,不具备协同多种不同认知的能力。脑科学与神经科学、认知科学的进展使得从脑区、神经簇、神经微环路、神经元等不同尺度观测各种认知任务下脑组织的部分活动并获取相关数据成为可能。人脑信息处理过程不再仅凭猜测,通过多学科交叉和实验研究得出的人脑工作机制也更具可靠性。因此,受脑信息处理机制启发,借鉴脑神经机制和认知行为机制发展类脑智能已成为近年来人工智能与计算科学领域的研究热点。

类脑智能研究主要集中在硬件研究与软件研究两个方面。其中软件研究一方面使智能计算模型在结构上更加类脑,另一方面是在认知和学习行为上更加类人。两个角度的研究都会产生有益的模型和方法。例如,模拟人的小样本和自适应学习,可以使智能系统具有更强的小样本泛化能力和

第 2 章 智联网技术架构

自适应性。现在流行的深度学习方法可以说是由早期的人工神经网络发展而来的，早期的人工神经网络实际上就是一种原始的类脑计算方法，不过专有名词是"人工神经网络"，也是机器学习中监督学习的重要方法之一。用人工神经网络模拟大脑的智能计算功能，早在 20 世纪 40 年代就开始了研究[28]。它是对大脑神经系统的一种粗糙的模拟，建立的分层神经网络系统与实际大脑的结构有一定差距，但是这种粗糙的模拟在人工智能领域已经发挥了巨大的作用。现在建立的神经网络系统层数比较多，算法与过去相比也复杂很多。20 世纪 80 年代，多层神经网络训练的误差反向传播算法（BP 算法）得到推广，人工神经网络已经是模式识别和人工智能领域应用较为广泛的方法，其研究和应用形成了一个热潮。在 20 世纪 90 年代，随着泛化能力更强的支持向量机出现，神经网络再次走向低潮。2006 年，凭借深度学习的提出和广泛应用，人工神经网络再次跻身人工智能领域最前沿之列。目前不管是神经结构模拟还是学习行为模拟都是比较粗浅的。以深度学习为例，当前主流的深度学习是比较"粗暴"的学习方式，即一次性给予大量的类别标记数据，对深度神经网络进行训练，而收集大量标记数据是要付出很大代价的。人脑的学习具有很强的灵活性，从小样本开始，不断地随环境自适应。这种学习灵活性应该是未来机器学习的一个主要研究目标。

硬件方面的研究主要是研发类脑新型计算芯片，如神经网络计算芯片，也称为类脑计算芯片，包括神经形态芯片、忆阻器仿脑芯片、量子神经芯片等，目标是相比当前的 CPU 和 GPU 计算架构，提高计算效率和降低能耗。类脑计算芯片的动机是借鉴脑神经系统的工作原理，实现高性能、低功耗的计算系统，终极目标还要达到高智能。2014 年，IBM 推出 TrueNorth 芯片，借鉴神经元工作原理及其信息传递机制，实现了存储与计算的融合。该芯片包含 4096 个核、100 万个神经元、2.56 亿个突触，能耗不足 70mW，可执行超低功耗的多目标学习任务。美国加州大学和纽约州立大学石溪分校的 Prezioso 等人研制出了完全基于忆阻器的神经网络芯片，目前可基于该芯片感知和学习 3×3 像素的黑白图像。高通公司也推出了神经处理器 NPU，并应用于手机使用行为学习、机器人研发等领域[29]。

2.3 智能化网络系统

人工智能和物联网的融合重新定义工业、商业和经济的运作方式。支持人工智能的物联网创造了模拟智能行为的智能机器,并在几乎没有或根本没有人为干扰的情况下支持决策。

物联网的核心是将传感器植入机器,通过互联网连接提供数据流。所有与物联网相关的服务都不可避免地遵循五个基本步骤,即创建、通信、聚合、分析和行动。"行动"的价值取决于分析。因此,物联网的精确度由其分析能力决定。这就是人工智能技术所扮演的关键角色。

物联网提供数据的同时,人工智能获得了解锁响应的能力,同时提供了创造力和环境来推动智能行动,如图2-6所示。

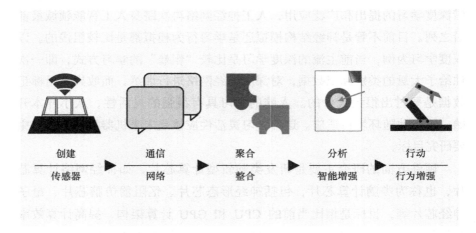

图 2-6　AI&IoT 功能视图

人工智能为物联网成功实现了以下敏捷解决方案:
(1)管理、分析数据并从数据中获得有意义的见解。
(2)确保快速、准确的分析。
(3)平衡本地化和集中化智能的需求。
(4)平衡个性化与保密性和数据隐私性。
(5)维护网络攻击安全。

物联网的真正价值体现在设备从其特定用途中学习或彼此学习,然后自动化操作。深度学习、计算机视觉、自然语言处理和经过时间考验的预测或优化中的机器学习等技术使人工智能成为物联网的重要补充。人工智能将信号与噪声分离,产生先进的物联网设备,可以从它们与用户、服务提供商和生态系统中其他设备的交互中学习[30]。

因此,人工智能赋予了物联网更强的感知力、认知力、决策力[31]。

感知力:数据是人工智能发展的基础,智能终端借助传感器等技术可以采集到海量的多元数据,人工智能提供了将海量多元数据进行融合的能力,其将多元的数据结构化,从而使智能终端得到多元数据的感知融合能力,同时人工智能可以利用智能终端的所有数据来促进学习和集体智能,从而增加智联网的价值。借助人工智能,智联网数据可以在整个生态系统中进行转换、分析、可视化和嵌入。

认知力:人工智能使智能终端拥有如大脑般的逻辑推理和理解分析能力,建立依赖外界输入的感知、推理和响应激励的智能模型,使智能终端可以通过经验学习和推理将自身引导到更高层次,并且在新的环境下不断获取新的外界输入,从而获得高层次的归纳、推理和分析新知识的能力。

决策力:在智联网中使用人工智能进行决策对于决策的高效性至关重要,人工智能运用强大的算法,针对智能终端感知到的输入内容进行长时间的认知学习,从而可以处理智能终端产生的大量数据并识别数据中的定式,从而做出最优决策,如在调度策略中,可以根据实时分析结果进行调度,减少智能终端之间的相互干扰;在数据路由中,根据 QoS 要求,智能选择数据传输路径。人工智能和大数据等相关技术,不仅能够挖掘过去所发生事情的内在关系,也能分析并提出各种方式来协助提高流程效率,甚至依据当前场景的数据去预测未来情况。

2.4 本章小结

智联网主流架构有端网云架构及端边云架构。在端网云架构下,大量数据须传至云端进行计算,存在数据传输引起的带宽占用、功率损耗、时间延迟、隐私安全等问题。随着边缘计算、边缘智能的发展,云端计算部分下沉至边缘,形成端边云架构,该架构在端与云之间引入边缘计算技术来支撑人工智能服务,在网络边缘分布式部署大量的边缘节点,从而向资源受限的终端设备提供支持,进而实现边缘智能。

边缘智能与物端智能的实现,除了人工智能软件及算法的贡献外,智

智联网

能芯片也是物联网实现智能的关键因素。AI 芯片目前有两个发展方向：一是延续经典的冯·诺依曼计算架构，以加速计算能力为发展目标，主要分为并行加速计算的 GPU（图形处理单元）、半定制化的 FPGA（现场可编程门阵列）、全定制化的 ASIC（专用集成电路）；二是颠覆传统的冯·诺依曼计算架构，采用基于类脑神经结构的神经拟态芯片来解决算力问题。

作为开源指令集，凭借免费、开源、灵活等优势，RISC-V 指令集推出后受到众多芯片设计厂商的关注，短短几年间在全球范围内迅速崛起，为中国芯片产业创新带来了机遇和挑战。

总之，人工智能与物联网的结合产生了智联网，人工智能技术赋予智联网感知力、认知力和决策力。

参 考 文 献

[1] 谈潘攀, 陈俐谋. 物联网体系架构的研究[J]. 软件, 2020, 41(04): 38-41.

[2] PRESSER M, BARNAGHI P M, EURICH M, et al. The SENSEI project: integrating the physical world with the digital world of the network of the future [J]. IEEE Communications Magazine, 2009, 47(4): 1-4.

[3] Internet of Things Architecture[EB/OL]. https://cordis.europa.eu/project/id/257521.

[4] 陈海明, 崔莉, 谢开斌. 物联网体系结构与实现方法的比较研究[J]. 计算机学报, 2013, 36(01):168-188.

[5] 姚剑峰, 赵玉成, 倪国强, 等. 基于云计算的电网调度防误系统集成架构及关键技术[J]. 电力信息与通信技术, 2016, 14(011):33-39.

[6] 李晓维. 无线传感器网络技术[M]. 北京: 北京理工大学出版社, 2007.

[7] 马建欣. 基于物联网的农产品物流配送模式研究[D]. 武汉: 华中师范大学, 2018.

[8] 蔡日梅. 物联网概述[J]. 电子产品可靠性与环境试验, 2011, 29(1): 59-63.

[9] 王晓飞. 智慧边缘计算：万物互联到万物赋能的桥梁[J]. 2021(2020-9):4-17.

[10] 彭昭. 智联网·新思维："智能+"时代的思维大爆发[M]. 北京: 电子工业出版社, 2019.

[11] 中国电子技术标准化研究院. 边缘云计算技术及标准化白皮书[R]. 2018.

[12] International Electrotechnical Commission. Edge intelligence White Paper[R]. 2017.

[13] 宋华振. 边缘计算——走在智能制造的前沿(上)[J]. 自动化博览, 2017, 03(277): 76-78.

[14] 智能终端[EB/OL].https://baike.baidu.com/item/%E6%99%BA%E8%83%BD%E7%BB%88%E7%AB%AF/10147151?fr=Aladdin.

[15] 开放指令集与开源芯片发展报告[R/OL]. http://crva.ict.ac.cn/documents/OpenISA-OpenSourceChip-Report-v1p0.pdf.

[16] White Paper Edge Intelligence[R/OL]. https://www.iec.ch/whitepaper/edgeintelligence/.

[17] RISC -V[EB/OL]. https://en.wikipedia.org/wiki/RISC-V.

[18] WATERMAN A, ASANOVIC K. The RISC-V instruction set manual, volume II: Privileged architecture[J]. RISC-V Foundation. Version, 2017.

[19] 一种全新的指令集架构 RISC-V[EB/OL]. https://blog.csdn.net/p340589344/article/details/82290920.

[20] About RISC-V[EB/OL]. https://riscv.org/about/.

[21] 清华大学. 2018 人工智能芯片技术白皮书[R/OL]. http://www.199it.com/ archives/809612.html.

[22] 2018 人工智能芯片研究报告[R/OL].http://pdf.dfcfw.com/pdf/H3_AP201811131243999088_1.pdf.

[23] 任源, 潘俊, 刘京京, 等. 人工智能芯片的研究进展[J]. 微纳电子与智能制造, 2019, 1(02): 20-34.

[24] CPU、GPU、TPU、NPU 都是什么？[EB/OL]. https://blog.csdn.net/qq_40695642/article/details/101602284.

[25] 刘星, 李星宇. 神经形态计算芯片产业化发展前景分析[J]. 新经济导刊, 2021(03): 31-34.

[26] 曾毅, 刘成林, 谭铁牛. 类脑智能研究的回顾与展望[J]. 计算机学报, 2016, 39(01): 212-222.

[27] Artificial Intelligence of Things[R/OL]. https://thepinnaclesolutions.com/wpcontent/uploads/2019/04/artificial-intelligence-of-things.pdf.

[28] 祝叶华. 刘成林: 从模式识别到类脑研究[J]. 科技导报, 2016, 34(7): 56-58.

[29] 佚名. 类脑智能研究的回顾与展望[J]. 计算机学报(1 期): 212-222.

[30] AIoT 成功的关键要素[J]. 中国工业和信息化, 2020(08): 34-39.

[31] XU Y J, LIU X, CAO X, et al. Artificial Intelligence: A Powerful Paradigm for Scientific Research[J]. The Innovation, 2021, 2(4): 100179.

第 3 章

智能化物端系统

智能化物端系统是一类嵌入式计算机系统,用于将智能信息处理并融入前端,实现接近传感器物理端的边缘与物端智能。智联网通过网络化、智能化、协同化技术实现物端互联,实现从以连接为中心过渡到以群体智能为中心。单体智能作为群体智能的基本组成单元,指单个智能体的人工智能能力,机器学习算法强化了单体机器的智能,但在机器群体协同工作时则需要"通盘考虑、统筹优化"的优化算法。在单体智能中,自动学习是实现智能的重要方法。

3.1 智能体与自动机器学习

3.1.1 智能体功能与结构

智能体从硬件结构上讲主要由传感器、微处理器、执行器组成,具有信息感应、智能信息处理功能,通过模拟人的感官和大脑的协调动作来实现智能。微处理器是智能体的核心,对数据进行计算、存储、处理,同时,通过反馈回路对传感器或执行器进行调节。

简单智能体既具有"感知"能力,又具有"认知"能力,主要功能为:

(1)具有自校零、自标定、自校正功能;
(2)具有自动补偿功能;
(3)能够自动采集数据,并对数据进行预处理;
(4)能够自动进行检验、自选量程、自寻故障;
(5)具有数据存储、记忆与信息处理功能;
(6)具有双向通信、标准化数字输出或符号输出功能;
(7)具有判断、决策处理功能。

简单智能体的范围较广,体积跨度大,其中包括便携式设备、家用电器、车辆、制造设备和其他嵌入软件、传感器、执行器和连接器的设备。从消费者可穿戴设备到工业机器和重型机械，这些相互连接的设备可以向环境发出信号，被远程监控和自行控制，并越来越多地用于自行决策和采取行动。

简单智能体由四层组成：

（1）机械和电气部件等物理元件；

（2）智能元件，如传感器、处理器、存储器和软件；

（3）连接元素，如端口、天线和协议；

（4）机载分析，在某些情况下，在边缘训练和运行人工智能模型。

物理成分被智能元件放大。智能元件依次被连接性放大，从而实现监控、控制和优化。但就其本身而言，联系事物并不能促进学习。在最基本的层面上，物联网设备生成的数据用于触发简单的警报。例如，如果传感器检测到超出阈值的情况，如过热或振动，则会触发警报，技术人员会进行检查。物联网的真正价值来自其复杂程度，即收集数据之后自动执行操作。当智能体能够适应，随着时间的推移改变行为，做出决定，采取行动，并根据自身所学到的来调整反应时，就具备了智能性。

3.1.2　自动机器学习概述

自动机器学习（Automated Machine Learning，AutoML）是将机器学习应用于实际问题的自动化的过程，是机器学习模型开发中耗时的迭代任务自动化的过程，涵盖了从原始数据集到可部署的机器学习模型的完整管道[1]，最终得出端到端（end to end）的模型。AutoML 的高度自动化降低了机器学习技术应用的门槛，使数据科学家、分析师和开发人员可以在保持模型质量的同时，以高规模、高效率和高生产率构建 ML 模型。传统机器学习和自动化机器学习的对比如图 3-1 所示[3]。

最早出现的 AutoML[1]库是 AutoWEKA[2]，它于 2013 年首次发布，可以自动选择模型和超参数。近几年，随着人工智能技术的快速发展和多场景应用落地，AutoML 在概念、流程及应用上日趋成熟。

在典型的机器学习应用程序中，从业者必须应用适当的数据预处理、特征工程、特征提取和特征选择方法，使数据集适合机器学习。在这些预处理步骤之后，从业者必须执行算法选择和超参数优化，以最大化其最终机器学习模型的预测性能。由于许多步骤通常超出了非专家的能力，因此

AutoML 被提议作为基于人工智能的解决方案,以应对机器学习应用中不断增长的挑战[4]。AutoML 的端到端流程提供了生成更简单的解决方案、更快地创建这些解决方案及通常优于手动设计的模型的优势。

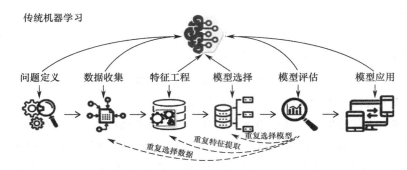

图 3-1 传统机器学习和自动化机器学习的对比

3.1.3 自动机器学习流程

自动机器学习包括算法选择、超参数优化和神经网络架构搜索,覆盖机器学习工作流的每一步自动化的机器学习,可以针对机器学习过程的各个阶段。自动机器学习的步骤如图 3-2 所示。

1. 数据准备

机器学习流程的第一步是数据准备。如今不断有公开数据集涌现出来,如 MNIST、CIFAR、ImageNet 等,各种数据集可以通过一些公开的网站获取,如 Kaggle、Google Dataset Search、Elsevier Data Search 等。然而对于许多任务(如医疗图像识别),很难获得足够多的数据,或者足够好的质量数据。AutoML 系统必须能够处理这个问题,可通过数据生成或数据搜索来解决这个问题。

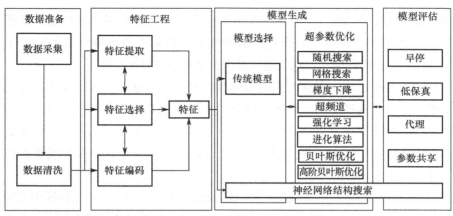

图 3-2　自动机器学习的步骤

1）数据生成

最常用的方法之一是增加现有的数据集。对于图像数据，有许多增强操作，如裁剪、翻转、填充、旋转和调整大小，当前有部分语言（Python 库 torchvision）提供该功能。可以在 RNN 中使用噪声扩充数据等方法对自然语言进行处理；对于某些特殊任务，如自动驾驶，由于安全隐患，在研究阶段无法在现实世界中测试和调整模型。因此，创建用于此类任务的数据的实用方法是使用数据模拟器，该模拟器试图尽可能地匹配现实世界。

2）数据搜索

由于 Internet 是取之不尽、用之不竭的数据源，因此搜索 Web 数据是一种收集数据集的直观方法。但是，使用 Web 数据存在一些问题。首先，搜索结果可能与关键字不完全匹配。为了解决这个问题，可以过滤不相关的数据。其次，Web 数据可能被错误地标记，甚至未被标记。基于学习的自标记方法通常用于解决此问题。例如，主动学习方法选择最"不确定"的未标记个体示例以供人类标记，然后迭代标记其余数据。

2. 特征工程

特征是从现实世界的具体物体到用数值表示的抽象数值化变换。特征工程本质上是一项工程活动，目标是最大限度地从原始数据中提取特征，以供算法和模型使用。特征工程包括三个子主题：特征选择、特征提取和特征构造。

（1）特征选择：在大部分数据分析和建模项目中，原始数据中往往提

取出成千上万的特征，其中常常包含许多与机器建模不相关的特征。特征选择就是通过减少不相关或冗余的特征来构建基于原始特征集的特征子集。这往往会简化模型，从而避免过度拟合并提高模型性能。

（2）特征提取：根据一定的度量提取具有明显物理意义或统计意义的特征。与特征选择不同，特征提取会改变原始特征。它是一个通过映射函数进行降维的过程，核心是映射函数，可以通过多种方式实现。主要方法有主成分分析（PCA）、独立成分分析、ISOMAP、非线性降维和线性判别分析（LDA）。

（3）特征构造：从基本特征空间或原始数据构造新特征，以增强模型的鲁棒性和概括性的过程。其本质是为了提高原始特征的代表性。这个过程高度依赖于人类的专业知识，最常用的方法之一是预处理转换，如标准化、规范化或特征离散化。此外，针对不同类型特性的转换操作可能有所不同。

3．模型生成

模型生成主要分为搜索空间和优化方法两部分。搜索空间定义了原则上可以设计和优化的模型结构。优化方法有两类参数：用于训练的超参数和用于模型设计的超参数。近年来，神经体系结构搜索（NAS）引起了人们的广泛关注[5]。

NAS 是一种自动设计神经网络的技术，可以通过算法根据样本集自动设计出高性能的网络结构，在某些任务上甚至可以媲美人类专家的水准，甚至发现某些人类之前未曾提出的网络结构，这可以有效地降低神经网络的使用和实现成本。

4．模型评估

性能评估策略将提供一个数字，这个数字可以反映搜索空间中所有结构的效率。一旦通过搜索策略找到了新的神经网络，就必须对其性能进行评估。一种直观的方法是训练网络使其收敛，然后评估其性能。然而由于深度学习模型的效果非常依赖于训练数据的规模，大规模数据上的模型训练非常耗时，这使得在任何情况下，评估结构性能的计算成本都很高。为了提高效率，我们需要使用一些手段去做近似的评估。下面简要总结几种用来加速模型评估的方法。

一种思路是用一些低保真的训练集来训练模型，如训练更少的次数，以及用原始训练数据的一部分、低分辨率的图片等。另一种思路是借鉴工程优化中的代理模型,用观测到的点进行插值预测,这类方法中最重要的是在大搜索空间中选择尽量少的点同时预测出最优结果。第三种思路是参数级别的迁移,用之前已经训练好的模型权重参数对目标问题进行赋值,从一个高起点的初值开始寻优将会大大地提高效率。

目前,国内外出现了不少 AutoML 相关产品,能够解放算法工程师,让 AI 自动化(如 Cloud AutoML、微软 NNI、阿里云 PAI、百度 Easy DL 等),为 AutoML 研究开发提供支持。

3.1.4 深度神经网络超参数优化

调参是制约深度神经网络发展的一个[6]重要因素,因此超参数的优化问题(Hyper-parameter Optimization,HPO)越来越多地受到研究者的关注。这一章当中,我们将要讲述关于 HPO 的一些常见的方法。首先介绍黑盒优化方法,其中包括与模型无关的方法和贝叶斯优化方法。然而,现在的许多机器学习方法非常消耗时间,这就让黑盒方法显得非常的耗时,因此,接着讨论多元化的方法。这些多元化的方法和黑盒方法比起来能够减小变量的复杂性,并且能达到同样令人满意的结果。在这一章的最后,还会讨论一些开放性问题及未来的研究方向。

1. 简介

所有的机器学习系统都有超参数,而要想得到一个很好的模型,最基本的任务,就是将超参数设置到合理的参数值。尤其是最近的深度神经网络,这些模型有着非常多的超参数及非常广的超参数取值范围,这些超参数和网络结构、训练方法、训练速度等息息相关。自动超参数优化有非常多的用途:

(1)降低人运用机器学习工具的门槛:通常运用机器学习方法解决问题需要非常多的经验来设置超参数,如果超参数能够自动选择,那么机器学习方法将会变得非常易用。

(2)优化机器学习算法的效果(将它们运用于特定的问题):这能够提升目前已有的算法最优效果,从而提升目前科学研究的基准水平。

(3)提升科学研究的可重复性和公平性:自动超参数优化显然比人工调参更容易复现,所以在比较不同方法的时候,自动调参更具公平性。

超参数优化问题很早就有研究，最早可以追溯到 1990 年。人们发现，对于不同的数据集，同一个机器学习算法有不同的最优超参数。因此，通过超参数优化，我们能够将一些普适的方法运用到特殊的领域。现在人们已经普遍认为，根据不同数据集调节的超参数能够达到比模型提供的默认参数更好的效果。

但是，超参数优化问题还面临着非常多的问题：

（1）评估一组超参数的好坏非常消耗时间和计算资源，因为机器学习的算法通常都有着庞大的模型及庞大的数据集，这对于超参数的评估来说是非常大的一个难点。

（2）参数空间一般都非常的复杂且维度非常的高，这些参数可以是连续的、离散的，也可能是基于概率的。另外，我们也很难决定某个算法的哪些超参数是需要优化的，也很难确定搜索的范围。

（3）我们很难获得超参数优化问题的梯度，所以，很多传统的最优化方法在超参数问题上并不能得到应用。

在接下来的内容中，我们将围绕超参数优化问题展开讨论。

2．问题描述

超参数优化问题（HPO）可以描述成一个最小化目标函数的普通优化问题。我们的目标是最小化函数 $L(T;M)$，其中 M 是表示某一个特定的模型，T 表示训练模型所用的数据集。模型 M 表示在 T 上运用某一个算法 A，通常这个算法 A 是解决一个优化问题的算法。整个模型拥有的超参数表示为 λ，并且令 $M = A(T;\lambda)$。超参数优化的目标是找到一组参数 λ^* 从而得到一个特定的模型 M^*，得到最小化的 $L(V;M^*)$，其中 V 是验证集。超参数问题可表示为

$$\lambda^* = \mathrm{argmin}_\lambda L(T;M) = \mathrm{argmin}_\lambda f(\lambda;A,T,V,L)$$

其中，目标函数 f 的输入是一组超参数 λ，返回整个模型的损失。数据集 T 和 V 是给定的，并且 T 和 V 的交集是空集。学习算法 A 和损失函数 L 都是预先给定的。理论上是能够计算损失函数 L 关于超参数的梯度的，但是实际上在绝大多数情况下这是不可能的。

3．模型无关的方法

模型无关的方法通常包含网格搜索（Grid Search，GS）和随机搜索

（Random Search，RS）[7]。这两种方法不涉及任何模型，从而这两种方法不会利用搜索过程中的任何经验，而是直接去搜索超参数的搜索空间。

1）网格搜索

网格搜索通常用来优化一些超参数非常少的 DNN 结构。首先，用户选择需要优化的超参数；其次，确定每个超参数的优化范围；再次，穷举所有的超参数组合，并将每组超参数所确定的 DNN 模型进行训练和预测；最后，得到损失函数，从而完成优化。统计上讲，通常 GS 在穷举到对数复杂度 $O(\log(n))$ 组超参数的时候便得到了最好的超参数组合，但是并不能确定是否找到最优解，因此，对于一个有 k 个超参数的模型，如果每个超参数有 n 个取值，则搜索的时间复杂度是 $O(n^k)$。在这里，为了方便描述，假设每个超参数的取值数量是一样的，实际运用中每个超参数的取值范围和穷举数量都是不一样的。由此可见，GS 能够保证找到最优超参数组合。但是，GS 对于超参数的个数几乎是一个指数时间的复杂度，因此 GS 在计算资源有限的情况下是无法实现的。

2）随机搜索

随机搜索是一种网格搜索的简化，通常能够快速收敛到一个还能接受的结果。基础的随机搜索不是逐渐适应的，也就是说，搜索过程不受已经搜索到的结果的影响，这就是所谓的随机。能够通过控制随机搜索的超参数的组数来控制时间复杂度，从而通过损失一定的准确率来让搜索过程能够在有限的计算资源下实现。实际上，目前也有一些方法可用来增加随机搜索的能力，例如在搜到的最优结果的附近，更容易搜到更优的解。因此很多算法能够和随机搜索进行混合，最终使得混合算法能够达到一个比较好的效果。

4．基于模型的方法

基于模型的方法中，先为超参数优化问题建模，然后根据这个模型进行超参数的优化工作。大部分的相关技术都用到了贝叶斯优化，贝叶斯优化将 HPO 问题转化成了在探索超参数空间大小和寻找最优超参数问题之间的一个折中。还有一些基于群体智能的算法，将超参数的搜索过程变成一个群体进化或者群体搜索的过程，特别是利用粒子群优化算法（Particle Swarm Optimization，PSO）进行超参数优化，取得了不错的效果。

1）贝叶斯优化

贝叶斯优化[8]是一种迭代的算法，它有两个元素：一个是基于概率的代理模型，另一个是获取函数，用于决定下一步将要评估的位置。在每一次迭代当中，代理模型被运用到目前为止观测到的所有目标函数，然后获取函数基于概率预测不同候选目标的优劣，在探索和开发当中选择一个折中。与模型无关的方法相比，评估一个获取函数比评估模型在某组超参数下的效果要容易很多，因此可以完全优化这个函数，而不必担心计算复杂度的问题。

虽然有非常多的获取函数，但 EI（Expected Improvement）函数是一个公认的、比较好的函数。

$$E[I(\lambda)] = E[\max(f_{\min} - Y, 0)]$$

因为这个函数能够在模型的预测结果 Y 和参数 λ 符合正态分布

$$E[I(\lambda)] = (f_{\min} - \mu(\lambda))\Phi\left(\frac{f_{\min} - \mu(x)}{\sigma}\right) + \sigma\phi\left(\frac{f_{\min} - \mu(\lambda)}{\sigma}\right)$$

的时候，进行闭合式的计算。其中 $\Phi(\cdot)$ 和 $\phi(\cdot)$ 是标准的正态密度函数和标准的正态分布函数，$f_{\min}$ 是目前观测到的最优值。

2）基于群体智能算法的优化方法

基于群体智能算法的优化算法目前也有不少研究，有很多人尝试用遗传算法（Genetic Algorithm，GA）[9]、进化计算（Evolutionary Algorithm，EA）、进化策略（Evolutionary Strategy，ES）[10]及粒子群优化算法（Particle Swarm Optimization，PSO）[11]进行超参数的优化。目前效果比较好的是利用粒子群优化算法进行超参数优化。

PSO 是从鸟群运动而得到启发的一种群体智能算法。每个个体具有位置和速度两个属性，每个个体在搜索的过程中记录个体搜索到的最优解，记为 P_{best}，所有个体找到的最优解记为 G_{best}。在每一轮迭代当中，个体通过 P_{best} 和 G_{best} 的经验来改变速度的大小和方向，然后改变自己的位置。这种方法在搜索的过程中保留了个体的经验和群体的经验，在非常多的实际问题中取得了良好的应用。对于超参数优化问题，运用 PSO 方法求解是比较合适的，下面介绍一项相关的工作。

Pablo Ribalta Lorenzo 和 Jakub Nalepa 等人提出了利用 PSO 优化卷积神经网络超参数的方法，并做了三个实验[11]。为了限制搜索空间大小，作者限定了卷积层、池化层的层数和顺序。第一个实验利用了一个一层卷积一层池化的网络，超参数有卷积核大小、卷积的步长、池化窗口大小、池化步长，作者变化粒子个数进行实验，在 MNIST 上得到了最高 98.71 的准确率，和全局最优只差 0.26。第二个实验变化网络基本结构，在不同的结构上做实验，证明 PSO 的优化能力和卷积、池化层数和顺序无关。第三个实验优化 Lenet4 的超参数，在 MNIST 上得到了比原始 Lenet4（98.90%）更高的准确率（99.34%）。根据这篇文章的思路做实验，可以得到类似的结果，但是，发现 PSO 容易在很接近全局最优的位置停滞下来，达不到全局最优。

还有一个著名的基于群体智能的方法，称为协方差矩阵适应进化策略（Covariance Matrix Adaption Evolutionary Strategy，CMA-ES）[12]。这个进化策略算法从一个多元高斯分布中进行抽样，而这个多元高斯分布的均值和方差在每一代都随着一系列的群体当中的个体而改变。CMA-ES 也是一个公认效果比较好的超参数优化模型。

5. 开放性问题及未来的研究方向

我们通过讨论一些开放性问题来总结这一章，总结现在存在的一些问题及以后可能的发展和研究方向。

1）比较 HPO 方法的好坏

现有非常多的 HPO 方法，我们希望知道每个方法的优劣在哪里。公平起见，在 HPO 领域，大家应该有一个公认的测试集来进行测试，以比较不同的 HPO 效果的好坏。并且这个测试集应该与时俱进，因为有非常多的、新的 HPO 方法不断涌现。有一个典型的例子就是 COCO 平台，它为每年的黑盒优化挑战（Black-Box Optimization Benchmarking，BBOB）提供了比较基准及一些分析工具。实际上，在 HPO 领域，超参数优化库（Hyper-parameter Optimization Library，HPOLib）及针对贝叶斯优化方法的基准已经存在，只是没有受到 BBOB 那样多的关注。

2）基于梯度的优化

在某些情况下能够得到超参数优化问题的损失函数的梯度，因此可以借助这个梯度来进行一些优化，从而加速 HPO 的过程。

Maclaurin 等人描述了一种能够计算验证集错误率关于超参数的梯度的方法，这种方法通过反向传播整个训练过程实现。如果能够用梯度的方法来解决超参数优化问题，那么超参数优化问题将会有更多的研究方向，特别是在问题的维度非常大的时候，这是非常有效的。

最近有基于梯度优化简单模型超参数的工作，在关于神经网络的结构的超参数问题上，效果已经超过了传统的贝叶斯优化模型。尽管非常依赖于特殊的模型，但引入梯度能够同时调整上百个超参数，对于超参数优化问题的研究，这可能带来意想不到的结果。

3）可扩展性

超参数优化适用于大多数需要调节参数的机器学习算法，但是仍然有算法由于规模太大而无法用超参数优化方法解决。这里的"规模太大"，可以是算法的参数变化空间太大，也可以是模型评估的代价太大。例如，目前没有任何人能够在 ImageNet 数据集上进行超参数优化的实验，这是由于在这个数据集上训练一个非常简单的神经网络也是非常消耗资源的。我们可以尝试用数据集的一部分来进行训练，但是在 ImageNet 数据集上依然很难达到理想的效果。

如果我们能够进行并行的运算，有可能能够解决这个问题。如果将来的计算能力不断上升，这个问题也是可以解决的。

4）过拟合和泛化

HPO 存在的一个公认的问题就是过拟合。在评估一组超参数的时候，通常只用有限的测试数据集进行测试，因此评估出来的效果很可能存在过拟合，这和很多机器学习算法在训练集上过拟合一样。

有一种简单的方式可降低过拟合，就是每次都打乱训练集和验证集，这在 SVM 的超参数优化当中表现出了更好的效果；另一种方式利用一个预留的集合来评估 HPO 的效果，从而预防 HPO 偏移标准的测试集。

不同的泛化方式有不同的效果，也有报道说不同的重采样也会让 HPO 问题体现出不一样的效果。实际上没有一个完全标准的防止过拟合的方式，但是我们应该在实际研究和应用中考虑到过拟合的问题，尝试不同的方式来达到更好的效果。

3.1.5　元学习[13]

元学习（Meta Learning），即学会如何学习（Learning to Learn），是学习理论中的重要研究分支。传统的机器学习研究模式是：获取特定任务的大型数据集，然后用这个数据集从头开始训练模型。很明显，这和人类利用以往经验，仅仅通过少量样本就迅速完成学习的情况相差甚远。一个解释是，人类的学习能力强，学会如何去学习。因此，元学习的目标是，让模型学习到这样的能力。

所谓学习，就是经大型数据集不断优化模型，使模型在该大型数据集上具有较小的误差，即收敛到一个理想的结果上。

元学习就是学习模型学习或者优化的过程。元学习是系统地观察不同的机器学习方法如何在广泛的学习任务中被执行，然后从这种经验或元数据中学习，以比其他方式更快地学习新任务的科学。这极大地加速和改进了智能模型，如机器学习优化流程或神经网络结构的设计，还使我们能够用数据驱动方式学习的新方法取代手工设计算法。

当人类学习新技能的时候，很少从头开始学。我们会从之前在相关任务中学到的技能开始，基于经验去学习新技能。这样，学习新技能会变得更容易，只需要少量的示例和反复试验。换句话说，我们学习如何跨任务地学习。而我们在为特定任务构建机器学习模型时，我们往往也会考虑该任务的特点、以往经验，以便能让模型在该任务上学得更好。

而元学习，需要解决的正是以数据驱动的方式从先前的经验中学习。为此，元学习任务往往需要收集描述先前学习任务和先前学习模型的元数据，包括用于优化、训练模型的精确算法配置、超参数设置、学习流程组成、网络结构等，以及所得到的模型评估（如准确性和训练时间）、学习的模型参数（如训练的神经网络权重）、任务本身的可测量属性。其次，我们需要从这个先前的元数据中学习，以提取和传递指导搜索新任务的最佳模型的知识。

本小节从神经网络的视角出发，介绍神经网络上元学习的几种研究方法。

1）基于记忆的方法[14]

标准的深度神经网络缺乏持续学习的能力或逐步学习的新概念，不会忘记或破坏以前学过的模式。相比之下，人类可以从相同概念的几个例子中快速学习和概括。人类在增量（即连续）学习方面也非常擅长。这些能力主要是通过大脑中的元学习（即学习如何学习）过程来解释的。元学习的目标之一是获取不同任务的通用知识，然后将知识传递给基础学习器，以便在单个任务的背景下进行泛化。

因此，有学者提出一种称为 MetaNet[14]的元学习模型（见图 3-3），该模型通过允许神经网络学习并通过一个实例实现一个新任务或概念来支持元级连续学习。

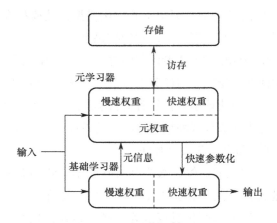

图 3-3　元学习模型

MetaNet 组件：基础学习器、元学习器、外部存储器。

学习发生在不同空间（元空间和任务空间）的两个层次上。

基础学习器在输入任务空间中运行（通过捕获任务目标在每个任务内执行任务），而元学习器在任务不可知的元空间中运行（负责通过跨任务进行快速权重生成）。

通过在抽象元空间中操作，元学习器支持持续学习并执行元知识获取跨越不同的任务。

为此，基础学习器首先分析输入任务，然后基础学习器以高阶元信息的形式向元学习器提供反馈，以解释其在当前任务空间中的状态。生成的快速权重被集成到基础学习器和元学习器中，以改善学习器的归纳偏差。

MetaNet 通过处理更高阶的元信息，学习快速参数化底层神经网络以实现快速泛化，从而生成灵活的 AI 模型，以适应可能具有不同输入和输出分布的任务序列。这类方法需要明确什么是元信息、元信息类型，以及怎么学习到元信息、误差函数怎么给。

2）基于预测梯度的方法

元学习的目的之一是实现快速学习，尽快收敛，而尽快收敛的关键一点是神经网络的梯度下降要准要快，那么是不是可以让神经网络利用以往的任务学习如何预测梯度，这样面对新的任务，只要梯度预测得准，那么学习得就会更快了？基于这样的想法，有学者提出训练一个通用的神经网络来预测梯度[15]，而不再是手动选择某个具体的优化器，如 SGD、AdaGrad[16,17]等。

神经网络优化模型的优化目标可以形式化为

$$\theta^* = \arg\min_{\theta} f(\theta)$$

而标准的优化过程，可以形式化为

$$\theta_{\{t+1\}} = \theta_{\{t\}} - \alpha_{\{t\}} \nabla f(\theta_{\{t\}})$$

上述方法在优化时，仅考虑了一阶表达式，忽略了二阶导数，并且在针对不同问题时，还需要采用不同的优化器以取得较高的性能。因此提出了使用预测梯度的方法，试图找到一个统一的方案，即采用 RNN 来学习参数更新过程，而不是手动去选择不同的优化方法。即

$$\theta_{\{t+1\}} = \theta_{\{t\}} - g_t(\nabla f(\theta_{\{t\}}, \phi))$$

这个 RNN 模型，输入是模型上一步梯度，参数是 ϕ，预测当前步的更新梯度。

如图 3-4 所示，使用一个 RNN 模型不断去预测更新梯度。实验表明，使用元学习方法作为优化算法，比其他手动选择的优化算法要好。

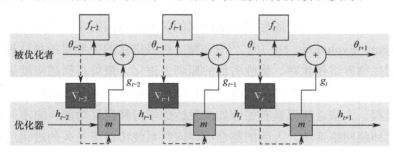

图 3-4 RNN 模型

3）利用注意力机制的方法

人脑在处理图像时，会选择性地关注自己感兴趣的部分。出于这样的动机，将人的经验运用到网络中，让神经网络关注一些关键位置，使神经网络着重于学习人们关心的部分。而哪部分是当前模型应该关注的呢，有学者向神经网络模型中引入注意力机制[18,19]，即使用一个分支网络来学习模型应该关注哪些东西，进而提升模型的学习能力。显然，这个分支网络用于获取与输入相关的元信息，以指导训练。

如图 3-5[19]所示，在 ImageCaption 任务中，让网络学习到关注于输入图像中的某些像素，抑制不关注部分，从而提升网络性能。

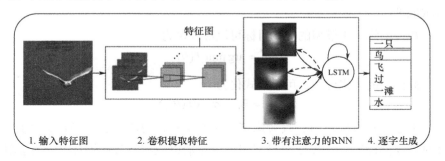

1. 输入特征图　　2. 卷积提取特征　　3. 带有注意力的RNN　　4. 逐字生成

图 3-5　注意力机制的运用

元学习有很多方法，研究思路各放异彩。元学习器以多种不同的方式进行呈现，可以采用很多学习技术。当我们尝试学习某项任务的时候，无论成功与否，都可以获得有用的经验，并且利用这些经验来学习新的任务。学习如何去学习，是非常有意思的话题。

3.1.6　神经进化

随着深度学习和智能生物算法研究的深入，逐渐衍生出了名为神经进化（Neuro Evolution，NE）[20-22]的领域。神经进化的主要目的是让神经网络根据生物界适者生存、优胜劣汰的原则去进化，最终得到适应度最大的个体，也就是最优秀的神经网络。该领域的生物学灵感在于人脑神经元的进化过程，人脑之所以具有如今如此发达的学习和记忆功能，离不开脑中复杂的神经网络系统。人脑的整套神经网络系统得益于长久的进化过程，而不是深度学习中的梯度下降和反向传播。基于此原理，用进化算法来进化的神经网络成为一个新兴的领域，并在理论上具有可行性。

目前进化算法主要有两种形式：第一种为定拓扑神经进化，即神经网络的拓扑结构还是由研究者制定，而网络的权重则交给进化算法去进化，从而找出最优解；第二种为不定拓扑神经进化——拓扑权重进化的人工神经网络（Topologies Weights Evolution Artificial Neural Network，TWEANN），即拓扑结构和网络权重都使用进化算法去进化，最终得到最优拓扑结构和网络权重组合。越来越多的拓扑和权重都进化的算法逐渐出现，首先是增强拓扑神经进化算法（Neuro Evolution of Augmenting Topologies，NEAT）[21]，该算法提出了基因的历史标记技术和物种技术，消除了 TWEANN 中未成熟个体会被灭绝的局限并扩大了网络可进化的规模；后来，基于 NEAT 算法改进出了基于超立方的 NEAT 算法（Hypercube-based NEAT，HyperNEAT）[22]，该算法对基因采用间接编码，使用组合模式生成网络（Compositional Pattern Producing Network，CPPN）生成网络连接，由此网络拓扑可被进化的规模大大增加；新颖搜索（Novelty Search，NS）[23]的出现，使判断神经网络好坏的唯一标准不仅仅是适应度的好坏，还加入了新颖性的概念，这样能够更容易找到潜在的最优个体。

目前神经进化算法在强化学习领域获得了显著的成果，使用进化算法进化的智能体在某些游戏中的表现会强于深度学习。同时，在监督学习领域，基于进化算法训练的图像分类器也获得了很好的效果[24,25]，但进化时间较长，在总体性能和表现方面还不如深度学习。

1．NEAT 算法[21]

NEAT 算法本质上也是一种加强版的遗传算法，所以基因选择、交叉和变异操作都是必需的，但这些操作与普通的遗传算法又有不同。同时，NEAT 算法中引入了针对可变拓扑进化的初始化、历史标记及物种技术，解决了如下三个挑战：

（1）怎样使得不同拓扑结构的个体进行交叉配对；

（2）对于创新拓扑，怎样对其进行有效保护，从而使其能够进化成熟；

（3）在不进行人为干预的条件下，怎样使得拓扑结构进化得尽量小。

2．基因编码

NEAT 的目的之一是解决如上提到的三个挑战，而解决这些挑战的关键就是进化过程中基因的编码方式。针对某一个网络拓扑结构，有唯一的基因组与之对应，每个基因组包括一个节点基因列表和一个连接基因列表，其中每个连接由两个节点相连。每个节点基因指明了节点的类型，如输入、隐藏和输出；每个连接基因指明了该连接的输入节点、输出节点、连接权重、是否被启用及创新号信息，基于如上信息就可以在交叉配对阶段实现基因的统一性。

基因型到表现型映射关系如图 3-6 所示，基因顶部的数字代表了基因的创新号，创新号意味着每个基因之间是否同源，而同源性则可以帮助基因组在交叉过程中找到配对基因。随着新基因的加入，创新号会逐渐增加，意味着越新的基因有着越大的创新号。

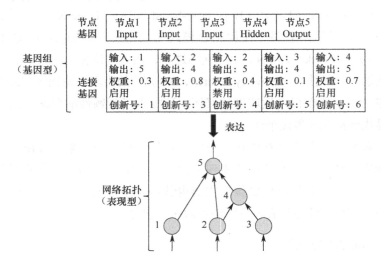

图 3-6 基因型到表现型映射关系

3．初始化最小网络结构

TWEANN 算法初始化为具有任意拓扑结构的种群，此时算法会去优化一些无关的垃圾网络，因为网络连接越多，需要搜索优化的维度越高，计算资源也就浪费越多。与此相反的是，NEAT 算法初始化的网络结构为无隐藏节点且只有输入、输出的最简单网络，由于 NEAT 算法使用了保护创新个体的物种技术，使最小网络结构可以通过添加有效的网络增加规模。新的网络结构通过结构变异逐渐被引入种群，并且会通过适应度进行优胜劣汰。利用这种方式，NEAT 通过搜索最小数量的权重维度减少了找到最优解的进化次数。

4．变异

针对 NEAT 算法来说，变异不仅发生在连接权重上，也发生在网络拓扑结构的改变上。权重变异就是对连接的权重进行改变；能扩大基因规模的结构变异主要包括如下两种方式：第一种是添加连接变异，如图 3-7 所示，即一条新的连接基因将会连接未被连接的节点；第二种是添加节点变异，如图 3-8 所示，方法是首先将现存的连接分解，之后将新节点放置到被分解连接处，同时旧连接会在基因组中被删除，且两个新连接将会被添加到基因组中。通过变异操作，创建了多种规模不同的基因组，并且因为在网络中相同位置的节点可能存在不同的连接，所以增加了个体的多样性。

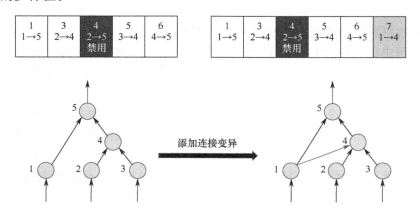

图 3-7　添加连接变异

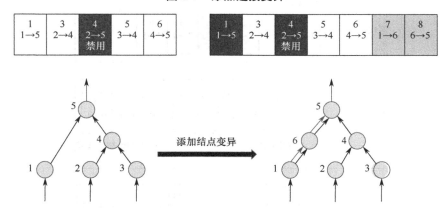

图 3-8　添加节点变异

5．通过历史标记技术交叉

为了实现交叉操作，算法必须知道种群个体中哪些基因之间才能进行匹配，由此引入了基因同源性的概念。同源基因即具有相同创新号的基因，基因间具有相同的结构（虽然权重可能不同），并且源于相同的历史基因。因此，算法通过基因的同源性来确保交叉配对过程中基因间的对应。

当新的连接基因产生（通过结构变异）时，全局的创新号将会增加，并将该创新号赋予新产生的连接基因，因此创新号也代表了一个新基因的产生时间。由图 3-7 和图 3-8 可以看出，在添加连接变异时，新创建的连接基因被分配的创新号为 7；在添加节点变异时，两条新的连接基因被分配的创新号为 7 和 8。这些基因在未来发生交叉配对时，子代会继承相同的创新号，这意味着创新号在进化过程中是不变的。因此，在进化过程中，基因之间的同源性能够通过比较创新号很方便地得知。

历史标记技术（即使用创新号标记基因）使不同拓扑个体之间的交叉配对更有效率。从图 3-9 可以清楚地看出基因之间的配对关系，不能配对的基因称为互斥基因或剩余基因，这两类基因的分辨取决于基因的创新号是否位于对方亲代个体的创新号范围之内。当两个基因组进行交叉配对操作时，具有相同创新号的基因会被对齐；如果遇到不能配对的基因，则设定如下原则：子代继承适应度更好的亲代基因，若两组亲代适应度相同，则随机选择某一亲代继承基因。通过如上方式，NEAT 算法不需要进行烦琐的拓扑分析，就可以轻易地进行不同拓扑结构间的交叉配对。

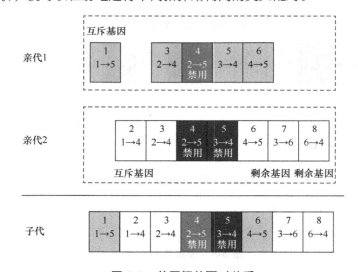

图 3-9　基因间的配对关系

从图 3-9 可以看出，NEAT 算法中的交叉操作十分简洁，虽然亲代 1 和亲代 2 的拓扑结构是完全不同的，但是它们的创新号直接体现了哪些基因之间才能进行配对。尽管基因间的交叉配对问题在逻辑上是一个拓扑结合问题，但历史标记技术的出现使此问题演化为一个序号匹配问题，因此在实践中更容易解决基因间的交叉配对问题。

6. 通过物种技术保护创新个体

向网络中添加新的结构通常会引起适应度的下降，于是 NEAT 采用了物种技术，将种群分为多个物种，个体不再以种群为单位进行竞争，而是在物种内部进行竞争。通过这种方式，创新个体能够被有效地保护起来，并且在与其他物种优良个体竞争之前有足够的时间去优化结构。物种技术在多模型优化及共同进化方面使用广泛，其主要功能是保护物种多样性。

上文提到，利用历史标记技术可以识别个体间同源基因的情况，进而判断个体间的相似性。由于拓扑结构的相似性可用于将种群划分为多个物种，所以历史标记技术也成为物种技术的重要组成部分。基因组间互斥基因和剩余基因数量是衡量基因组相似性的重要依据，两个基因组间的非同源基因越多，它们历史上的相同进化越少，相似性越小。权重是网络结构最重要的属性，因此拓扑相似性差异的判断离不开同源基因的权重差异。可以通过设置相似距离 d 来量化不同拓扑结构的差异性，距离 d 可表示为互斥基因的数量 D、剩余基因的数量 E 和配对基因平均权重误差 $\overline{W}$ 的线性组合：

$$d = \frac{\lambda_d D}{n} + \frac{\lambda_e E}{n} + \lambda_w \overline{W} \qquad (3\text{-}1)$$

式中，λ_d、λ_e、λ_w 为上述 3 个因素的重要性系数，n 为配对基因组中较大基因组的基因数量，用来标准化相似距离。

基于相似距离 d 的概念，可引入兼容性阈值 d_t 来划分物种。在划分的初始阶段，每一个存在的物种都会任意选出上一代中属于此物种的某个基因组来代表，选中的基因组暂且称为物种代表基因组。需要被划分的基因组将会有序地进行划分，如果某个需要划分的基因组与某个物种代表特种之间的相似距离 d 小于兼容性阈值 d_t，则该基因组属于该物种；如果没有找到可以归属的物种，则该基因组新建一个以自己为代表的物种。每个基因组将会被归属到第一个满足条件的物种，因此没有基因组会存在于 1 个以上的物种。

在 NEAT 算法的繁殖机制中，使用显式适应度共享，即每一个物种内部都需要共享适应度，好处是即使一个物种内某些个体适应度较大，但该物种的适应度也不会很大，因为适应度大的个体和适应度小的个体会共享适应度，因此一个物种不能轻易占领整个种群。

$$\mu(d) = \begin{cases} 0, d \leqslant d_t \\ 1, d > d_t \end{cases} \qquad (3\text{-}2)$$

$$f_i' = \frac{f_i}{\sum_{j=1}^{n} \mu(d_{ij})} \quad (3\text{-}3)$$

式（3-2）用于判断个体是否为相同物种，当相似距离 d 大于阈值 d_t 时，共享函数 $\mu(d)=1$，否则 $\mu(d)=0$，所以 $\sum_{j=1}^{n} \mu(d_{ij})$ 表示与个体 i 位于同一物种的个体数量。个体 i 的调整适应度 f_i' 如式（3-3）所示，物种的扩张和减缩取决于调整适应度是否高于和低于整个种群的调整适应度：

$$n_s' = \frac{\sum_{i=1}^{n_s} f_{si}}{\bar{f}} \quad (3\text{-}4)$$

式中，n_s 和 n_s' 分别为物种 j 上一代和新一代的个体数量，f_{si} 是物种 s 中个体 i 的调整适应度，$\bar{f}$ 是整个种群的平均调整适应度。每个物种通过式（3-4）获得下一代应该产生的后代数量，并利用内部适应度最好的 $r\%$ 个个体交叉配对产生对应的 n_s' 个后代，进而替换掉当前一代。

NEAT 实质上属于加强版的遗传算法，不仅表现出了参数优化功能，而且表现出了结构复杂化功能。该算法可以在现存的较优结构上添加新的结构，使个体可以发挥出潜在的强大优势。

7．神经网络架构搜索

深度学习在过去几年中在各种任务上取得了显著进步，如图像识别、语音识别和机器翻译。这一进步的一个关键方面就是新颖的神经架构。目前使用的架构大多是由人类专家手动开发的，这是一个耗时且错误的过程。因此，人们对自动神经网络架构搜索方法越来越感兴趣。

在感知任务中，深度学习的成功在很大程度上归功于其特征工程过程的自动化：分层特征提取器以端到端的方式从数据而不是手动设计中学习。然而，伴随着对建筑工程的不断增长的需求，越来越复杂的神经架构被手动设计。神经网络架构搜索（NAS）[26]是自动化架构工程的过程，因此是机器学习自动化的合理下一步。NAS 可以被视为 AutoML 的子领域，并且与超参数优化和元学习具有显著的重叠。我们从三个维度对 NAS 的方法进行分类：搜索空间、搜索策略和性能估计策略：

如图 3-10 所示，搜索策略从预定义的搜索空间 A 中选择体系结构 A，该体系结构被传递给性能估计策略，该策略将 A 的估计性能返回到搜索策略。

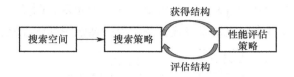

图 3-10　神经网络架构搜索方法的抽象图

- 搜索空间：定义了原则上可以表示哪种体系结构。结合非常适合任务的属性的先验知识可以减小搜索空间并简化搜索。然而，这也引入了人为偏见，这可能会阻止发现超越当前人类知识的新颖构建块。
- 搜索策略：详细说明了如何探索搜索空间。它包括经典的探索-开发的折中，以快速找到性能良好的架构，另外，也应避免过早收敛到次优架构区域。
- 性能估计策略：NAS 的目标通常是找到能够在看不见的数据上实现高预测性能的架构。性能评估是指评估此性能的过程：最简单的选择是对数据架构执行训练和验证，但遗憾的是计算成本高，并且限制了可以探索的体系结构的数量。因此，最近的许多研究都集中在开发降低这些性能估计成本的方法上。

1）搜索空间

搜索空间定义了通过 NAS 方法可以发现哪种神经架构。一个相对简单的搜索空间是链结构神经网络的空间，如图 3-11 所示。链结构神经网络架构 A 可以写成 n 层序列，其中层 i 从层 i-1 接收其输入，其输出用作层 $i+1$ 的输入。然后通过以下方式对搜索空间进行参数化：

（1）（最大）层数 n（可能无界）；

（2）每层可以执行的操作类型，如汇集、卷积或更高级的层类型，如深度可分离卷积[27]或扩张卷积[28]；

（3）与操作相关的超参数，如滤波器的数量、核尺寸和卷积层的步幅[29]等。

注意，来自（3）的参数以（2）为条件，因此搜索空间的参数化不是固定长度而是固定条件空间。

图 3-11 中的每个节点对应于神经网络中的层，如卷积或池化层。不同

的图层类型通过不同的颜色可视化。从层 L_i 到层 L_j 的边表示 L_i 接收 L_j 的输出作为输入。图 3-11（a）为链结构空间的一个元素。图 3-11（b）为具有其他图层类型和多个分支及跳过连接的更复杂搜索空间的元素。

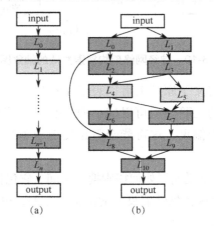

图 3-11　不同架构空间的图示

搜索空间的选择在很大程度上决定了优化问题的难度：即使对于基于具有固定元架构[30]的单个单元的搜索空间的情况，优化问题仍然是（2）的非连续和（2）相对高的维度（因为更复杂的模型往往表现更好，使得有更多的设计选择）。

许多搜索空间中的体系结构可以写成固定长度向量，将网络使用一个变量来表示，才能使用相应的策略来优化或搜索。

2）搜索策略

许多不同的搜索策略可用于探索神经网络架构的空间，包括随机搜索、贝叶斯优化、进化方法、强化学习（RL）和基于梯度的方法。从历史上看，许多研究人员已经使用进化算法在几十年前发展神经结构（通常还有它们的权重）。

为了将 NAS 定义为强化学习（RL）[31]问题，可以认为神经结构的生成是智能体的动作，动作空间与搜索空间相同。智能体的策略基于对未见数据的训练架构的性能估计。不同的 RL 在如何表示智能体的策略及如何优化它们等方面有所不同。

使用 RL 的替代方案是使用进化算法来优化神经结构的神经进化方法。1989 年使用遗传算法提出架构并使用反向传播来优化其权重。自那时起，许多神经进化方法使用遗传算法来优化神经结构及其权重；然而，当扩展到用具有数百万权重的当代神经架构来监督学习任务时，基于 SGD 的权重优化方法目前优于进化的方法。最近的神经进化方法再次使用基于梯度的方法来优化权重，并且仅使用进化算法来优化神经结构本身。进化算法演化了一组模型，即一组（可能是训练过的）网络；在每个进化步骤中，对来自群体的至少一个模型进行采样并通过突变或个体之间的交叉来获得新的个体（模型）。在 NAS 的上下文中，突变操作包括添加或移除层、改变层的超参数、添加跳过连接及改变训练超参数等。在对新个体进行训练之后，评估它们的稳定性（如在验证集上的性能）并将它们添加到群体中。

与上面的无梯度优化方法相比，2018 年提出了搜索空间的连续松弛以实现基于梯度的优化：不固定单个操作（如卷积或汇集）以在特定层执行，而是节点之间有一组待选的操作，通过训练这些操作的概率，最终采样出一组概率最大的操作并将其作为最终操作。

3）性能估计策略

前文所说的搜索策略旨在找到最大化某些性能指标的神经架构，例如对看不见的数据的准确性。为了指导搜索过程，这些策略需要估计考虑的给定架构的性能。最简单的方法是在训练数据上训练 A 并评估其在验证数据上的表现。然而，训练每个要从头开始评估的架构，经常会产生大约数千 GPU 天的计算需求。

为了减轻这种计算负担，可以用完全训练之后实际性能的较低精度（也称为代理度量）来估计性能。这种较低的灵活性包括较短的训练时间、对数据子集的训练、低分辨率图像或每层使用更少的过滤器。虽然这些低质量近似值降低了计算成本，但也会在估算中引入偏差，因为性能通常被低估。只要搜索策略仅依赖于对不同架构的排名并且相对排名能保持稳定，这就不成问题，例如进化策略中，往往只需要相对排名。

基于学习曲线外推来估计性能，是另一种方式。例如，推断初始学习曲线，并终止那些预测表现不佳的曲线，以加速架构搜索过程。再如训练用于预测新架构性能的另一模型。预测神经架构性能的主要挑战是：为了加快搜索过程，需要在相对较少的评估的基础上在相对较大的搜索空间中进行良好的预测。

加速性能估计的另一种方法是基于之前已经训练过的其他架构的权重来初始化新架构的权重。实现这一目标的方法之一为网络态射，它允许修

改架构，同时保持网络所代表的功能不变。这允许连续增加网络容量，并保持高性能而无须从头开始训练。对于几个时期的持续训练，也可以利用网络态射引入的额外容量。这些方法的一个优点是它们允许搜索空间而不受网络大小限制；但是，严格的网络态射只能使架构更大，从而导致过于复杂的架构。这可以通过采用允许缩小架构的近似网络态射来衰减。

One-Shot 网络架构搜索方法[32]是另一种有前途的加速性能评估方法，它将所有架构视为超级图的不同子图（一次性模型），并在具有该超图的边缘架构之间共享权重。只需要训练单个一次性模型的权重，就可以通过继承训练有素的权重来评估体系结构（它们只是一次性模型的子图），而无需任何单独的训练。这样的方法，大大加快了架构的性能评估，因为不再需要训练了（仅评估采样出的子图的性能）。但这种方法通常会产生很大的偏差，因为它严重低估了架构的实际性能；然而，它允许可靠地对排名结构进行排序，因为估计的性能与实际性能密切相关。不同的一次性 NAS 方法，它们的一次性模型的训练方法不太一样，例如有些方法是强化学习方法，学习了一个 RNN 控制器，它从搜索空间中对一次性模型的架构进行采样，使用近似梯度来训练一次性模型。而另一些方法则在一次性模型的每个边上放置候选操作的集合，通过给每个操作赋概率值以获得搜索空间的连续化，优化模型结构的同时也优化权重。

一次性 NAS 方法的缺点是超图定义（一次性模型）先验地将搜索空间限制为其子图。此外，在架构搜索期时，限于 GPU 的存储，将相应限制相对较小的超图和搜索空间，因此通常与基于单元的搜索空间结合使用。虽然基于权重共享的方法已经大大减少了 NAS 所需的计算资源（从数千天到几天的 GPU 天数），但如果架构的采样分布与权重一起优化，将使搜索过程中出现的偏差更难以接受。例如，探索搜索空间某些部分的初始偏差可能会导致一次性模型的权重更好地适应这些体系结构，但这反过来会加强搜索对这些部分的偏差。

3.2　模型设计与加速

人工智能算法由训练和推理组成，其在计算机视觉、语音识别、自然语言处理等方面取得了很大成功。移动终端设备的智能化革命催生出一些新兴的产业，最早受惠于这一红利的行业包括如 AR 技术下发展起来的体感游戏,以及 5G 通信网带动的一系列移动计算设备处理海量数据的场景,比如在 2018 年各大互联网巨头及独角兽企业如火如荼展开的自动驾驶研究。智能手机成为全球移动设备中的霸主,到 2019 年,其在移动设备中所占比例已达 40%。另外,其他非手机终端也呈现出明显的智能化趋势。

近几年来,深度学习领域内的研究热点从如何提升神经网络的性能开始向其他方面拓展,其中一个很重要的方向便是如何将深度神经网络模型部署到终端设备上。由此产生的一个新概念便是"边缘计算"(Edge Computing),边缘计算用于描述发生在边缘设备上的计算任务。这个概念最早在 2013 年的美国太平洋西北国家实验室的一份 2 页纸的内部报告中提出,Ryan2013Edge 用"边缘计算"这个新名词来描述靠近物或数据源头位置的计算方式,其相对于传统的云计算方式的区别在于,云计算将数据统一上传到称为"云"的计算资源中心,实时完成计算并将结果返回。而边缘计算则直接在边缘设备上完成计算,省去了数据和云之间的交互过程,在保持性能的同时满足实时性的要求。边缘智能将人工智能融入边缘计算,部署在边缘设备。作为可更快、更好地提供智能服务的一种服务模式,边缘智能已逐渐渗入各行各业。

众所周知,深度卷积神经网络在视觉任务上的巨大成功来源于其类似结构的重复堆叠及庞大的参数容量。然而,由此导致的模型参数存储需求及计算力需求成为限制其直接部署到边缘计算设备上的两大难点。典型的深度神经网络模型参数量往往在百万数量级以上,如 2014 年的 ILSVRC 冠军网络 VGG16 的参数量为 138.36M,2015 年的冠军网络 ResNet-152 虽然在加深网络层数来提高性能的同时引入了一些技巧并有效控制住了参数量进一步增加,但是依然具有 25.56M 的参数数量。按照网络参数以 Float32 的形式存储在物理介质上换算,这些网络模型的存储要求都在百兆位的水平,因而无法直接存储在 SRAM 上。另外,过大的模型体积造成程序的臃肿会占用大量的网络资源,这不仅会严重影响用户的使用体验,同时也不利于版本的迭代更新。庞大的计算力消耗对边缘设备的影响主要体现在以下两方面:第一,深度神经网络在推理阶段的计算复杂度越高,越难满足一些对实时性提出较高要求的边缘计算场景,如自动驾驶、风控检测等,这使模型性能和计算实时性成为最主要的矛盾;第二,庞大的计算量也会造成大量的能源消耗。运行深度神经网络需要发生很多内存存取操作,以及大量的点积操

作。以内存的访存操作为例,在 45nm CMOS 技术下,一个 32 位的浮点型加操作消耗大约 0.9pJ 的能量,一个 32 位的 SRAM 缓存读取操作消耗大约 5pJ 的能量,而一个 32 位的 DRAM 内存访问操作造成 640pJ 的能量消耗。可以看出,对 DRAM 的访问操作消耗的能量比一个 32 位浮点数加操作高出 3 个数量级。神经网络的庞大参数无法全部存入片上存储空间中,因此需要大量的 DRAM 访问动作,假设以 20FPS 的帧率实时运行一个 VGG16 分类网络,输入是大小为 224 224 的图片,仅是 DRAM 访问造成的能源消耗理论值为 $20Hz \times 138.36M \times 640pJ \approx 1.77W$,假设这是一个运行在电池容量为 2716mAh、电池电压为 3.7V 的 iPhoneX 上的手机应用,只 DRAM 的访问操作造成的能源消耗就会让其在 6 小时内电量耗尽。多数边缘设备目前的供电方式依旧是传统的锂电池供电,庞大的能源消耗将严重影响设备的续航能力,对于一些低功耗设备来说更是致命的缺陷。

综上,可以看到,处理好深度学习模型计算需求和边缘计算设备性能之间的矛盾成为解决问题的关键。而针对深度神经网络的模型压缩技术的研究是目前最行之有效的方法之一。压缩之后的模型可以方便地部署到边缘计算设备上,在低存储量、低计算量、低能耗的状态下运行在物联网的终端节点上,相对于过往的云计算模式,降低对云计算的依赖,可以减轻网络的吞吐压力,缓解高并发下对云端服务器的压力,另外也可以有效保护数据的隐私和安全性。总而言之,深度神经网络模型压缩技术可以为边缘设备赋予新的智能,为其在功能上的拓展提供了无限可能。

目前的模型压缩方法有如下几类:剪枝量化、网络分解、权值共享、知识蒸馏。

3.2.1 轻量网络设计

当下有很多工作将注意力放在了设计更小、更精细和高效的网络模型上。如果轻量的网络能直接学习到图像中的规律,就不再需要通过压缩大网络来获得轻量网络。该方法是最有效的方法,节约了大量压缩计算步骤。但是该方法依靠人工设计和结构搜索,实现较为困难。以下列举几个轻量网络设计的示例。

1. SqueezeNet

SqueezeNet 由 UC Berkeley 和 Stanford 研究人员合作发表于 ICLR-

2017[33]。SqueezeNet 的设计目标不是得到最佳的 CNN 识别精度,而是简化网络复杂度,同时达到公共网络的识别精度。所以 SqueezeNet 主要是为了降低 CNN 模型参数数量而设计的。SqueezeNet 的创新点主要有如下几点。

(1)将 3×3 的卷积核替换为 1×1 的卷积核。

卷积模板的选择,从 2012 年的 AlexNet[34]模型一路发展到 2015 年年底的 Deep Residual Learning 模型[35],基本上卷积核大小都选择 3×3 了,因为其有效性及设计简洁性。SqueezeNet 替换 3×3 的卷积核为 1×1 的卷积核可以让参数量缩小 9 倍。但是为了不影响识别精度,并不是全部替换,而是一部分用 3×3 的卷积核,另一部分用 1×1 的卷积核。

(2)减少输入 3×3 卷积核的输入特征图数量。

SqueezeNet 把原本一层卷积分解为两层,并封装为一个火模型(Fire Module)。SqueezeNet 的核心在于火模型,如图 3-12 所示。火模型由两层构成,分别是压缩(Squeeze)层和扩展(Expand)层,压缩层是一个 1×1 卷积核的卷积层,扩展层是 1×1 和 3×3 卷积核的卷积层,扩展层中,把 1×1 和 3×3 卷积核得到的特征图进行合并(Concat)。

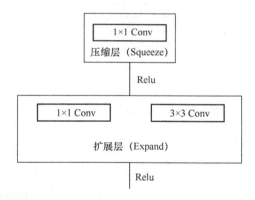

图 3-12　火模型结构

SqueezeNet 的网络结构如图 3-13 所示。

SqueezeNet 网络结构设计思想与 VGG 的类似,堆叠地使用卷积操作,只不过这里堆叠的是火模型。主要在 Imagenet 数据上比较 AlexNet,可以看到,在准确率差不多的情况下,SqueezeNet 模型参数数量显著减少了,参数减少为原来的 1/50 左右;如果再加上深度模型压缩技术,压缩比可达到 461,这是不错的结果。

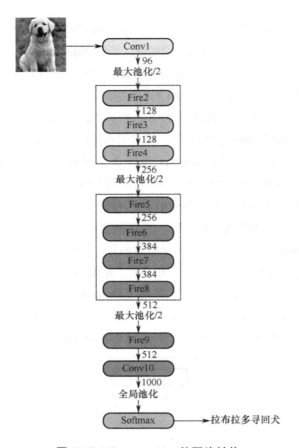

图 3-13 SqueezeNet 的网络结构

2．MobileNets

谷歌在 2017 年推出的 MobileNets[36]是一个针对手机等移动端部署的轻量级网络架构，其创新点在于使用深度级可分离卷积（Depth-wise Separable Convolution，DSC）代替传统卷积方式，以达到减少网络权重参数的目的。这种卷积结构已经被使用在 Inception 模型中，其实质是一种可分解卷积操作（Factorized Convolution），可以分解为两个更小的操作：深度卷积（Depth Wise Convolution）和点卷积（Point Wise Convolution）。深度级可分离卷积示意图如图 3-14 所示。

深度卷积和标准卷积不同，对于标准卷积，其卷积核用在所有的输入通道（Input Channels）上；而深度卷积则针对每个输入通道采用不同的卷积核,即一个卷积核对应一个输入通道,所有深度卷积都是深度级别的操作。另外,点卷积和标准卷积基本一样,但采用了 1×1 的卷积核。图 3-15 和图 3-16 更清晰地展示了这两种卷积操作。

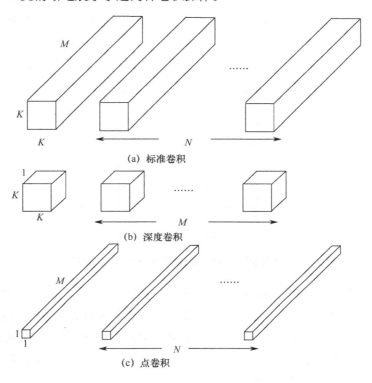

图 3-14 深度级可分离卷积示意图

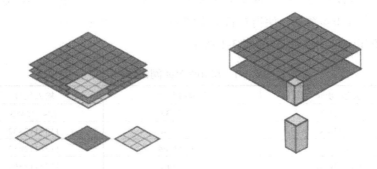

图 3-15 标准卷积操作　　　　图 3-16 点卷积操作

深度级可分离卷积首先是采用深度卷积对不同输入通道分别进行卷积,然后采用点卷积将上面的输出进行结合,这样整体效果和一个标准卷积差不多，但会大大减少计算量和模型参数量。

MobileNet 的基本组件是深度级可分离卷积，但在真正应用中会加入批量归一化（Batch Norm，BN），并使用修正线性单元（Rectified Linear Unit，ReLU）激活函数。加入批量归一化和修正线性单元的深度级可分离卷积示意图如图 3-17 所示。

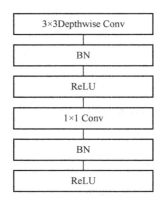

图 3-17　加入 BN 和 ReLU 的深度级可分离卷积示意图

图 3-17 是 MobileNet 的基准模型，但如果需要更小的模型，就需要对 MobileNet 进行进一步缩小。此时需要引入两个超参数，宽度乘子（Width Multiplier）和分辨率乘子（Resolution Multiplier）。宽度乘子按比例减少通道数，分辨率乘子按照比例降低特征图的大小，需要注意分辨率乘子仅影响计算量，但是不改变参数量。

MobileNet 最大的贡献就是在保证精度不变的同时，能够有效地减少计算操作次数和参数量，使得在移动端实时前向计算成为可能。

MobileNet 网络结构如表 3-1 所示。

表 3-1　MobileNet 网络结构

类型/步长	卷积核尺寸	输入尺寸
Conv/s2	3×3×3×32	224×224×3
Convdw/s1	3×3×32dw	112×112×32
Conv/s1	1×1×32×64	112×112×32
Convdw/s2	3×3×64dw	112×112×64
Conv/s1	1×1×64×128	56×56×64
Convdw/s1	3×3×128dw	56×56×128
Conv/s1	1×1×128×128	56×56×128

续表

类型/步长		卷积核尺寸	输入尺寸
	Convdw/s2	3×3×128dw	56×56×128
	Conv/s1	1×1×128×256	28×28×128
	Convdw/s1	3×3×256dw	28×28×256
	Conv/s1	1×1×256×256	28×28×256
	Convdw/s2	3×3×256dw	28×28×256
	Conv/s1	1×1×256×512	14×14×256
5×	Conv/s1	3×3×512dw	14×14×512
	Conv dw/s1	1×1×512×512	14×14×512
	Convdw/s2	3×3×512dw	14×14×512
	Conv/s1	1×1×512×1024	7×7×512
	Convdw/s2	3×3×1024dw	7×7×1024
	Conv/s1	1×1×1024×1024	7×7×1024
	Avg Pool/s1	Pool7×7	7×7×1024
	FC/s1	1024×1000	1×1×1024
	Softmax/s1	Classifier	1×1×1000

3. ShuffleNet V2

ShuffleNet V2[37]是 Face++团队提出的,发表于 ECCV2018。以往的移动端 CNN 设计在考虑计算节省时都直接致力于优化整体网络计算所需的 Flops,但实际上一个网络模型的训练或推理过程 Flops 等的计算时间只是其时间的一部分,其他像内存读写/外部数据 IO 操作等都会占用不小比例的时间。为实际生产考虑,不应只限于片面追求理论 Flops 的减少,更应关注所设计的网络实际部署在不同类型芯片上时具有的实际时间消耗。

在 ShuffleNet V2 中,重点分析了影响 GPU/ARM 两种平台上 CNN 网络计算性能的几个主要指标,并提出了移动端 CNN 网络设计的指导准则,最终将这些指导准则应用于 ShuffleNet V1 网络的改良,就形成了这里所讲的 ShuffleNet V2。在分类与目标检测等通用任务中,与其他流利移动端网络相比,它都取得了较好的性能。

ShuffleNet V2 中弃用了 1×1 的组卷积操作,而直接使用了输入/输出通道数目相同的 1×1 普通卷积。它提出了一种 Channel Split 操作,将模型的输入通道分为两部分,一部分直接向下传递,另外一部分则进行真正的向后计算。到了模型的末尾,直接将两分支上的输出通道数目级连起来,与 ShuffleNet 不同的是,这里的 1×1 卷积不再是组卷积。卷积操作之后,

把两个分支通过 Concat 操作拼接起来，使通道数量保持不变。然后通过 ShuffleNet 结构中的 Channel Shuffle 操作进行分支间的信息互通。Channel Shuffle 结构如图 3-18 所示。在 Channel Shuffle 之后，开始进行下一个单元的运算。

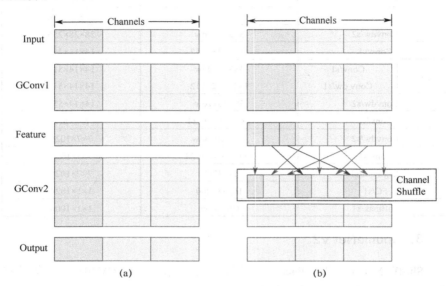

图 3-18　Channel Shuffle 结构

相对于 MobileNet，ShuffleNet 的前向计算量不仅有效地得到了减少，而且分类错误率也有明显降低，验证了网络的可行性。

4．EfficientNet

谷歌基于 AutoML 开发了 EfficientNet[38]，发表在 ICML2019 上，这是一种新的模型缩放方法。它在 ImageNet 测试中实现了 84.1%的准确率，再次刷新了纪录。虽然它的准确率只比之前最好的 Gpipe 提高了 0.1%，但是模型更小、更快，参数的数量和 Flops 都大大减少，效率提升了 10 倍以上。

谷歌提出了一种复合缩放（Compound Scaling）的方法，与缩放神经网络的传统方法不同，谷歌的方法使用一组固定的缩放系数统一缩放每个维度。

为实现复合缩放，首先执行网格搜索，以在固定资源约束下找到基线网络（Baseline Model）不同缩放维度之间的关系，确定每个维度的缩放比例系数；然后将这些系数应用于基线网络，扩展所需的目标模型的大小或计算力。

模型缩放的有效性也在很大程度上依赖于基线网络。因此，为了进一步提高性能，谷歌使用 AutoMLMNAS 框架优化了模型的准确率和效率，执行神经架构搜索来开发新的基线网络。

EfficientNet 模型实现了比现有 CNN 更高的精度和效率，同时将参数数量和 Flops 降低了一个数量级。

特别需要指出的是，EfficientNet-B7 在 ImageNet 上实现了目前最先进的测试结果，准确度为 84.4%（Top-1）和 97.1%（Top-5），大小为现有最好的 Gpipe 的 1/12 左右，推理速度快 6.1 倍左右。

3.2.2 网络剪枝

网络剪枝（Network Pruning）主要思想是去掉神经网络中对输出结果贡献不大的冗余参数，进而提高网络效率。

网络剪枝最初用来解决过拟合问题，现在多用于降低网络复杂度。剪枝一般分为三个步骤，首先正常训练一个初始神经网络模型，接下来去掉初始模型中冗余的连接和参数，即"剪枝"操作，然后重新训练这个模型，微调其余神经元的连接，从而保证模型性能。因此，模型的剪枝通常是一个剪枝和训练交替进行的迭代过程，如图 3-19 所示。早期常用偏差权重衰减（Biased Weight Decay）方法进行剪枝，典型的两种方法是最优脑损伤（Optimal Brain Damage）[39]和最优脑手术（Optimal Brain Surgeon）[40]，二者都基于损失函数的 Hessian 矩阵来减少神经元连接的数量。另外一种方法是对模型的神经元进行贡献度排序。贡献度排序依据可以是神经元的权重参数 L_1、L_2 正则化平均值或激活函数输出平均值等指标，剪枝贡献度较低的神经元也会降低模型的准确率，因此剪枝后需要对模型进行重新训练以保证其性能。

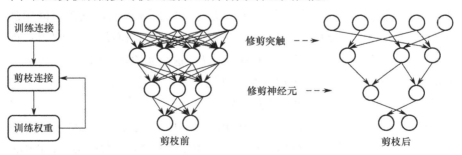

图 3-19 剪枝示意图

Han S. 在 2015 年发表的论文中将剪枝、权值共享和量化、霍夫曼编码等方式运用到模型压缩中[41]，取得了非常好的效果。该论文提出了一套完整的深度网络压缩流程，如图 3-20 所示。首先将不重要的连接进行裁剪，重新训练裁剪后稀疏连接的网络；然后使用权值共享来对连接的权值进行量化；最后对量化的权值进行霍夫曼编码。剪枝减少了连接的权重数量，量化和霍夫曼编码减少了对权重编码的比特数。使用大部分元素为 0 的稀疏矩阵，降低了空间冗余，并且这样的压缩机制不会对准确率造成损失。

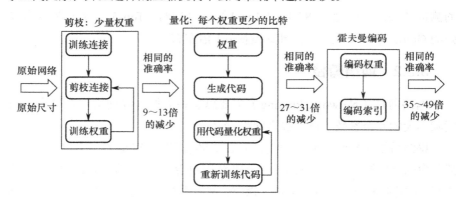

图 3-20 深度网络压缩流程示意

1. FPGM 方法

百度在 CVPR2019 提出了新的基于滤波器的几何中心（Geometric Median）的剪枝算法[42]，来对神经网络进行压缩和加速。现有的方法认为滤波器的范数（p-norm）越小，相对应的特征图越接近于 0，对网络贡献越小，所以这些滤波器可以去掉且不会严重影响网络的性能。于是用滤波器的 p-norm 进行重要性排序，再删除 p-norm 小的滤波器。几何中心是对于欧几里得空间的点的中心的一个估计。文章认为滤波器也是欧氏空间中的点，可以根据计算 GM 来得到这些滤波器的"中心"，也就是它们的共同性质。如果某个滤波器接近于这个 GM，则认为这个滤波器的信息跟其他滤波器重合，是冗余的，可以去掉这个滤波器而不对网络产生大的影响。去掉它后，它的功能可以被其他滤波器代替。

在 Cifar-10 数据集上，FPGM 在 ResNet-110 上的计算量降低了 52%以上，相对精确度提高了 2.69%。此外，在 ILSVRC-2012 数据集上，FPGM 在 ResNet-101 上减少了超过 42%的计算量。

2. NetSliming 方法

NetSliming 方法[43]发表在 ICCV2017 上,利用 CNN 网络中的必备组件——BN 层中的 Gamma 参数,实现端到端地学习剪枝参数,决定某个网络层中该去除掉哪些通道。

该方法提出可以使用 BN 层的 Gamma 参数表示其前面的卷积层输出的特征图的某个通道是否重要。

首先,需要给 BN 的 Gamma 参数加上 L_1 正则惩罚训练模型,新的损失函数变为:

$$L = \sum_{(x,y)} l(f(x,W),y) + \lambda \sum_{\gamma \in \Gamma} g(\gamma)$$

接着将该网络中的所有 Gamma 参数进行排序,根据人为给出的剪枝比例,去掉那些 Gamma 参数很小的通道,也就是对应的滤波器。最后进行模型微调。这个过程可以反复多次,以得到更好的效果,如图 3-21 所示。

处理 ResNet 或 DenseNet 特征图会出现多路输出的问题。这里作者提出使用"channel selection layer",统一对该特征图的输出进行处理,只选择没有被去掉的那些通道的输出。

图 3-21　NetSliming 剪枝流程

网络剪枝方法存在一些潜在的问题。首先,若使用了 L_1 或者 L_2 正则化,则需要更多的迭代次数才能收敛。此外,所有的剪枝方法都需要手动设置层的超参数,这在某些应用中会显得复杂。

3.2.3　低秩分解

低秩分解(Low-rank Factorization)也称为低秩近似(Low-rank Approximation)。这类方法的思想核心是将大矩阵分解为两个或者更多的小矩阵乘积的形式来降低计算量,此时卷积层会被两个或多个连续的层替代,但是总体的计算量会下降。低秩分解的思想是将网络模型的权重矩阵看作满秩矩阵,然后用多个低秩矩阵来逼近原有的矩阵,从而达到简化网络的目的。由于神经网络中大部分计算量都是由卷积层带来的,所以可以用低秩分解的方法来加快卷积层的运算。原本稠密的满秩矩阵可以分解为若干个低秩矩阵的组合,低秩矩阵又可以分解为小规模矩阵的乘积,这样就减少了网络的计算量。

2014 年的一篇论文提出,在网络的不同卷积核和特征通道之间存在着大量的冗余,基于这一事实,利用交叉通道(Cross-Channel)或卷积核冗余来建立在空间域中秩为 1 的低秩卷积核基底,以进行低秩近似。可以将一个 ff 的卷积核用 $f1+1f$ 的卷积核的线性组合来进行低秩近似,基底卷积核组合用来产生基础特征图并进行线性组合,这样就对特征图计算过程起到了加速作用。除了可以在卷积核维度上进行低秩近似,还可以利用交叉通道的冗余性在通道域进行低秩分解。

图 3-22 是低秩分解的两种方法。图 3-22(a)是在单一通道输入上的正常卷积示意图,N 个卷积核操作在一个输入通道 Z 上。图 3-22(b)的方法是将图 3-22(a)中的卷积核替换成 M 个卷积核基底的线性组合(注意这里 $M<N$),先得到 M 个低秩的特征图,然后对这 M 个特征图进行 $1×1$ 卷积操作,从而得到和原卷积近似的输出。该方法更关注近似 2D 卷积核,每个输入通道都使用一个特定的 2D 分离式卷积核基底来近似。下面考虑利用特征通道之间的冗余,图 3-22(c)的方法通过考虑 3D 卷积核来同时利用输入和输出冗余,每个卷积层都被分解为两个规则卷积层序列,第一个卷积层有 K 个空间大小 $d×1$ 的卷积核并产生输出特征图,第二个卷积层有 N 个空间大小为 $1×d$ 的卷积核。和图 3-22(b)中方法不同的是,该方法中的卷积核同时操作在不同的通道上,不关注在中间产生的特征图,在优化方法上从目标出发,尽量确保经过两次卷积之后输出的特征图与原卷积得到的特征图近似相等。这两种低秩分解的方法在场景文字识别实验中的结果表明,在无精度损失的情况下网络运行达到了原来的 2.5 倍速,而达到 4.5 倍速的同时仅有 1% 的准确率损失。

低秩分解除了上述的秩为 1 的重构方法,还有秩为 k 的重构,通过双聚类处理加上奇异值分解对矩阵进行降 k 维估计,也能在几乎不损失精度的情况下对卷积层操作进行提速。

低秩分解的方法理论上很适合模型加速和模型压缩,但实际过程却并不容易实现,因为涉及计算成本较高的分解操作。另外,目前关于低秩分解的方法大多是逐层执行的,无法进行全局参数压缩,并且分解之后同样需要大量的重新训练来使模型收敛。

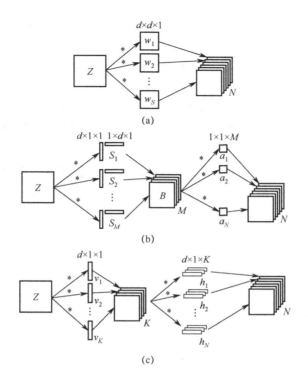

图 3-22 低秩分解的两种方法

3.2.4 知识蒸馏

知识蒸馏（Knowledge Distillation）的思想来源于迁移学习，通过采用预先训练好的教师模型（Teacher Model）的输出作为监督信息来训练另外一个学生模型（Student Model）。教师模型往往是一个性能较好、较复杂且具有很好泛化能力的网络，用这个网络来指导另外一个参数较少、较简单的学生模型，使得学生模型具有和教师模型相当的性能。

Hinton 在 2015 年发表的论文[44]中引入了知识蒸馏压缩框架，如图 3-23 所示。

这里学生网络训练有两个目标：一个是原始的目标函数，又叫硬目标（Hard Target），为学生模型的类别概率输出与真实标签的交叉熵；另一个为软目标（Soft Target），为学生模型的类别概率输出与教师模型类别概率输出的交叉熵。软目标由原始模型的软最大（Softmax）输出调整得到，加入一个温度常数 T 来控制预测概率的平滑程度，调整后的 Softmax 函数输出为

$$q_i = \frac{\exp(z_i/T)}{\sum_j \exp(z_j/T)}$$

该方法的实现过程：首先采用一个较大的 T 值和硬目标训练教师模型，较大的 T 值会生成更加软化（Softer）的概率分布，通过这种方法生成软标签，再使用软目标训练一个简单的学生模型。学生模型的目标函数由硬目标和软目标加权平均组成，其中软目标所占的权重应该大一些，这样即使在数据很少的情况下，训练得到的学生模型也能具有与教师模型相当的性能，复杂度和计算量却大大降低了。

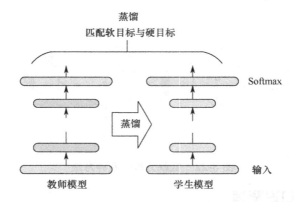

图 3-23　知识蒸馏压缩框架

Hinton 提出知识蒸馏框架之后，基于该框架的改进也在不断进行。FitNets 网络设计了窄且深的学生模型，监督信息中加入了中间特征层，达到了更好的压缩效果和模型性能，但具有难以收敛的缺点。Bharat 等人在 2016 年提出学生模型向多个教师模型学习的方法，并通过向教师模型添加扰动，实现了基于噪声的正则。

1．知识迁移

该方法能令复杂模型变得更浅并显著降低计算成本，但是该方法也有一些缺点，比如只适用于具有 Softmax 目标函数分类的任务，这阻碍了其应用。另外，模型的假设过于严格，相比其他方法性能会有所损失。

借鉴 Distilling 的思想，使用复杂网络中能够提供视觉相关位置信息的 Attention map 来监督小网络的学习[45]，并且结合了低、中、高三个层次的特征，如图 3-24 所示。

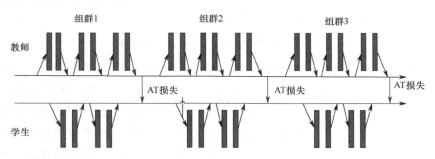

图 3-24　知识蒸馏方法示意图

教师网络从三个层次的 Attention Transfer 对学生网络进行监督。其中三个层次对应了 ResNet 中三组 Residual Block 的输出，在其他网络中可以借鉴。这三个层次的 Attention Transfer 被激活，Activation Attention 为特征图在各通道上的值求和，基于 Activation 的 Attention Transfer 损失函数如下：

$$L_{\mathrm{AT}} = L(W_S, x) + \frac{\beta}{2}\sum_{j\in I}\left\|\frac{Q_S^j}{\left\|Q_S^j\right\|_2} - \frac{Q_T^j}{\left\|Q_T^j\right\|_2}\right\|_p$$

其中 Q_S 和 Q_T 分别是学生网络和教师网络在不同层次的 Activation 向量，在这里对 Q 进行标准化对于学生网络的训练非常重要。

除了基于 Activation 的 Attention Transfer，还提出了一种 Gradient Attention，它的损失函数为

$$L_{\mathrm{AT}}(W_S, W_T, x) = L(W_S, x) + \frac{\beta}{2}\left\|J_S - J_T\right\|_2$$

2．DarkRank

该方法[46]从一个新的视角对 Teacher 和 Student 网络间的损失进行了设计，将不同样本之间的相似性排序融入监督训练中，提出了一种适合度量学习（如检索、人脸识别、图像聚类）的知识蒸馏方法。所传递的知识就是度量学习所度量的样本间相似度，用 Learning to Rank 方法来传递知识，并融合了 Softmax、Verifyloss、Tripletloss 共同训练学生网络，如图 3-25 所示。

3．Neuron Selectivity Transfer[47]

特征图的一个通道表示了一个神经元的选择性知识，MMD 是用来衡量

Sampled Data 之间分布差异的距离量度。神经元选择性传递（Neuron Selectivity Transfer）的损失函数是：

$$L_{\mathrm{NST}}(W_S) = H(y_{\mathrm{true}}, p_s) + \frac{\lambda}{2} L_{\mathrm{MMD}^2}(F_T, F_S)$$

等号右边第一项是交叉熵，第二项是加入核技巧的平方最大平均差异损失，注意，为了确保后一项有意义，需要保证 F_T 和 F_S 有相同长度。具体来说，对于网络中间输出的特征图，将每个通道上的 HW 维的特征向量作为分布 X 的一个采样。按照设定，需要保证 S 和 T 对应的特征图在 Spatial Dimension 上一样大。如果不一样，可以使用插值方法进行扩展。MMDLOSS 如下：

$$L_{\mathrm{MMD}^2}(F_T, F_S) = \frac{1}{C_T^2}\sum_{i=1}^{C_T}\sum_{i=1}^{C_T} k\left(\frac{f_T^i}{\|f_T^i\|_2}, \frac{f_T^i}{\|f_T^i\|_2}\right) + \frac{1}{C_S^2}\sum_{j=1}^{C_S}\sum_{j=1}^{C_S} k\left(\frac{f_T^j}{\|f_T^j\|_2}, \frac{f_T^j}{\|f_T^j\|_2}\right)$$

$$-\frac{2}{C_T C_S}\sum_{i=1}^{C_T}\sum_{j=1}^{C_S} k\left(\frac{f_T^i}{\|f_T^i\|_2}, \frac{f_T^j}{\|f_T^j\|_2}\right)$$

式中每个通道都进行了 L_2 正则化。

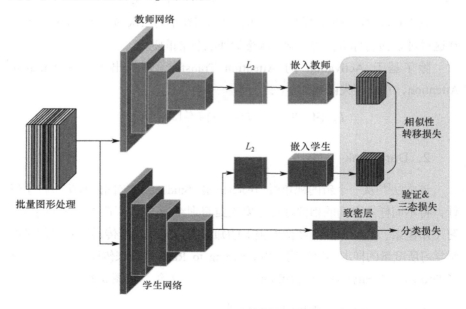

图 3-25　DarkRank 方法的网络结构

不同核函数的 NTS 及不同知识蒸馏方法对比如表 3-2 所示。

表 3-2 不同核函数的 NTS 及不同知识蒸馏方法对比

方　法	模　型	CIFAR-10	CIFAR-100
学生	Inception-BN	5.80	25.63
KD	Inception-BN	4.47	22.18
FitNet	Inception-BN	4.75	23.48
AT	Inception-BN	4.64	24.31
NST（linear）	Inception-BN	4.87	24.28
NST（poly）	Inception-BN	4.39	23.46
NST（Gaussian）	Inception-BN	4.48	23.85
教师	Inception-BN	4.04	20.50
KD+ FitNet	Inception-BN	4.54	22.29
KD+NST	Inception-BN	4.21	21.48
KD+NST+ FitNet	Inception-BN	4.54	22.25

3.2.5　权重量化

1．权值量化

在权值量化这个方向下，可以有为两种不同的策略。第一种策略中会使用到编码本（Code Book）和量化的权重索引号。编码本中记录的是每个索引号对应的量化权值中心。一般来说，编码本中的权值中心数量会远小于原来的权重类别数。在实际操作中，这类方法会对原始网络中的权重值进行聚类，然后将同一个类中的各权值都使用同一个索引号替代，使用该索引号可以在编码本中找到对应的权重值，这个权重值往往就是这一类相近权值的聚类中心。调整不同的聚类数量，可以获得更高的压缩比例，但是会对权重造成更多的损失。在应用这类方法时，往往还会采用霍夫曼编码（Huffman Coding）等方式来进一步降低量化表达的位数。第二种策略称为定点量化（Fixed Point Quantization），简而言之，就是使用低精度的数值直接替代原来的 32 位浮点数。而低精度的数值选择范围相对较广，甚至有研究者使用二值网络将量化的思想发挥到了极致。Binary Connect[48]二值权重，即仅限于两个可能值（如-1 或 1）的权重，通过用简单累加代替许多乘法-累加操作，为专用 DL 硬件带来巨大便利，因为乘法器在神经网络的数字实现上是空间和功率消耗最高的组件。Binary Connect 方法中，在训练期间，前向传播和反向传播具有二值化权重的 DNN，但在计算梯度时仍然保持全精度的权重。与 Dropout 方法一样，Binary Connect 也是一种正则化手段。关于 Binary Connect 的一个关键点是，只在前向传播和后向传播期间

对权重进行二值化,而不是在参数更新期间进行二值化。

二值化相当于给权重和激活值添加了噪声,而这样的噪声具有正则化作用,可以防止模型过拟合。所以,二值化也可以被看作 Dropout 的一种变形,Dropout 是将激活值的一半变成 0,从而造成一定的稀疏性,而二值化则是将另一半变成 1,从而可以看作进一步的 Dropout。通过 Binary Connect,在 MNIST、CIFAR-10 和 SVHN 中获得近乎最佳的结果,如表 3-3 所示。

表 3-3 实验结果

方法	MNIST	CIFAR-10	SVHN
No regularizer	1.30±0.04%		2.44%
Binary Connect(det.)	1.29±0.08%	10.64%	2.30%
Binary Connect(stoch.)	1.18±0.04%	9.90%	2.15%
50% Dropout	1.01±0.04%	8.27%	
Maxout Networks		11.86%	2.47%
Deep L2-SVM	0.94%		
Network in Network	0.87%	10.41%	2.35%
DropConnect			1.94%
Deeply-Supervised Nets		9.78%	1.92%

2. HWGQ-net[49]

HWGQ-net 主要针对激活值进行量化,其从理论上分析如何去选择一个激活函数,以及使用近似方法来拟合量化的损失,使量化的损失和梯度匹配。

在前向传播时,使用近似于 ReLU 函数的量化器;在反向传播时,使用适合的分段线性函数,以解决前向传播和反向传播的不匹配问题。有以下三种方法可用来进行反向传播的近似。

(1)Vanilla ReLU

该方法和 HWGQ 存在梯度失配,因为 $Q_{(x)}$ 限定了量化的最大数 q_m。

$$\hat{Q}'(x) = \begin{cases} 1, \text{if } x > 0 \\ 0, \text{otherwise} \end{cases}$$

(2)Clipped ReLU

使用 Clipped ReLU,则不会在大于 q_m 的数值上产生不匹配现象。

$$\hat{Q}_C(x) = \begin{cases} q_m, & x > q_m \\ x, & x \in (0, q_m] \\ 0, & \text{otherwise} \end{cases}$$

（3）Log-tail ReLU

$$\hat{Q}_l(x) = \begin{cases} q_m + \log(x-\tau), & x > q_m \\ x, & x \in (0, \ q_m] \\ 0, & \text{otherwise} \end{cases}$$

结果证明，Clipped ReLU 比较好用。

3.3 边缘智能化技术

3.3.1 边缘智能技术概述

目前传统的计算设备及智能设备工作过程大多为：由云端的数据中心进行分析处理，然后将操作指令发给边缘设备，边缘设备执行指令并获得用户所需要的结果。采集到的原始数据传送到数据中心才能进行处理，不仅对网络带宽和存储容量提出了更高要求，而且加大了数据处理负担。这种情况下，整个设备的智能程度其实完全取决于数据中心，边缘设备只具备简单的数据采集、传输、最终指令执行等功能，从某种意义上来说，边缘设备是不具有真正的智能的。

边缘智能就是为了解决上述问题而提出的，如果能够在边缘设备上实现数据采集、分析计算、通信及最重要的智能等功能，用边缘设备自身的运算和处理能力来处理大部分任务，不仅能够减少处理延迟，降低数据中心的负担，还可以更及时、准确地对边缘设备的不同状态做出响应。让边缘设备真正变得智能起来，就是边缘智能的核心目标。

但要实现边缘设备的智能不是一件容易的事，需要从软件、硬件及计算平台等方面进行综合考虑。软件方面，深度神经网络的参数量和计算量越来越大，将其应用于功耗受限的移动边缘端会面临一些困难，将大规模神经网络轻量化是可以考虑的解决方案。硬件方面，传统 CPU 处理能力已经不满足当今神经网络等算法的运算需要，越来越多的人开始使用 GPU 来对深度学习算法进行加速，但 GPU 并不是专门为加速神经网络而生的，对很多神经网络特有的运算并不能起到理想的加速效果，要实现对深度学习算法的理想加速，需要设计专用的神经网络加速处理器。有了软件和硬件的支撑之后，就可以构建一个集成传统 CPU 和专用加速处理器的异构智能计算平台来进行高效运算。

3.3.2 边缘智能软件部分

近年来,随着深度神经网络在计算机视觉等领域的巨大成功,深度学习模型变得越来越深,随之带来了计算量大的问题。然而,在实际应用中,我们希望将深度神经网络应用到手机、手表、车载设备等物端设备中。深度神经网络庞大的参数量及所需的高额内存空间使得将其应用到资源有限的物端设备成为难题,针对这一难题,有两种解决思路:第一种是针对现有的高效深度模型进行压缩优化,使之在不明显降低性能的情况下减少参数量和存储空间;第二种是设计较为简单的网络模型,同时达到与传统深度模型相当的性能。这两种方法从不同的角度出发,目的都是得到轻量的高性能神经网络,使其能够应用到嵌入式设备或移动物端设备。

3.3.3 边缘智能硬件部分

随着神经网络算法的普遍应用,对算法处理的速度和功耗比也提出了更高的要求。一方面,互联网数据指数增长的速度已经超过了摩尔定律的增长速度,通用 CPU、GPU 难以高效处理神经网络。另一方面,大数据可以提升算法学习的精度,但也不可避免地增大了模型复杂度,这对硬件平台尤其是移动终端的性能和功耗带来了很大的挑战。移动终端(如手机)往往需要频繁运行算法学习任务(如语音识别、图像识别等),如果不能以很高的性能功耗比运行算法,手机电池的续航能力将会大打折扣。

要解决大数据时代机器学习处理的速度和功耗问题,仅仅依靠传统的通用处理器是远远不够的。众所周知,通用处理器的发展受到功耗制约,几乎已经无法通过提高主频来进一步提升性能。虽然可以通过多个核/多个芯片的并行来提高性能,但是相应地,大数据处理系统的功耗也会急剧地增加,从而导致运营成本的上升。基于上述原因,学术界开始提出使用专用加速器来加速机器学习的应用,从而提高算法执行速度,同时降低所需要的功耗,达到更好的性能功耗比。

1. 硬件加速处理器

用于加速大规模深度神经网络的硬件加速器需要具备数据级别和流程化的并行性、多线程和高内存带宽等特性。由于深度学习算法中数据的训练时间很长,所以硬件架构还需要满足低功耗的条件,效能功耗比

（Performance per Watt）是深度学习硬件加速器的评估标准之一。传统的 CPU 通用处理器并不能满足上述需求，可选择的深度网络加速器还有 GPU、FPGA 和 ASIC 等硬件结构，这几种结构各有利弊，都能在一定程度上达到加速深度学习算法的目的。

1）GPU

GPU 的全称是图形处理器（Graphic Processing Unit），擅长做图像处理并行计算，图形处理计算的特征是高密度计算并且所需数据之间存在较少相关性，GPU 提供了大量的计算单元（多达几千个计算单元）和大量的高速内存，可以同时对很多像素进行并行处理。

图 3-26 和图 3-27 是 CPU 与 GPU 内部结构上的对比，总体上来说二者都是由控制器（Control）、寄存器（Cache、DRAM）和逻辑单元（Arithmetic Logic Unit，ALU）组成的。在 CPU 中，控制器和寄存器占据了很大比重，但在 GPU 中，逻辑单元的规模则远远超过控制器和寄存器之和。CPU 在指令的处理和执行以及函数的调用上有着高效的作用，而 GPU 由于逻辑单元所占比重较大，故在算术运算或逻辑运算等数据的处理方面表现出其优势。

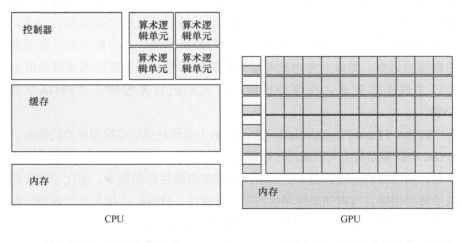

图 3-26　CPU 内部结构　　　图 3-27　GPU 内部结构

除了数据处理方面的优势，GPU 另一个比较重要的特性是内存结构。首先是共享内存，GPU 可以在线程之间直接访问共享内存进行数据通信，而 CPU 每次操作数据都要返回内存再进行调用，相比之下，GPU 共享内存

的结构带来最大的好处就是线程间通信速度的提高。另外，高速的全局内存（显存）这种结构使得 GPU 拥有更高的工作频率从而加快数据的读写速度，并且大显存带宽具有更大的数据吞吐量，这在训练大规模深度神经网络时有着明显的优势。

目前越来越多的深度学习开源库能够支持基于 GPU 的深度学习加速，一些主流的深度学习编程框架可以根据 GPU 核内的线程数量合理设置数据处理策略，从而加速深度学习算法的运行。这些编程框架和软件上的支持是其他硬件结构不具有的。

2）FPGA

"CPU+GPU"的计算模型被广泛应用于各种深度学习算法中，但其实质并不是一种针对深度学习模型的专用解决方案，而是利用现有技术提供的一种通用解决方法，它刚好能够满足深度学习加速的某些要求。目前在深度学习算法的训练过程中大多使用的是单指令多数据流计算（Single Instruction Multiple Data，SIMD），即用一条指令平行处理大批量数据。但在训练之后的推理阶段需要更多地进行多指令流单数据流计算（Multiple Instruction Single Data，MISD），而在这个阶段，GPU 则无法提供像训练阶段一样的加速效果。而对于需要在移动端部署智能算法的边缘智能来说，绝大多数任务利用已经训练好的模型进行推理预测，只有极少数任务需要用到模型训练。另外，考虑到移动端功耗的限制，加速硬件需要满足低功耗、高性能的要求。在这种情况下，人们把目光投向了"FPGA"与"ASIC"。

FPGA（Field Programmable Gate Array）全称是现场可编程逻辑门阵列。FPGA 在体系结构上与同属冯·诺依曼结构的 CPU、GPU 不同，其每个逻辑单元在刻录时就已经确定，所以不需要控制逻辑复杂的指令。相比于冯氏结构中需要使用共享内存来保存状态和进行通信，FPGA 中使用各自逻辑控制的寄存器和片上内存来避免不必要的访问仲裁和缓存一致性，而且不需要共享内存来执行通信。对 FPGA 进行编程使用的是硬件描述语言，可以根据用户需求来灵活地设计硬件结构，同时有低时延、高吞吐量的优势。但这种搭积木的方式会导致功耗性能比较低，带来资源的浪费。

3）ASIC

ASIC（Application-Specific Integrated Circuit）是专用集成电路，是为

某种特定需求和特定电子系统定制的专用芯片。ASIC 与通用芯片相比，具有功耗低、计算效率高等优势，但其缺点是设计完成后硬件结构是固定的，无法适用于不同的深度学习算法。ASIC 受制于算法设计周期过长且在不同算法上扩展性较差。最近的研究扩展了神经网络算法在硬件上的应用范围，推动了 ASIC 用于深度神经网络加速器的发展，凸显了 ASIC 芯片本身在性能和功耗上的巨大优势。

谷歌发布的人工智能芯片 TPU（Tensor Processing Unit）就是 ASIC 结构的，TPU 在相同功耗下的学习性能和效率都远远高于传统 CPU/GPU，兼具了低功耗和高速度。中科院计算所陈天石和陈云霁团队提出的 DianNao[59] 系列是针对深度神经网络的专用加速器，也属于 ASIC 结构的，在下面会对这一系列芯片进行详细介绍。

2．DianNao 系列处理器

2014 年 Chen 等人提出的 DianNao 系列神经网络加速器[50]是全球首个专用神经网络加速芯片，能够支持 MLP/CNN/DNN 等类型的深度学习算法，平均性能超过主流 CPU 核的 100 倍，但是面积和功耗仅为其 1/10。随后发布的 DaDianNao 神经网络"超级计算机"[51]，是 DianNao 的多核升级版本。ShiDianNao 是一个高能效的视觉识别加速器，可以实时处理图像和视频[52]。第三代 PuDianNao 芯片[53]可支持 7 种包括深度神经网络在内的常用机器学习算法。2016 年，Chen 等人提出的深度学习处理器指令集 DianNaoYu[54]被计算机体系结构领域顶级国际会议 ISCA2016 所接受。指令集就是计算机芯片能读懂的语言，相对于传统的执行 x86 指令集的芯片，DianNaoYu 指令集在神经网络计算方面有明显的性能提升。下面对 DianNao 系列芯片进行简要介绍。

1）DianNao

DianNao 并不是第一个深度神经网络专用加速器的实现，但在这之前加速器的重点是如何高效实现神经网络计算。但是当深度学习模型参数量非常大的时候，把所有参数都保存在片内就变得很困难，所以访存就成为加速器设计的瓶颈。DianNao 的创新点在于将实现重点放在了如何高效实现访存上。

神经网络加速器基本都是由计算单元和片上存储单元组成的。计算单元主要负责深度神经网络中的典型运算，如卷积操作和矩阵之间相乘。片上存储单元用来存储每一层的输入特征图、输出特征图和权值数据，一般输入特征图和输出特征图共享一块片上存储资源,因为权值比较大,所以有时不能完全存储在片上。

图 3-28 是 DianNao 芯片的内部实现架构。

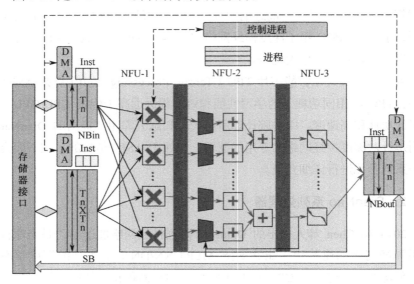

图 3-28　DianNao 芯片的内部实现架构

DianNao 中计算单元为 NFU（Neuron Function Unit），此 NFU 分为：负责乘法运算的 NFU-1，负责累加运算的 NFU-2 和负责激活函数的 NFU-3。不同神经网络层的类型虽有不同，但是各类型计算大体都能由这三种运算完成。对于分类层，计算阶段可以划分为突触权值与输入数据的乘法、所有乘积的加法和激活函数（如 sigmoid）操作。卷积层的计算过程是基本一致的，只有最后一步有可能选择不同的非线性激活函数。池化层的计算指令流中没有乘法操作，但增加了最大池化或平均池化的指令需求，为了满足池化层的需求，需要增加专用的移位器和极值器。

上述芯片架构中除计算单元以外就是存储部分，存储模块采用分块存储（splitbuffer），有输入缓存区（NBin）、输出缓存区（NBout）和权值缓存区（SB）三块片上存储单元。其中，输入缓存区用来保存每一层的输入数据，位宽 Tn 表示半精度浮点数。输出缓存区保存每一层的输出数据，位宽同样用 Tn 表示。权重缓存区用于保存模型的权值，位宽为 Tn×Tn。神经网络每一层的数据传输流是：计算单元 NFU 从输入缓存区读取输入特征图，从权重缓存区读取权重，进行计算，得到的结果存在输出缓存区中。

DianNao 是一种针对神经网络的专用硬件加速器，能够实现大规模卷积神经网络和深度神经网络正向传播的快速执行，相比传统架构，有执行时功耗较小和片上面积较低的优势。

2）DaDianNao

如果说 DianNao 是适用于嵌入式终端的深度学习处理器，那么 DaDianNao 就是适用于大规模服务器的高性能深度学习处理器。DaDianNao 采用 DianNao 的计算单元作为内核，在一块芯片上部署了 16 个计算单元，这样性能就达到了 DianNao 的 16 倍。Chen 在文章中提到，在 DaDianNao 的设计过程中，首先想到的是直接将 DianNao 中计算单元的逻辑资源扩大成原来的 16 倍，这样即可实现性能 16 倍的提升。考虑到芯片上晶体管的布局及布线，如果单纯扩大计算单元规模，会导致布线所占用的芯片面积远远超过计算单元逻辑模块。这对于面积有限的芯片来说并不高效，所以需要考虑多核并行的架构。

将上面的大计算单元拆分成 16 个小计算单元（DianNao），通过合理布局布线来缩小布线需要的面积，同时保持同等性能。DaDianNao 结构如图 3-29 和图 3-30 所示。

DaDianNao 的计算单元与 DianNao 基本相同，区别在于为了完成训练任务多加了几条数据通路，且配置更加灵活。计算单元的尺寸为 16×16，即 16 个输出神经元，每个输出神经元有 16 个输入（输入端需要一次提供 256 个数据）。同时，计算单元可以有选择地跳过一些步骤以实现灵活可配置的功能。

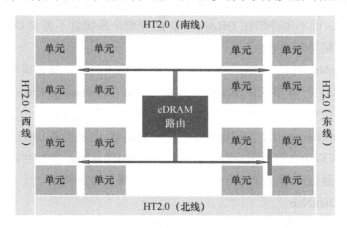

图 3-29　DaDianNao 结构（一）

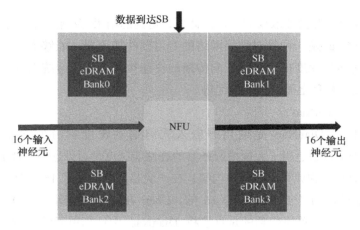

图 3-30　DaDianNao 结构（二）

3）ShiDianNao

深度学习算法因为处理计算密集型和存储密集型任务而造成了较大的功耗，这也是其在移动设备上难以部署的原因。DianNao 中的数据存储在动态随机存取存储器（Dynamic Random Access Memory，DRAM）中，而 DRAM 的读写功耗非常大。ShiDianNao 的设计初衷是避免用 DRAM 存储数据，从而在很大程度上降低功耗。

ShiDianNao 在实际应用中将用于物体识别的芯片靠近图像来源，如 CMOS 或 CCD 传感器，从而避免了用 DRAM 存储大量图像数据。常用的卷积神经网络通常是权重共享的，权重共享可以减少权重的数量，使权重可以完整存放在片上静态随机存取存储器（Static Random-Access Memory，SRAM）中，而不用存储在 DRAM 中。这样整个系统就不需要 DRAM 做存储，从而大幅降低功耗。

ShiDianNao 架构和 DianNao 类似，如图 3-31 所示，核心模块同样是计算单元 NFU，计算单元由最小的处理单元 PE（Processing Elements）阵列组成，三个缓存区分别存储输入数据、输出数据和权重数据。

和 DianNao 相比，ShiDianNao 片上有足够大的存储（相应的开销也大），从而可以免去片外的存储访问。此外，ShiDianNao 能够利用 2D 数据的局部性，通过专门设计的控制器和处理单元进行数据传递。

4）PuDianNao

DianNao 和 DaDianNao 架构只适用特定的深度学习算法（如 CNN、

DNN、RNN）等，但整个机器学习领域有很多应用范围很广的算法。为了使处理器能够对常用机器学习算法进行加速，Chen 的团队又设计出能够加速机器学习算法的处理器方案——PuDianNao。PuDianNao 支持 7 种常见的机器学习算法：深度神经网络（Deep Neural Network，DNN）、线性回归（Linear Regression，LR）、支持向量机（Support Vector Machine，SVM）、决策树（Decision Tree，DT）、朴素贝叶斯（Naive Bayes，NB）、K-Nearest Neighbors（K-NN）和 K-Means。

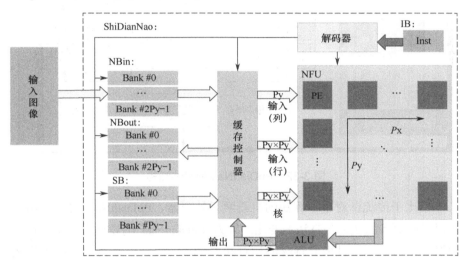

图 3-31　ShiDianNao 架构

PuDianNao 的整体结构见图 3-32，其主要包括运算部件、存储部件和控制部件三大部分。运算部分由 16 个功能单元（Function Unit，FU）组成，每个运算单元包含一个机器学习单元（Machine Learning Unit，MLU）和一个算术逻辑单元（Arithmetic and Logic Unit，ALU）。存储部分用来数据存储，包括三个数据缓存（热缓存、冷缓存和输出缓存），分别存储不同使用频率的数据，它们连接同一个直接内存存取部件（Direct Memory Access，DMA），用于传输数据。控制部分包括一个指令缓存（InstBuf）和一个控制模块（Control Module，CM）。

PuDianNao 的整体结构和 DianNao 比较像，PuDianNao 的运算逻辑由许多组相同的功能单元并联组成，每个功能单元中包含一个机器学习单元（MLU）和一个算术逻辑单元（ALU）。其中机器学习单元主要用于加速机

器学习算法中的核心运算，主要包括点积、计算向量距离、计数、排序及非线性激活函数等，而算术逻辑单元则用于一些零碎的运算，如除法运算、条件转移等。

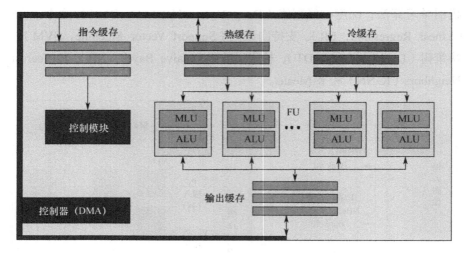

图 3-32　PuDianNao 的整体结构

相比于传统针对单一算法的机器学习处理器，PuDianNao 更加通用，可以适应更多的数据和算法的变化。因为 PuDianNao 的设计思想是分析多种机器学习算法，抽取共性核心运算和共性访存特征，以灵活的指令形式为所有机器学习方法的共性操作提供计算加速和访存加速。

3.3.4　异构边缘智能系统

受益于"摩尔定律"，计算机体系结构的性能周期性提高，处理器的性能多年来可以满足软件需求。但近几年，一方面由于半导体技术的改进几乎已经达到了物理极限，电路设计的开发周期不断延长，英特尔在 2016 年宣布正式停用"Tick-Tock"处理器研发模式，这代表着处理器性能无法按照摩尔定律进行增长；另一方面，海量数据对计算性能也提出了更高的要求，超过了摩尔定律增长的速度，处理器本身无法满足高性能计算需求，从而导致了计算需求和处理器性能之间的矛盾。针对上述问题的解决方法是使用在通用 CPU 系统中添加协处理器的异构计算方式来提高处理性能，协处理器主要包括 GPU、FPGA 和 ASIC 等各种不同体系结构的计算单元，这些计算单元使用不同的类型指令集组成一个混合的系统，执行特殊方式的计算，称之为"异构计算"（Heterogeneous Computing）。异构计算可在人工智能领域大放异彩，随着深度神经网络应用场景的进一步扩大，业界对于在嵌入式终端和移动终端设备上实现深度学习算法的需求也越来越强烈，嵌入式终端和移动终端对低功耗和实时性有着严格的要求，因此，异构计算平台还须满足低功耗、实时性的要求。

若要满足异构计算中低功耗、实时性的要求，就要充分发挥异构系统中各组成部分的优势。CPU 在运算能力上稍显不足，仅擅长管理和调度，如读取数据、管理文件、人机交互等；而 GPU 管理能力较弱，运算能力较强，但由于其多进程并发，所以更适合对整块数据进行流处理的算法；FPGA 虽然同时具备管理能力和运算能力，但是有着开发周期长、算法复杂、开发难度大的问题；ASIC 专用芯片有体积小、功耗低和计算效率高的优点，缺点是不适合算法的动态变化。目前应用最广泛的异构计算平台就是"CPU+GPU"及"CPU+FPGA"架构的，这种集成了不同计算系统的异构计算架构，拥有比传统 CPU 并行计算更高的效率和更低延迟的计算性能。"CPU+GPU"架构是最早发展起来的异构计算平台，以 Nvidia、AMD 为代表的 GPU 厂商在对原本面向图像处理的 GPU 进行改造的基础上推出了用于通用计算的 GPU（General Purpose GPU，GPGPU），使得 GPU 进入了高并行计算领域。AMD 公司在 2007 年收购了 ATI 之后，将高性能 CPU、GPU 做在同一颗芯片上，并创新性地提出了"APU（加速处理器）"的概念。

APU 等新型异构计算平台的产生为实现高效异构计算奠定了基础，但异构计算中另外一个需要考虑的问题是实现程序开发的标准化。以往的程序开发在使用"CPU+GPU"或"CPU+FPGA"架构作为异构计算平台时，开发人员需要为 CPU 编写 C 语言等顺序执行代码，在 Nvidia 的 GPU 上使用 CUDA 接口实现高效数据并行，为 FPGA 编写 Verilog 或 VHDL 等硬件描述语言，这种实现并行的开发方式较为低效。一个通用的异构计算开发平台应该具有一套通用的编程接口（API）及相对应的开发语言和开发工具。OpenCL（Open Computing Language，开放计算语言）是第一个面向异构计算平台的编程框架，通过使用统一的编程语言进行跨平台并行编程，实现硬件独立的软件开发环境，使软件开发人员能够为高性能计算服务器、桌面计算系统等设备编写高效、轻便的代码，这些代码可支持 CPU、GPU、DSP 等不同的异构计算单元。OpenCL 最早由苹果公司于 2008 年提

出,随后在与 AMD、IBM、英特尔等技术团队的合作中不断完善,OpenCL 的出现大大简化了 AMD 及英特尔公司异构计算平台开发的任务。

国内的互联网巨头也察觉到了异构计算系统是未来高性能计算及处理海量数据的解决方法。阿里云于 2017 年年初基于 AMDGPU 发布了 GA1 公共云计算实例,这是国内首个集 CPU、GPU、存储、网络于一体的可视化 GPU 计算实例,侧重于图像处理和高性能计算。随后阿里云又基于 NvidiaGPU 推出了 GN4、GN5、GN5i 三款适用于深度学习和高性能计算的实例,并且可以提供 Caffe、Tensorflow、Torch 的 Docker 镜像来进行深度学习的快速部署。此外,阿里云还推出了基于英特尔 Arria10 芯片的 FPGA 计算实例,FPGA 在低位宽场景下的优势使得其可以运用到金融分析、基因匹配和物联网等有快速迭代计算需求的领域。腾讯公司同样在 2017 年推出了多款 GPU 计算实例及搭载 Nvidia 最新一代 NvidiaV100GPU 的新型 GPU 计算实例 GN9,腾讯也基于 Xilinx 和英特尔最先进的 FPGA 技术在国内首先推出 FPGA 云服务器,后续还将基于 XilinxVU9PFPGA 卡的 FX3 实例,推出性能更高的 FPGA 实例。华为公司作为在软件和硬件方面都有积累的厂商,为了发挥异构计算的最大性能优势,更注重软/硬件结合,这也和 Darpa 在其"电子复兴计划(Electronics Resurgence Initiative,ERI)"中提出的"软件定义硬件(Software-Defined Hardware,SDH)"理念不谋而合。华为在 2017 年发布了基于 Fusion ServerG 系列的异构计算平台及 NvidiaTeslaP100 和 TeslaP4 的 GPU 加速云服务,可为用户提供兼具训练和推理加速的智能云平台。诞生于中国科学院计算所的 DianNao 系列神经网络专用处理器适用于云端深度神经网络训练及物端部署推理加速,未来搭载 DianNao 等神经网络专用处理器的异构计算平台也将成为异构计算平台中有竞争力的设备,充分利用 CPU 及加速器的优势来高效运行深度学习算法,从而使神经网络在嵌入式终端及移动终端部署成为可能。

3.4 本章小结

智联网的核心之一即"智能",其要点在于采用人工智能领域相关技术使网络具备更多的功能及更强的性能,本章着重介绍在智联网中得到广泛应用的人工智能技术——神经网络技术,以及相关软/硬件发展情况。

近几年来,深度学习领域内的研究热点从如何提升神经网络的性能开始向其他方面拓展,其中一个很重要的方向便是如何将深度神经网络模型部署到终端设备上。由此产生的一个新概念便是"边缘计算",边缘计算用于描述发生在边缘设备上的计算任务。这个概念的最早提出是在 2013 年的美国太平洋西北国家实验室的一份 2 页纸的内部报告中,Ryan2013Edge 用"边缘计算"这个新名词来描述靠近物或数据源头位置的计算方式,其与传统云计算方式的区别在于,云计算将数据统一上传到称之为"云"的计算资源中心,实时完成计算,并将结果返回。而边缘计算则直接在边缘设备上完成计算,省去了数据和云之间的交互过程,在保持性能的同时满足实时性的要求。边缘智能将人工智能融入边缘计算,部署在边缘设备上。作为更快、更好地提供智能服务的一种服务模式,边缘智能已逐渐渗入各行各业。

实现边缘设备端的智能不是一件容易的事,需要从软件、硬件及计算平台等方面进行综合考虑。在软件方面,深度神经网络的参数量和计算量越来越大,将其应用于功耗受限的移动边缘端会面临一些困难,将大规模神经网络轻量化是可以考虑的解决方案。在硬件方面,传统 CPU 的处理能力已经不满足如今的神经网络等算法的运算需要,越来越多的人开始使用 GPU 来对深度学习算法进行加速,但 GPU 并不是专门为加速神经网络而生的,对很多神经网络特有的运算并不能起到理想的加速效果,要达到对深度学习算法的理想加速,需要设计专用的神经网络加速处理器。有了软件和硬件的支撑之后,就可以构建一个集成传统 CPU 和专用加速处理器的异构智能计算平台来进行高效运算。

参 考 文 献

[1] Automated_machine_learning[EB/OL]. https://en.wikipedia.org/wiki/Automated_machine_learning.

[2] THORNTO C, HUTTER F, HOOS H, et al. Auto-WEKA: combined selection and hyperparameter optimization of classification algorithms[J]. KDD, 2013.

[3] 王健宗, 瞿晓阳. 深入理解 AutoML 和 AutoDL:构建自动化机器学习与深度学习平台[M]. 北京:机械工业出版社, 2019.

[4] HE X, ZHAO K, CHU X. AutoML: A Survey of the State-of-the-Art[J]. IEEE SIGNAL PROCESSING MAGAZIN, 2019.

[5] ENZO, LEIVA-ARAVENA, EDUARDO, et al. Neural Architecture Search with Reinforcement Learning[J]. Ence of the Total Environment, 2019.

[6] YU T, ZHU H. Hyper-parameter optimization: A review of algorithms and applications[J]. arXiv preprint arXiv:2003.05689, 2020.

[7] MONTGOMERY D C. Design and analysis of experiments[M]. John wiley & sons, 2017.

[8] FRAZIER P. A Tutorial on Bayesian Optimization[J]. arXiv preprint arXiv: 1807.02811, 2018.

[9] CASTILLO PA, CARPIO J, MERELO J J, et al. Global optimization of multilayer perceptrons using GAs[J]. Neurocomputing, 2000: 149–163.

[10] YAO X, LIU Y. A new evolutionary system for evolving artificial neural networks[J]. Neural Networks, 1999, 8(03): 694–713.

[11] LORENZO P R, NALEPA J, KAWULOK M, et al. Particle Swarm Optimization for Hyper-Parameter Selection in Deep Neural Networks[J]. Proceedings of GECCO, 2017: 8.

[12] LIAO T J, ANTONIO Marco, OCA Montes de, et al. Tuning parameters across mixed dimensional instances: a performance scalability study of Sep-G-CMA-ES[J]. GECCO, 2011: 703-706.

[13] VANSCHOREN Joaquin. Meta-Learning: A Survey[J]. arXiv preprint arXiv: 1810.03548, 2018.

[14] MUNKHDALAI Tsendsuren, YU Hong. Meta networks. In Proceedings of the 34th International Conference on Machine Learning[C]. ICML, 2017: 2554–2563.

[15] ANDRYCHOWICZ Marcin, DENIL Misha, GOMEZ Sergio, et al. Learning to learn by gradient descent by gradient descent[J]. NIPS, 2016: 3981–3989.

[16] DUCHI John, HAZAN Elad, SINGER Yoram. Adaptive subgradient methods for online learning and stochastic optimizatio[J]. Mach. Learn. Res, 2011, 12: 2121–2159.

[17] BRENDAN MCMAHAN H, STREETER Matthew J. Adaptive bound optimization for online convex optimization[J]. CoRR, 2010.

[18] VINYALS Oriol, BLUNDELL Charles, LILLICRAP Tim, et al. Matching networks for one shot learning[J]. Advances in neural information processing systems, 2016, 29: 3630-3638.

[19] XU Kelvin, BA Jimmy, KIROS Ryan, et al. Show, Attend and Tell: Neural Image Caption Generation with Visual Attention[C]//International conference on machine learning. PMLR, 2015: 2048-2057.

[20] STANLEY Kenneth. Neural network evolution through neural evolution[EB/OL]. https://blog.csdn.net/zkh880lolh3h21ajth/article/details/78265555.

[21] STANLEY K O. Miikkulainen R. Efficient evolution of neural network topologies[C]. Congress on Evolutionary Computation, 2002: 1757-1762.

[22] STANLEY K O, D'Ambrosio DB, Gauci J. A hypercube-based encoding for evolving large-scale neural networks[J]. Artificial Life, 2009, 15(02): 185.

[23] LEHMAN J, STANLEY K O. Abandoning objectives: Evolution through the search for novelty alone[J]. Evolutionary Computation, 2011, 19(02): 189.

[24] ZHU H, AN Z, YANG C, et al. EENA: efficient evolution of neural architecture[C]. Proceedings of the IEEE International Conference on Computer Vision Workshops.

[25] YANG C, AN Z, LI C, et al. Multi-objective pruning for cnns using genetic algorithm[C]//International Conference on Artificial Neural Networks. Springer, 2019: 299-305.

[26] ELSKEN Thomas, METZEN Jan Hendrik, HUTTER Frank. Neural architecture search: A survey[J]. Journal of Machine Learning Research, 2019, 20(55): 1–21.

[27] CHOLLETt Fran. Xception: Deep learning with depthwise separable convolutions[J]. arXiv, 2016.

[28] YU Fisher, KOLTUN Vladlen. Multi-scale context aggregation by dilated convolutions[C]. ICLR, 2016.

[29] MENDOZA H, KLEIN A, FEURER M, et al. Towards AutomaticallyTuned Neural Networks[C]. International Conference on Machine Learning, 2016.

[30] ZOPH Barret, VASUDEVAN Vijay, SHLENS Jonathon, et al. Learning transferable architectures for scalable image recognition[C]. Conference on Computer Vision and Pattern Recognition, 2018.

[31] BAKER Bowen, GUPTA Otkrist, NAIK Nikhil, et al. Designing neural network architectures using reinforcement learning[C]. International Conference on Learning Representations, 2017a.

[32] SAXENA Shreyas, VERBEEK Jakob. Convolutional neural fabrics[J]. Advances in Neural Information Processing Systems 29, Curran Associates, 2016.

[33] IANDOLA F N, HAN S, MOSKEWICS M W, et al. SqueezeNet: Alex Net-level accuracy with 50x fewer parameters and <0.5MB modelsize[J]. arXiv, 2016.

[34] KRIZHEVSKY A, SUTSKEVER I, HINTON G. Image net classification with deep convolutional neural[C]. Neural Information Processing Systems, 2014: 1-9.

[35] HE K, ZHANG X, REN S, et al. Deep residual learning for image recognition[C]. Proceedings of the IEEE conference on computer vision and pattern recognition, 2016: 770-778.

[36] HOWARD A G, ZHU M, CHEN B, et al. Mobile nets: Efficient convolutional neural networks for mobile vision applications[J]. arXiv, 2017.

[37] MA N, ZHANG X, ZHENG H T, et al. Shuffle net v2: Practical guidelines for efficient cnn architecture design[J]. Proceedings of the European Conference on Computer Vision (ECCV), 2018: 116-131.

[38] TAN M, LE Q V. Efficient Net: Rethinking Model Scaling for Convolutional Neural Networks[J]. arXiv, 2019.

[39] LECUN Y, DENKER J S, SOLLA S A. Optimal brain damage[J]. Advances in

neural information processing systems, 1990: 598-605.

[40] HASSIBI B, STORK D G. Second order derivatives for network pruning: Optimal brain surgeon[J]. Advances in neural information processing systems, 1993: 164-171.

[41] HAN S, MAO H, DALLY W J. Deep compression: Compressing deep neural networks with pruning, trained quantization and huffman coding[J]. arXiv, 2015.

[42] HE Y, LIU P, WANG Z, et al. Filter Pruning via Geometric Median for Deep Convolutional Neural Networks Acceleration[C]. Proceedings of the IEEE Conference on Computer Vision and Pattern Recognition, 2019: 4340-4349.

[43] LIU Z, LI J, SHEN Z, et al. Learning efficient convolutional networks through network slimming[C]. Proceedings of the IEEE International Conference on Computer Vision, 2017: 2736-2744.

[44] HINTON G, VINYALS O, DEAN J. Distilling the knowledge in a neural network[J]. arXiv, 2015.

[45] ZAGORUYKO S, KOMODAKIS N. Paying more attention to attention: Improving the performance of convolutional neural networks via attention transfer[J]. arXiv, 2016.

[46] CHEN Y, WANG N, ZHANG Z. Dark rank: Accelerating deep metric learning via cross sample similarities transfer[C]. Thirty-Second AAAI Conference on Artificial Intelligence, 2018.

[47] HUANG Z, WANG N. Like what you like: Knowledge distill via neuron selectivity transfer[J]. arXiv, 2017.

[48] COURBARIAUX M, BENGIO Y, DAVID J P. Binary connect: Training deep neural networks with binary weights during propagations[J]. Advances in neural information processing systems, 2015: 3123-3131.

[49] CAI Z, HE X, SUN J, et al. Deep learning with low precision by half-wave gaussian quantization[C]. Proceedings of the IEEE Conference on Computer Vision and Pattern Recognition, 2017: 5918-5926.

[50] CHEN T, DU Z, SUN N, et al. DianNao: a small-footprint high-throughput accelerator for ubiquitous machine-learning[J]. Acm Sigplan Notices, 2014, 49(4): 269-284.

[51] CHEN Y, LUO T, LIU S, et al. DaDianNao: A Machine-Learning Supercomputer. IEEE, 2015.

[52] DU Z, FASTHUBER R, CHEN T, et al. ShiDianNao: Shifting vision processing closer to the sensor[J]. Acm Sigarch Computer Architecture News, 2015, 43(3): 92-104.

[53] LIU D F, CHEN T S, LIU S L, et al. PuDianNao: A Polyvalent Machine Learning Accelerator[J]. Acm Sigplan Notices A Monthly Publication of the Special Interest Group on Programming Languages, 2015, 50(4):369-381.

[54] LIU S, DU Z, TAO J, et al. Cambricon: An instruction set architecture for neural networks[C]//2016 ACM/IEEE 43rd Annual International Symposium on Computer Architecture (ISCA). IEEE, 2016: 393-405.

第 4 章

智能网络与协同

智联网本质上是多智能体系统（Multi-Agent System），其目标是让具备简单智能且便于管理控制的系统，通过相互协作实现复杂智能，在降低系统建模复杂性的同时，提高系统的实时性、可靠性、灵活性。近年来，以 MAS 为基础的协同控制是多智能体研究热点[1]，如将多智能体视为有机体，尽可能发挥其作为整体的特点，以面对外部复杂环境。目前通用人工智能（AGI）研究有两个大方向，一是单智能体，其背后的经典算法是深度强化学习；二是多智能体，也可以理解为集体智能，其挑战是通过自主学习进行演进，实现多个智能体协同工作，并通过合作和非合作博弈，学会彼此合作和相互竞争。

4.1 智能网络延迟管控

随着以互联网、物联网、云计算、大数据和人工智能为代表的新一代信息技术与传统产业的加速融合，工业互联网将智能设备、人和数据连接起来，并以智能的方式利用这些交换的数据。工业互联网已经不断应用于各领域，并且开始潜移默化地改变我们的生活。例如，传统工厂的制造环境通常是由制造厂互不兼容的自动化技术组合而成的，这不利于各制造系统间进行数据共享。智慧工厂将利用工业以太网、工业无线网络和云平台获得整个企业制造业务的智能控制能力，而工业无线网络是对现有工业通信技术的一种强有力的补充。

在工业互联网中，对于机器控制器（如 PCL 控制器、IPC 工控机等）及其执行机构（如驱动器、电机等）和传感器之间的通信，实时性和可靠性是最重要的。如果时间敏感度高的重要数据（如控制信号和故障检测数据）延

迟或丢失,那么系统所做出的决定将是无用的或有害的。因此,工业互联网中的重要数据必须在严格的时延范围和可靠性规定内进行传输和共享,否则会影响系统的正常运行及安全性。由于工业互联网要求严格的时延保障,传统的尽力而为的服务质量已无法满足工业互联网的需求;工业互联网必须满足高可靠性(大于99%)和确定性上限的低时延。

网络延迟管控不是一个单一的技术问题,需要从网络各层次进行考虑,主要的关键技术包括:跳频通信、信道接入、调度策略、时间同步、数据路由和网络安全等。这些关键技术可以与人工智能结合,实现网络通信与人工智能的深度融合,设计网络体系结构中各层次实时协议,从而有效提升网络通信的效能,实现从万物互联到万物智联,满足人们对网络通信性能日益提高的需求。另外,实时协议的设计还需要考虑各分组的延迟、各数据流吞吐量的要求和无线信道的异构性等因素。实时性又分为长时间(long-term)与短时间(short-term)的实时性。在工业互联网中,由于时延抖动的存在,长时间的平均实时性保证是不够的,必须在每个数据包的基础上遵守短时间实时性的约束。然而,现场应用中的环境因素,如散热、灰尘、湿度等会给无线通信和设备的实时性和可靠性带来一定的挑战。对于采用有线方式连接的工业以太网,时延的不确定性主要由报文碰撞及 CSMA/CD 机制造成;对于工业无线网络,无线信道的竞争共享特性,以及噪声干扰、信道间干扰和随机退避等多重因素,增加了时延的不确定性。因此,网络延迟管控是一个系统性的问题,不仅要考虑网络各层次,还要考虑多种工业场景,包括工业现场环境中不可靠的衰落的无线信道、可变发送速率和动态拓扑等。

本节首先介绍三大主流的工业无线网络标准,然后详细分析保证数据实时性和可靠性的信道接入、确定性调度、跳频通信及智能高速接入和传输技术等关键技术,最后介绍为标准以太网增加了确定性和可靠性的时间敏感网络(TSN)。

4.1.1 工业无线网络标准与规范

工业无线技术是继现场总线之后,工业控制领域的又一个热点技术,是降低工业测控系统成本、提高工业测控系统应用范围的革命性技术,是未来工业自动化产品新的增长点。工业无线技术是 21 世纪新兴的、面向设备间短程的、低速率信息交互的无线通信技术,适合在恶劣的工业现场环

第 4 章 智能网络与协同

境使用,具有抗干扰能力强、超低耗能、实时通信等技术特征。

目前我们所熟知的无线技术有 ZigBee、Wi-Fi、蓝牙(Bluetooth)、超宽频(UWB)等。但由于它们自身协议的限制(如发射功率、安全等级、抗干扰性等方面的性能),通常应用于消费电子产品,不适合复杂的工业现场环境。常用无线通信协议比较如表 4-1 所示。

表 4-1 常用无线通信协议比较

名称	传输速率	通信距离	频段	安全性	功耗	主要应用
Bluetooth	1Mbps	20~200m	2.4GHz	高	20mA	通信、汽车、IT
Wi-Fi	11~54Mbps	20~200m	2.4GHz	低	10~50mA	无线上网、PC、PDA
ZigBee	100Kbps	20~200m	2.4GHz	中	5mA	无线传感器网络、医疗仪器数据采集、远程控制
UWB	53~480Mbps	0.2~40m	3.1GHz~10.6GHz	高	10~50mA	消防、救援、医疗
NFC	424Kbps	20m	13.6GHz	极高	10mA	手机、近场通信技术

当前国际上出现了三大主流的工业无线网络标准,分别是由 HART 基金会发布的 WirelessHART 标准、ISA(国际自动化协会)(原美国仪器仪表协会)发布的 ISA100.11a 标准及我国自主制定的 WIA-PA(Wireless networks for Industrial Automation-Process Automation)标准。在这三大主流工业无线网络标准中,为了保证数据实时和可靠传输,采用了 TDMA、CSMA 及混合信道接入、确定性调度和跳频通信等关键技术。

1. WirelessHART 标准

据 ARC 统计,目前世界上已安装的现场仪表约 4000 多万台,其中,采用 4~20mA 信号的约 48%,采用可寻址远程传感器高速通道(Highway Addressable Remote Transducer,HART)协议的约 26%,采用气动信号的约 13%,采用现场总线的仅 1%。因此,HART 通信基金会(HART Communication Foundation,HCF)决定开发无线 HART 协议,要求 HART 无线通信技术保证支持产品的互操作性,以及与有线 HART 仪表的无缝连接,提升 HART 智能仪表的智能性和可连接性。

2004 年,HART 通信基金会宣布开始制定无线 HART 协议,作为 HART 现场通信协议第七版 HART 7.0 的核心部分。WirelessHART 是第一个开放式的可互操作无线通信标准,用于满足流程工业对实时工厂应

智联网

用中可靠、稳定和安全的无线通信的关键需求。与所有符合 HART 协议的仪表和设备一样，WirelessHART 向前兼容现有的 HART 设备和应用，在用户体验、使用简单性、灵活性和友好性上，都能达到人们对 HART 产品的期望值。

HCF 的无线工作组吸引了世界众多的过程控制供应商加入，主要参加单位有 Emerson、ABB、Siemens、DustNetworks 等。2007 年 9 月，WirelessHART 标准由 HART 通信基金会发布，它是第一个专门为过程工业而设计的开放的、可互操作的无线通信标准，满足了工业工厂对可靠、强劲、安全的无线通信方式的迫切需求。作为 HART7.0 技术规范的一部分，除了保持现有 HART 设备、命令和工具的能力，它还增加了 HART 协议的无线能力。国际电工委员会于 2010 年 4 月批准发布了完全国际化的 WirelessHART 标准 IEC62591（Ed.1.0），它是第一个过程自动化领域的无线传感器网络国际标准。该标准下的网络使用运行在 2.4GHz 频段上的无线电 IEEE 802.15.4 标准，采用直接序列扩频（DSSS）、通信安全与可靠的信道跳频、时分多址（TDMA）同步、网络上设备间延控通信（Latency-controlled Communications）等技术。WirelessHART 标准协议主要应用于工厂自动化领域和过程自动化领域，弥补了高可靠、低功耗及低成本的工业无线通信市场的空缺。

2. ISA100.11a 标准

ISA 从 2005 年便开始启动工业无线标准 ISA100.11a 的制定工作，已经于 2014 年 9 月获得了国际电工委员会（IEC）的批准，成为正式国际标准，标准号 IEC 62734。我国重庆邮电学院作为核心单位也参与该标准的制定。ISA100.11a 是第一个开放的、面向多种工业应用的标准族。ISA100.11a 标准定义的工业无线设备包括传感器、执行器、无线手持设备等现场自动化设备，主要内容包括工业无线的网络构架、共存性、鲁棒性及与有线现场网络的互操作性等。ISA100.11a 标准可解决与其他短距离无线网络的共存性问题及无线通信的可靠性和确定性问题，其核心技术包括精确时间同步技术、自适应跳信道技术、确定性调度技术、数据链路层子网路由技术和安全管理方案等，并具有数据传输可靠、准确、实时、低功耗等特点。

3. WIA 标准

工业自动化无线网络（Wireless networks for Industrial Automation，

WIA)规范是由中国工业无线联盟推出的具有自主知识产权的技术体系，形成了国家标准草案，并正在成为与 WirelessHART、ISA100 并列的主流工业无线技术体系。

中国非常重视工业无线技术的发展，国内的科研机构开展了大量的研究工作，并获得了一些国际先进的研究成果。2007 年，中科院沈阳自动化研究所组织浙江大学等十家单位成立了中国工业无线联盟。该联盟的主要任务是推动工业无线技术在中国的应用和发展；为工业用户提供可行的无线技术解决方案；制定中国工业无线技术国家标准，并积极推动自有知识产权的核心技术进入国际 IEC 标准。

WIA 技术是一种高可靠性、超低功耗的智能多跳无线传感网络技术，该技术提供一种自组织、自治愈的智能 Mesh 网络路由机制，能够针对应用条件和环境的动态变化，保持网络性能的高可靠性和强稳定性。同时，围绕语义化数字工厂建模与动态服务组合，中国工业无线联盟提出了 WIA-PA 和 WIA-FA 两项 IEC 国际标准和产品体系，打通了跨协议、软件和系统的互操作接口。

1）WIA-PA

WIA-PA 是一种经过实际应用验证的、适合于复杂工业环境应用的无线通信网络协议。它在时间上〔(时分多址（TDMA)〕、频率上（巧妙的 FHSS 跳频机制）和空间上（基于网状及星状混合网络拓扑形成的可靠路径传输）的综合灵活性，使这个相对简单但又很有效的协议具有嵌入式的自组织和自愈能力，大大降低了安装的复杂性，确保了无线网络具有长期而且可预期的性能。

WIA-PA 已于 2011 年正式成为 IEC 62601 国际标准。

2）WIA-FA

WIA-FA 技术是专门针对工厂自动化高实时、高可靠性要求而研发的一组工厂自动化无线数据传输的解决方案，适用于对速度及可靠性要求较高的工业无线局域网络，实现高速无线数据传输。采用无线系统可以使车间内更加干净、整洁，消除线缆对车间内人员羁绊、纠缠等危险，使车间的工作环境更加安全，具有低成本、易使用、易维护等优点，是工厂自动化生产线实现在线可重构的重要使能技术，将助推我国制造业的转型升级。

目前，已有大量符合 WirelessHART 标准的网络设备和应用设备被研制

出来，截至 2008 年年底，全球已在使用的 HART 设备超过 2600 万台，用户已经具有一定的 HART 培训和使用经验，很容易熟悉 WirelessHART 无线协议。艾默生已经推出了兼容 HART 标准的自动化产品（如无线适配器）及 WirelessHART 仪表、网关并投入使用，ABB、E+H、P+F 等仪表和现场设备提供商都在积极地推出产品。博微公司已经研制出国内首款 WirelessHART 模块及网关，并得到成功应用，WirelessHART 适配器也已经在研制过程中。ISA100.11a 也被不少欧美企业所采用和部署，在工业无线市场上取得了广泛的认可，横河电机（Yokogawa）和霍尼韦尔（Honeywell）两大巨头已经提出了采用 ISA100.11a 标准的中等规模的系统解决方案。WIA-PA 技术在冶金、石化等领域得到了初步应用，得到了用户的认可。WIA-FA 用于工厂自动化设备中的传感器、变送器和执行器之间实现高安全、高可靠、强实时的信息交互，可广泛应用于离散制造装备的智能化升级。

三大标准性能对比如表 4-2 所示，通过比较可以看出，WirelessHART、ISA100.11a 和 WIA-PA 三大标准具有相似的特征，其标准协议体系结构都遵循 OSI 模型，并且都引用 IEEE 802.15.4 作为物理层标准，工作频率为 2.4GHz。为了保证数据实时和可靠传输，在数据链路层，WirelessHART 采用 TDMA 接入，支持多超帧、跳信道、重传机制，时隙可配置成专用方式和共享方式；ISA100.11a 支持三种跳信道机制、超帧调度、时间同步、TDMA／CSMA 信道接入；WIA-PA 采用 CSMA 和 TDMA 混合接入模式。

表 4-2　三大标准性能对比

相关技术		WirelessHART	ISA100.11a	WIA（以 WIA-PA 为例）
物理层		IEEE 802.15.4—2006，2.4GHz，信道 26 排除	IEEE 802.15.4—2006，2.4GHz，信道 26 可选	IEEE 802.15.4—2006，2.4GHz
数据链路层	概述	TDMA 接入，支持多超帧、跳信道、重传机制，时隙可配置成专用方式和共享方式	MAC 子层兼容 IEEE 802.15.4 协议；MAC 扩展层完成传统的 DLL 层功能；DLL 上层完成 Mesh 子网内的二路由功能，支持三种跳信道机制、超帧调度、时间同步、TDMA／CSMA 信道接入	基于超帧和跳帧的时隙通信，重传机制，用于时间同步，TDMA 和 CSMA 混合信道访问机制，链路配置及性能度量

续表

相关技术		WirelessHART	ISA100.11a	WIA（以 WIA-PA 为例）
数据链路层	时间同步	根据时间同步命令帧同步	可根据广播帧、确认帧同步	可根据信标帧、时间同步命令帧同步
	跳帧	自适应信道、黑名单技术	时隙跳帧、慢跳帧、混合帧、黑名单技术	自适应跳帧、时隙跳帧
	超帧	使用一般超帧	使用一般超帧	使用 IEEE 802.15.4 超帧
	时隙	可变长度	固定长度	可变长度
	邻居	支持	支持邻居组	只支持与簇头通信
	链路实现	收发独立	收发独立	管理和数据分布，基于网络管理者
	MIC	32 位	IEEE 802.15.4 安全策略	IEEE 802.15.4 安全策略
	邻居发现	使用广播帧	使用广播帧	使用 IEEE 802.15.4 信标
网络层		采用图路由和源路由方式，动态网络带宽管理	采用 6LoWPAN 标准：地址转换，分片与重组，骨干网间的路由	寻址路由（支持静态路由），分段与重组
传输层		无	基于 RFC786（UDP）协议	无
应用层		支持周期性信息 支持报警等信息 基于 HART 命令	支持周期性信息 支持报警等信息 基于服务，面向对象	支持周期性信息 支持报警等信息 基于服务
安全		通信设备之间数据加密，消息鉴别，设备认证，鲁棒性操作，等等	数据加密和完整性鉴别保护点到点和端到端安全，消息/设备认证，入网设备安全处理	分层分级实施不同的安全策略和措施，数据加密，数据校验，设备认证
拓扑结构		一层：全 Mesh	两层：上层 Mesh，下层 Star	两层：上层 Mesh，下层 Cluster
设备类型		现场仪表、手持设备、网关、网络管理器	精简功能设备、现场路由器、手持设备、网关、网络管理、安全管理器	现成设备、手持设备、网关、网络管理器
网络管理		全集中网管	集中网管和分布网管	集中网管和分布网管

4.1.2 MAC 协议对实时性的支持

介质访问控制（Medium Access Control，MAC）协议是网络协议栈中实现实时性需求的重要协议。MAC 协议解决当无线网络中公用信道的使用

者产生竞争时，如何分配信道的使用权的问题。通过设计最小化冲突数和延迟约束的 MAC 协议，可实现满足工业无线网络要求的高可靠性和确定性上限的低时延介质访问控制。

根据信道接入方式不同，MAC 协议可以分为三大类：随机访问（Random Access）MAC 协议、信道划分（Channel Partitioning）MAC 协议及随机访问和信道划分混合的混合型 MAC 协议。下面分别介绍这三种类型的 MAC 协议对实时性的支持。

在随机访问 MAC 协议中，当节点需要发送数据时，没有预先的节点间的协调，通过竞争方式随机接入无线信道。当两个或多个节点同时发送数据时，数据会在共享的无线信道中发生碰撞冲突，节点按照一定的退避规则进行延迟发送，直到数据成功发送或超过重发次数后被放弃。随机访问方式实现简单，在业务量较轻时，网络的吞吐量比较高，时延也较小，但在业务量较大时，数据冲突概率较大，网络的吞吐量降低和时延明显增加。典型的随机访问 MAC 协议有时隙 Aloha（Slotted Aloha）、Aloha 和 CSMA／CA。除时隙 Aloha 需要节点间时钟同步外，Aloha 和 CSMA／CA 都无须时钟同步，易于部署和采用全分布式实现，不存在中心节点失效的问题，这对于无线网络可靠性的保证是非常重要的。但由于碰撞导致数据丢失而重传或采用冲突退避策略接入信道等操作带来的时延的不确定性，使得纯随机访问方式看似并不适合对时延确定性要求较高的工业应用。然而，已有人[2]对如何确定随机访问 MAC 协议的时延展开研究。人们通过建立理论模型，利用概率方法分析了单跳和多跳无线网络中的 CSMA／CA 协议的时延上界（时延上界：最大时延超过时延上界的概率极其小，约 10^{-9}），为分析和研究随机访问 MAC 协议是否适用于工业应用给出了理论依据。

信道划分 MAC 协议可以分为基于时分多址（Time Division Multiple Access，TDMA）技术的 MAC 协议、基于码分多址（Code Division Multiple Access，CDMA）技术的 MAC 协议和基于频分多址（Frequency Division Multiple Access，FDMA）技术的 MAC 协议。已有人们在少量研究工作中提出利用基于 TDMA-MAC 或 FDMA-MAC 的无线网络传输实时数据流。在基于 TDMA-MAC 或 FDMA-MAC 调度型协议的无线网络中，所有节点在全网协调基础上利用调度算法被预先分配特定的时隙（Slot）或频率，节点可以实现无冲突访问信道，保证每个数据分组传输都有一个确定的时间和传输时延,满足数据传输的实时性要求,因此被认为是保证无线网络实时性的重要协议。但是采用 TDMA-MAC 协议的无线网络需要精确的时间同步,且当网络动态变化(新节点加入)后,需要重新进行时间同步,带来了额外的时间开销。另外,采用 TDMA-MAC 协议的无线网络需要利用中心节点实现实时调度,网络鲁棒性远低于分布式网络,若中心节点失效,则无法实现调度,造成数据传输产生冲突,实时性不可保证的问题。

随机访问和信道划分混合的 MAC 协议(混合 CSMA/CA、TDMA 或 FDMA),可以消除节点间的通信干扰,提高信道利用率和减少网络延迟。IEEE 802.15.4—2006 标准[3]的介质访问控制混合了 TDMA 和随机访问两种方式,描述了低速率无线个人局域网的物理层和介质访问控制协议,是 ZigBee、WirelessHART 规范的基础。在信标模式(Beacon-enabled)下,协调器(Coordinator)通过周期性广播信标消息进行同步。IEEE 802.15.4—2006 超帧(Superframe)结构如图 4-1 所示。收到信标的任何节点,都可以利用随机访问方式接入信道发送数据帧,直到竞争访问周期(Contention Access Period,CAP)结束。将超帧的竞争空闲期划分为多个保证时隙(Guaranteed Time Slots,GTS),只有少数节点的传输可以采用无竞争的 TDMA 信道接入方法,请求并获得该保证时隙。所有节点均可以暂时关闭无线收发单元进行休眠以节省能量消耗。

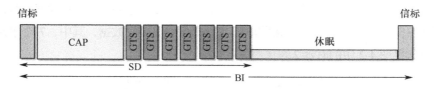

图 4-1　IEEE 802.15.4—2006 超帧(Superframe)结构

基于 IEEE 802.15.4—2006 标准,一些改进的协议[4]提出增加使用多信道方式,即时隙和频率同时分配使用。但是这种方式在数据帧发送初期仍然存在突发冲突的问题,严重影响了可靠性。虽然该方法并不适用于无线工业网络,却是时隙调频(TSCH)模式的起源。IEEE 802.15.4—2015 是对 IEEE 802.15.4—2006 的最新改进标准,提出 TSCH 模式特别适用于为低功耗工业传感器网络提供实时性保证[5]。这是由于 IEEE 802.15.4e 协议改善了 IEEE 802.15.4 协议的非信标(non-beacon)模式,采用了 TSCH 模式,可提供确定性链路层管理,保证实时通信在多个时隙和频率进行调度(TDMA/

FDMA 的结合）。它主要基于 WirelessHART[6]和 ISA100.11a[7]标准及时间同步网格协议[8]。WirelessHART 是第一个开放式的可互操作无线通信标准，用于满足实时工厂应用中可靠、稳定和安全的无线通信需求，WirelessHART 与 TSCH 的区别仅在于数据包格式。ISA100.11a 标准是用于工业传感器和执行器网络的标准，它可以为应用提供可靠和安全的运行方案。

4.1.3 实时和可靠的调度方法

许多工业应用都要求数据对时延敏感，要求数据包必须在规定的时间内到达目的节点。针对时延敏感的数据，网络中的调度方法是决定数据能否及时可靠传输的重要因素之一。在无线多跳网络中，每个转发节点都在接收单元（单元为时隙或频率）侦听无线信道，在发送单元发送分组。转发节点需要把分组缓存到接收队列或发送队列。因此，调度方法的设计不仅要考虑端到端时延，还需要考虑缓冲队列溢出的约束。

如前述分析，TSCH 模式可为低功耗工业传感器网络提供实时性保证。下面给出基于 TSCH 的调度方法示例，如图 4-2 所示，在由 3 个节点组成的无线网络中，转发节点 B 基于 TSCH 的调度方法。如果节点 B 在接收单元 R_1（超帧 1）接收来自节点 C 的数据分组，节点 B 需要等两个单元，发送单元 T_1（超帧 1）才能转发来自节点 C 的数据给节点 A，其中，两个单元的时延见图 4-2 中的时延 1。同理，如果节点 B 在接收单元 R_2（超帧 1）接收数据分组，那么它需要等 7 个单元，在接收单元 T_1（超帧 2）转发数据，其中，7 个单元的时延见图 4-2 中的时延 2。

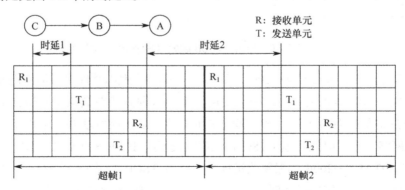

图 4-2　节点 B 调度策略（2 个接收单元和 2 个发送单元）

所有数据从源节点传输到目的节点所需时隙数量的上限（时延上界）

对时延敏感的工业应用是非常重要的。Incel 等人[9]指出，在树状拓扑中，最小的调度长度是 max$(2n_k - 1, N)$，其中，n_k 是任意子树的最大节点个数，N 是源节点个数。调度方法必须为每个数据流提供一个恰当的时隙分配，并考虑到目的节点路径的链路质量；否则，节点可能在需要转发数据分组时还没安排好时隙进行传输。

缓冲区的占用率与实时性和可靠性有较大的关系。因为当介质访问控制时延较大时，转发节点的缓冲区溢出的可能性也会增大。如图 4-2 所示的网络拓扑与调度方法，如果节点 B 在两个连续的接收单元（R_1 和 R_2）之间接收到数据分组，那么节点 B 在下次发送单元（T_1 和 T_2）到来之前，就要存储两个数据分组。如果缓冲区很小，一些数据分组就不得不被丢弃，尽管传输的过程是可靠的，但是就整个系统来说是不可靠的。

4.1.4 高速接入与传输技术

5G 网络的主要特点为高维度、高容量、更密的网络、更低的时延。相对于 4G（LTE）网络，5G 网络八大指标包括：基站峰值速率、用户体验速率、频谱效率、流量密度、网络能效、连接密度、端到端时延和移动性能。其中峰值速率要达到 10～20Gbps，用户体验速率要达到 0.1～1Gbps，频谱效率至少提升 5 倍，流量密度提高 1000 倍，网络能效提高 100 倍，连接密度至少增加 10 倍，端到端时延降低为毫秒级，能够在 500km/h 的速度下保证用户体验。这些性能指标的要求使得 5G 的技术研发在体系结构、通信、网络各方面都面临着新的巨大挑战和机遇。

人工智能特别是深度学习技术在很多领域获得了巨大成功，如人脸识别、自然语言处理、人机交互、语音识别、自动驾驶等。现有的以深度学习为代表的人工智能方法依赖于深度模型的学习能力、图形处理器的强大计算能力和大数据提供的样本多样性，通过端到端的监督学习提取数据特征，在处理图像、视频和语音等领域都取得了极大的进展。在无线通信领域，研究人员将人工智能技术应用到无线通信系统的各层面（应用层、网络层、数据链路层和物理层），实现无线通信与人工智能技术的深度融合，有效提升无线通信的效能，实现从万物互联到万物智联，满足人们对无线通信性能日益提高的需求。前期智能通信的主要研究进展主要集中在网络层和应用层，随着技术的发展，研究人员将研究重点集中到将深度学习等技术引入无线资源管理和分配等领域，将智能通信的研究引向数据链路层

和物理层，实现无线通信技术在本质上的突破。

目前的无线通信呈现出高维度、高容量、高密集的特点，在无线传输中产生海量通信数据，因此，人们期望利用人工智能和大数据技术提升物理层的传输性能。目前深度学习技术在高速接入和传输领域的应用主要分为两大类：一类基于数据驱动的接入与传输技术，另一类基于数据模型双驱动的接入与传输技术。基于数据驱动的接入与传输技术利用深度学习网络取代无线通信的多个功能块，然后依赖大量训练数据完成端到端的训练，实现无线通信性能的有效提升。基于数据模型双驱动的接入与传输技术不改变原有无线通信系统的功能模块结构，只是利用深度学习网络代替某个功能模块或训练关键参数以提升某个功能模块的性能。

1．基于数据驱动的接入与传输技术

参考文献[10]利用深度学习网络解决无线通信系统中的信号检测问题。目前无线通信系统信道估计和信号检测是两个独立的功能模块，通常首先进行信道估计获得准确的信道状态信息（Channel State Information，CSI），然后利用估计的 CSI 对发送信号进行恢复。不同于目前无线通信系统，HaoYe 等人将信道估计和信号检测组成一个功能模块，直接用深度学习网络完成接收信号到原始信号的映射。本文中的无线通信系统采用的是正交频分复用（Orthogonal Frequency Division Multiplexing，OFDM）技术，其采用 64 子载波，输入信号为 128 字节。深度学习网络采用的损失函数是最小均方误差，经过大量数据训练后得到的无线通信系统性能，能与传统检测算法性能相比拟。在无循环前缀或降低峰均信噪比的 OFDM 非线性系统中，深度学习网络的无线通信系统性能比传统的通信手段提升很多。但是在深度学习网络无线通信系统中，随着信噪比的增大，信号检测的误比特率不再下降或下降不明显。另外，对深度学习网络进行训练所需要的时间较长、复杂度很大，这会影响其在实际系统中的应用效果。

参考文献[11]基于深度学习网络解决多入多出（Multiple-Input Multiple-Output，MIMO）无线通信系统的信号重建问题。其在最大似然法基础上加入梯度下降学习策略，生成一个深度学习网络，提出了信号检测算法 DetNet（Detection Network）算法。NeevSamuel 等人在时不变信道和随机变量已知的时变信道两种情况下，对 DetNet 进行了性能测试，仿真结果表明 DetNet 算法性能优于传统的信号检测算法 AMP（Approximate Message Passing）算

第 4 章 智能网络与协同

法,而且与 SDR(Semidefinite Relaxation)算法性能相当,具有极高的准确性和极小的时间复杂度。

在频分复用网络中,MIMO 系统的基站需要获得下行链路的 CSI 反馈来执行预编码及实现性能增益。然而 MIMO 系统中的超多天线造成过量的反馈负载,因此传统的 CSI 反馈负载降低方法不再适用于此场景。参考文献[12]提出基于卷积神经网络的 CSI 编码与译码算法的 CsiNet(CSI Encoder and Decoder Network)。CsiNet 由编码器和译码器两部分组成,编码器主要完成 CSI 的感知,利用卷积神经网络将原始 CSI 矩阵利用 CNN 转化为码本;译码器主要完成 CSI 信号的恢复,利用全连接网络和卷积神经网络将接收到的码本恢复成原始的 CSI 信号。编码器网络由 32×32 输入层、两个 3×3 卷积核、1×N 重建层和一个线性的 1×M 全连接层组成。译码器网络由 1×M 输入层、1×N 和 32×32 重建层、两个 4 层 3×3 卷积层组成。

在参考文献[12]基础上,Tianqi Wang 等人[13]提出一种基于长短期记忆网络(Long Short-Term Memory,LSTM)的实时 CSI 反馈算法 CsiNet-LSTM 算法。CsiNet-LSTM 算法利用卷积神经网络和循环神经网络,分别提取 CSI 的空间特征和帧内相关性特征,两者的结合进一步提升了反馈 CSI 的正确性。基于时变 MIMO 信道时间相关的特点,CsiNet-LSTM 算法能实现压缩率、CSI 重建质量及复杂度之间的折中。相比于 CsiNet 算法,CsiNet-LSTM 算法以时间效率换取了 CSI 的重建质量。但是,这两种算法均依赖大量 CSI 数据进行离线训练,算法复杂度较高且泛化性能需要进一步验证。

参考文献[14]基于深度学习网络提出一种信道解码算法。其将解码功能模块视作一个端到端黑盒模型,实现了从接收码字到信息比特的转换。本算法的性能虽然略优于传统方法,但是模型训练次数呈指数上升,深度学习网络时间复杂度相当高,并且一旦码长变化,深度学习网络需要重新调整输入/输出,并重新进行训练,在实际无线通信系统中,具有很大的局限性。与参考文献[14]不同,在传统极化码迭代解码算法基础上,Sebastian Cammerer 等人[15]提出一种分离子块的深度学习极化码解码网络。该深度学习网络由两个步骤实现:首先将原编解码分割成 M 个子块,然后分别对各子块进行编码/解码,其中,子块解码过程采用深度学习网络,子块的引入有效解决了码长过长造成的解码复杂度过高的问题;然后利用置信传播解码算法连接各子块。由于置信传播解码算法与子块的深度学习连接可以并行处理,因此本文提出的解码算法是一个高度并行的解码算法,与传统

算法相比，算法时间复杂度明显降低；与参考文献[14]中的解码算法相比，该算法在训练次数和网络结构上的复杂度均大大降低。

参考文献[16]利用深度学习网络替代物理层的处理模块，提出了一个点对点无线通信系统模型。其提出的基于深度学习网络的端到端无线通信系统考虑硬件实现时各种不确定因素的影响，并进行时延、相位等方面的补偿，在系统实现时进行两个步骤的模型训练。第一步为随机信道下的发送、信道与接收深度学习网络的训练。在第一步训练参数的基础上，第二步在真实信道下进行第二次训练，对训练的网络参数进行微调，使得整个系统的性能进一步提升。时延和相位补偿均等因素都考虑到信道模块的深度学习网络训练中。在接收模块中，接收信号特征提取和相位补偿由深度学习网络替代，两个网络训练结果串联起来输入接收网络中。这种基于深度学习网络的无线通信系统充分考虑了真实信道下的时变性，系统性能与传统无线通信系统性能具有可比性。

在实际无线通信系统中，瞬时CSI很难准确获取，而且随着时间和位置的改变不断变化，这会造成端到端的无线通信系统在反向传播计算梯度时由于信道未知而无法进行。参考文献[17]提出了一种不依赖任何信道的先验知识的端到端无线通信系统。这个无线通信系统采用生成式对抗网络（Generative Adversarial Networks，GAN）模拟无线信道影响。为了克服信道的时变性，发送端的编码信号和导频数据的接收信号都作为条件信息的一部分。此无线通信系统发送模块和接收模块各由一个深度学习网络代替，GAN作为发送模块与接收模块的桥梁，使得反向传播顺利进行。发送深度学习网络、接收深度学习网络、信道生成GAN相互迭代进行训练，最终得到全局最优解。此方法打破了传统模型化的无线通信模式，用编码、信道、解码过程代替原先的无线通信系统结构，编码、信道、解码部分均用深度学习网络实现，是一种全新的无线通信系统实现思路。然而，多个深度学习网络需要依赖大量的训练数据，并且对数据的质量要求很高，一旦环境或硬件通信系统发生改变，数据往往需要重新采集。

2. 基于数据模型双驱动的接入与传输技术

参考文献[18]提出LDAMP（Learned Denoising-based Approximate Message Passing）网络来解决在天线阵列密集、接收机配备的射频链路受限大规模MIMO波束毫米波场景下的信道估计问题。LDAMP网络将信道矩阵视作二

第 4 章 智能网络与协同

维图像并作为输入,并将降噪的卷积神经网络融合到迭代信号重建算法中进行信道估计。在 LDAMP 网络中,降噪器由具有 20 个卷积层的卷积神经网络实现,它不是直接从含有噪声的信道图像中学习信道图像,而是先学习残余噪声,然后通过相减操作获得信道估计的图像,对比其他降噪技术,降噪器解决高斯降噪问题的准确度更高、速度更快。

参考文献[19]提出了一种基于深度学习的信道估计器,其中,估计的信道向量为条件高斯随机变量,协方差矩阵具有随机性。如果协方差矩阵具有特普利兹特性和移不变的结构特性,则 MMSE 信道估计器的复杂度将降低很多。在信道的协方差矩阵不具备上述特性时,信道估计的复杂度将会变得很大。为了降低信道估计的复杂度,其假设采用 MMSE 的结构模型,并利用卷积神经网络对误差进行补偿。本文献提出的信道估计器在降低复杂度的基础上,保证了信道估计的准确性。

在 OAMP(Orthogonal Approximate Message Passing)迭代算法基础上,参考文献[20]结合深度学习网络,加入可调节的训练参数,提出了 OAMP-Net,进一步提升已有算法的信号检测性能。OAMP 迭代算法通常用来解决稀疏线性求逆问题,也被用于解决 MIMO 的信号检测问题。其是一种迭代算法,算法的复杂度相当高。为了进一步降低算法的复杂度,OAMP-Net 包含了多个串联层,相当于算法的迭代过程。每个串联层不仅实现了 OAMP 迭代算法的全过程,而且加入了一些可训练的参数,使得 OAMP 迭代算法更具弹性,在参数改变时,不仅能适应更多的信道场景,而且可以实现与其他算法模型的转换。

4.1.5 时间敏感网络

时间敏感网络(Time Sensitive Networking,TSN)标准是 IEEE 802.1 工作组中的 TSN 任务组开发的一套协议标准。该标准定义了以太网数据传输的时间敏感机制,为标准以太网增加了确定性和可靠性,以确保以太网能够为关键数据的传输提供稳定一致的服务质量。TSN 可在异构环境中实现实时通信,可以被广泛用于各种不同的应用中,包括音频/视频(A/V)、汽车、移动网络基站与能源生产等领域。

1. 以太网的诞生

以太网技术起源于施乐帕洛阿尔托研究中心(PARC)的先锋技术项

智联网

目。我们通常认为以太网是由鲍勃·梅特卡夫（Bob Metcalfe）于 1973 年提出的，当年鲍勃·梅特卡夫给他施乐帕洛阿尔托研究中心的老板写了一篇有关以太网潜力的备忘录。但是鲍勃·梅特卡夫本人认为以太网是之后几年才出现的。在 1976 年，鲍勃·梅特卡夫和他的助手 David Boggs 发表了一篇名为《以太网：区域计算机网络的分布式数据包交换技术》的文章。Ethernet V2 于 1982 年投入商业市场，很快击败了与其同期的令牌环、FDDI 和 ARCNET 等其他局域网技术并被普遍采用。以太网技术从根本上解决了在局域网内的信息互传/共享问题。然而在创建之初，以太网只考虑了一些非实时的静态信息，如文字和图片。即便是共享音频和视频，也仅限于下载和互传。

　　1982 年，第一台 CD 机在日本问世。这标志着音/视频从此由纯模拟走入了数字化。而 1996 年由互联网工程任务组（IETF）开发的 RTP（Realtime Transport Protocol）则奠定了音/视频在网络中传输的基础，也就是说，音/视频又从数字化进化到了网络化。之后的 VoIP 正是借用 RTP 技术实现了在全球互联网上的网络化数字通信。

　　那么以太网是如何工作的呢？首先我们要搞清楚以太网的工作原理。以太网是当今现有局域网采用的最广泛的通信协议标准。以太网的标准拓扑结构为总线型拓扑，使用 CSMA/CD（Carrier Sense Multiple Access/Collision Detection，带冲突检测的载波监听多路访问）技术。但目前的快速以太网（100BASE-T、1000BASE-T 标准）为了减少冲突，将能提高的网络速度和使用效率最大化，使用集线器来进行网络连接和组织。如此一来，以太网的拓扑结构就成了星状结构；但在逻辑上，以太网仍然使用总线型拓扑和 CSMA/CD 的总线技术。

　　最初的以太网是采用同轴电缆来连接各设备的，计算机通过附加单元接口（Attachment Unit Interface，AUI）的收发器连接到电缆上。目前通常使用双绞线（UTP 线缆）进行组网，包括标准的以太网（10Mbps）、快速以太网（100Mbps）、千兆位以太网（1Gbps）和万兆位以太网（10Gbps），它们都符合 IEEE 802.3。

　　以千兆位以太网（1Gbps）为例：假如说交换机的端口带宽是 1Gbps，则说明每秒可传输 1000 000 000 个二进制的位。大家一定要注意，以太网中所有的传输都是串行传输，就是说在网卡的物理端口会在每一个单位时间内"写入"或"读取"一个电位值（0 或 1），那么这个单位时间对于

1Gbps 带宽来说就是 1÷1000 000 000=1ns。每 8 位（bit）相当于 1 字节（Byte）。多字节（Byte）可以组成一个数据帧。以太网传输数据是以帧为单位的。以太网规定每一个数据帧的最少字节有 64 字节，最多字节有 1518 字节。实际上，每个数据帧之间还会有一个 12 字节的间隔。

1982 年 12 月 IEEE 802.3 标准的发布，标志着以太网技术的起步。与以太网不同，确定性以太网（Deterministic Ethernet）的目标是使以太网能够更好适用于具有实时性和容错性的应用。IEEE 802.1 为局域网（LAN）和城域网（MAN）的一般架构提供了标准，与 IEEE 802.3 结合起来，为以太网交换机提供了一个工作标准。以太网音/视频桥接（AVB）协议族的出现，使 IEEE 802.1 跨入实时通信领域，时间敏感网络（TSN）协议族的产生，使 IEEE 802.11 走进了硬实时和可靠通信的领域。下面我们具体介绍 AVB 技术和 TSN 技术。

2．以太网音/视频桥接（AVB）技术

用户对以太网上多媒体应用的需求日益增加，而以太网原本只设计用于静态非实时数据（如文字和图片）的信息互传和共享，实时性并未作为重要的考虑因素。尽管传统二层网络已经引入了优先级机制，三层网络也已内置了服务质量（QoS）机制，但由于多媒体实时流量与普通异步 TCP 流量存在资源竞争，导致了过多的时延和抖动，使得传统的以太网无法从根本上满足语音、多媒体及其他动态内容的实时数据传输需求。

2005 年 11 月，IEEE 802.1 工作组正式成立了 IEEE 802.1AVB 以太网音/视频桥接工作组（Audio/Video Bridging Task Group），着手研究制定一系列协议，在保持完全兼容现有以太网体系的基础上，对现有的以太网进行功能扩展，通过保障带宽（Bandwidth），限制延迟（Latency）和精确时钟同步（Time Synchronization），支持各种基于音频和视频的网络多媒体应用。AVB 关注于增强传统以太网的实时音/视频性能，同时又保持了 100%向后兼容传统以太网，是极具发展潜力的下一代网络音/视频实时传输技术。在随后的几年里成功解决了音/视频网络中数据实时同步传输的问题。这一点立刻受到来自工业领域人士的关注。下面简要介绍 AVB 的基本原理。

实时音/视频流恰好是沿等长的时间间隔发布数据的。如图 4-3 所示，比如，一个 24 比特 48K 采样的专业音频通道，每个采样的时间间隔是 20.83μs。如果按照每 6 个采样封装成一个数据包，那么每个数据包的固定

间隔就是 125μs。每个数据包由两部分组成：数据报头（74 字节）+音频通道采样数据（24 字节×通道数）。

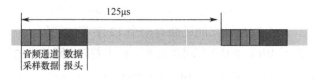

图 4-3　实时音／视频流示意图

我们希望看到的是每个数据流都尽可能按照时间顺序排序，从而有效避免不同数据流在同一通道中传输时产生重叠，进而提高带宽的利用率。为了避免带宽重叠，所需要做的就是将几个不同的音频流进行流量整形（Traffic Shaping），以达到可靠交付的目的。

比如在一个带宽里，有非实时数据和 3 个实时数据流，如图 4-4 所示。未经整形的带宽极易产生重叠。

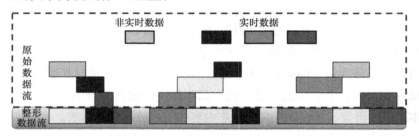

图 4-4　非实时数据和 3 个实时数据流

而经过流量整形，每个流所占的带宽处于同一个时间节点。所有的非实时流可以见缝插针，提高对带宽的占用率。这就是 AVB 的基本原理。

AVB 不仅可以对发送端如各种音／视频设备的网络端口进行流量整形，还可以对交换机中的每个转发节点进行整形，从而确保每个音／视频流只占用各自相应的带宽而不对其他数据产生影响。

由于以太网的发明时间太早，并没有考虑实时信息的传输问题。尽管 RTP（Real-time Transport Protocol）能在一定程度上保证实时数据的传输，但并不能为按顺序传送数据包提供可靠的传送机制。因此，想要对所有的数据包进行排序，就离不开对数据的缓冲（Buffer）。但一旦采用缓冲的机制，就会带来新的问题——极大的时延。换句话说，当数据包在以太网中传输时，从不考虑时延、排序和可靠交付。这时，建立可靠的传送机制就成了摆在技术人员面前的首要问题。解决这些问题的方法，我们可以简要概括成以下几点。

（1）必须采用基于 MAC 地址的传输方式（即二层传输），或采用基于 IP 地址 UDP 的传输方式，从而减小数据包的开销并降低传输时延。

（2）由于二层传输和 UDP 均不属于可靠交付，因此必须依靠 QoS 来尽可能保障可靠交付。

（3）所有数据包需要有时间戳（Time Stamp），数据抵达后根据数据包头的时间戳进行回放。因此各网络终端设备须进行时钟同步，也就是通常所说的时钟校准。

（4）数据包被转发时需采用队列协议按序转发，从而尽可能做到低时延。

3．TSN 标准

正如上述分析，通用以太网是以非同步方式工作的，网络中任何设备都可以随时发送数据，因此在数据的传输时间上既不精准也不确定；同时，广播数据或视频等大规模数据的传输，也会因网络负载的增加而导致通信的延迟甚至瘫痪。因此，通用以太网技术仅解决了许多设备共享网络基础设施和数据连接的问题，并没有很好地实现设备之间实时、确定和可靠的数据传输。

2012 年，AVB 任务组在其章程中扩大了时间确定性以太网的应用需求和适用范围，并同时将任务组名称改为现在的"TSN 任务组"。所以，TSN 标准其实指的是在 IEEE 802.1 标准框架下，基于特定应用需求制定的一组"子标准"，旨在为以太网协议建立通用的时间敏感机制，以确保网络数据传输的时间确定性，如图 4-5 所示。而既然是隶属 IEEE 802.1 下的协议标准，TSN 标准就仅仅是关于以太网通信协议模型中的第二层，也就是数据链路层（更确切地说是 MAC 层）的协议标准。请注意，是一套协议标准，而不是一种协议，就是说 TSN 标准将会为以太网协议的 MAC 层提供一套通用的时间敏感机制，在确保以太网数据通信的时间确定性的同时，为不同协议网络之间的互操作提供了可能性。

1）TSN 标准之技术内容

TSN 标准中涉及的技术内容非常多，如表 4-3 所示，在协议实施时并非每一种都要用到。

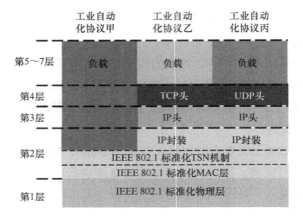

图 4-5 TSN 协议栈

表 4-3 TSN 标准涉及的主要技术内容

优先级	需求	项目	2015	2016	2017
1	Network Timesync with Static Config（静态配置的网络同步）	AS-Rev	是	是	是
1	Scheduling（调度）	Qbv	是	是	是
1	Centralized Config（集中配置）	Qcc、Restconf / Netconf	是	是	是
2	Seamless Redundancy Including Timesync（包括时间同步的无缝冗余）	CB、ASrev	是	是	是
2	Ingress Policing Including BE Limiting（流量策略与恶意装置限制）	Qci	是	是	是
2	Frame Preemption（帧抢占）	Qbu	否	否	是
2	L3support（支持网络层）	Qcc	否	否	是
3	Cyclic Schedule（循环调度）	Qch	否	否	TBD 待定
3	Credit Based Shaper（基于信用的整形器）	Qav	否	否	待定
3	Stream Management（SRP）（流预留）	Qat	否	否	待定
—	ISIS（路径控制与预留）	Qca	否	否	待定

其中，对于工业制造领域来说，比较重要的部分主要包括以下几个方面。

- IEEE 802.1AS-Rev：网络同步，确保连接在网络中各设备节点的时钟同步，并达到微秒级的精度误差。
- IEEE 802.1Qbv：时间感知调度程序，为优先级较高的时间敏感型关键数据分配特定的时间槽，在规定的时间节点，网络中所有节点都必须优先确保重要数据帧的通过。将其与 IEEE 802.1Q 中定义的优先级类别相结合,可以最大限度地减少出口端口中的关键数据排队延迟。

- IEEE 802.1Qcc:网络管理和配置,用于实现对网络参数的动态配置,以满足设备节点和数据需求的各种变化。
- IEEE 802.1CB:为保障可靠性进行帧复制和消除,无论是发生链路故障、电缆断裂还是其他错误,均能强制实现可靠通信。此选项确保关键流量的复本在网络中能以不相交集的路径进行传送,只保留首先到达目的地的任何包,从而实现无冗余。
- IEEE 802.1Qci:流量控制,用于避免流量过载的情况(可能由于端点或交换机上的软件错误)影响接收节点。流量限制也可能用于阻挡恶意攻击。
- IEEE 802.1Qbu:帧优先,发送队列的优先级控制,帧抢占。
- IEEE 802.1Qch:循环调度和整形。
- IEEE 802.1Qca:路径控制和预留。

在 TSN 标准的制定过程中,IEEE 负责 802 架构体系中的网间互操作、安全性和整体网络管理等方面的标准制定和应用推荐,目前正在落实完成剩余的 TSN 子标准。除此以外,还有很多独立的第三方组织也参与到了 TSN 标准的测试、推广、产品认证等各项工作中。

例如,AVnu 行业联盟和工业互联网联盟(Industrial Internet Consortium,IIC)。AVnu 是一个行业联盟,成立于 2009 年,一直致力于建立和推广 IEEE 802.1 音/视频桥接(AVB)网络标准,为各种使用开放标准的应用方案中的时间精确性和低延迟特性部分提供认证服务,以确保其满足 TSN 网络元素的合规性和互操作性要求。Broadcom、Intel、Cisco、Biamp、Harman 均属于该组织的成员。该组织建立了一整套一致性测试流程,从而确保所有基于 AVB 网络架构的音/视频设备之间的兼容性和互通性。联盟成员一同致力于将 TSN 标准应用于 ProAV、Automotive、ConsumerElectronics 及 Industrial。一旦厂家的产品通过了 AVnu 的严格测试,就可以在其产品上使用 AVnu 的标志。目前已经完成了运营理念的论证,并已经在 2017 年开始了设备的认证工作。

IIC(工业互联网联盟)成立于 2014 年,是由 AT&T、思科(Cisco)、通用电气(GE)、IBM 和英特尔(Intel)宣布成立的一个新的工业无线网络组织。IIC 整合了相关组织和技术资源,一方面为组织成员提供测试平台,另一方面则帮助推进 TSN 标准在各行业的应用。

智联网

目前有很多来自各行业的产品和服务供应商都已经加入了该组织中。2017下半年以来，不少厂商开始就其产品在TSN技术上的进展发表声明，甚至直接演示或发布了一些有关TSN技术的产品和解决方案。例如：

- EtherCAT组织发表了关于TSN技术的白皮书。在白皮书中，EtherCAT利用的TSN方式并不是将两种技术混合，而是定义了为使用TSN高速通道所做的适应性改变——ETherCATTSN通信行规。通过利用TSN，多个工业控制器可以通过以太网与多个不同的EtherCAT网段进行实时通信。在此过程中，无须对EtherCAT从站设备进行更改；具有所有高性能特性的EtherCAT设备协议将被完整保留。TSN标准还扩展了用于控制设备之间通信的EtherCAT自动化协议（EAP），从而在控制层更具有确定性。

- Beckhoff发布了其首款TSN桥接通信模块EK1000；

- NI发布了多款集成TSN技术的控制器，如CompactDAQ、CompactRIO等；

- PI组织宣布将在新的ProfiNet协议中使用TSN技术；

- SERCOS在SPSIPCDrive上展示了由TSN交换机桥接组成的Rexroth运动控制系统；

- SIEMENS已经确定在汉诺威展会上演示基于TSN标准的OPCUAPub/Sub技术在控制层（如机器人）的应用；

- 包括ADI、瑞萨、TI等在内的芯片厂商，以及包括华为、CISCO、BELDEN等在内的网络设备提供商，都在不同场合演示说明了目前TSN技术的发展状况以及各自在该技术上的能力；

- ……

值得一提的是，除了上述这些TSN技术相关组织，一些制造业的自动化产品厂商（如B&R）还在去年成立了一个称为OPCUATSNShaper的会议组织，旨在共同推广基于TSN标准的OPCUA标准。

这并不难理解，因为TSN标准仅为以太网提供了一套MAC层的协议标准，它解决的是网络通信中数据传输及获取的可靠性和确定性的问题。如果要真正实现网络间的互操作，还需要一套通用的数据解析机制，这就是OPCUA标准。通俗意义上讲：TSN标准解决的是参考模型中1～4层的事情，OPCUA标准解决的是5～7层的事情；也就是说，TSN标准解决的是数据获得的问题，OPCUA标准解决的是语义解析的问题。

第 4 章　智能网络与协同

综上所述，TSN 技术为所有工业以太网在协议第二层（MAC 层）提供了相互联通／融合的机会，它有能力在协议第二层提供网络间的互操作性，从而帮助实现真正意义上的网络融合；TSN 标准可以应用于现有的工业以太网协议，如 PROFINET、EtherNet／IP、SERCOS、POWERLINK 等，以帮助其获得：更广泛、优质的硬件支持；协议第二层互通融合的实时通信模型；网络带宽的提升，实现千兆位（甚至更高带宽）以太网等。

2）TSN 应用

IEEE 802.1 任务组在 2012 年 11 月的时候正式将 AVB 更名为 TSN（Time Sensitive Network，时间敏感网络）。也就是说，AVB 只是 TSN 中的一个应用。那么 TSN 究竟有哪些应用呢？

第一个应用就是专业音／视频（ProAV）领域。在这个应用领域强调的是主时钟频率。也就是说，所有的音／视频网络节点都必须遵循时间同步机制。

第二个应用是汽车控制领域。目前大多数汽车控制系统非常复杂。例如刹车、引擎、悬挂等采用 CAN 总线。而灯光、车门、遥控等采用 LIN 系统。娱乐系统更是五花八门，有 FlexRay 和 MOST 等目前的车载网络。实际上，所有上述系统都可以用支持低时延且具有实时传输机制的 TSN 进行统一管理。可以降低给汽车和专业的音／视频设备增加网络功能的成本及复杂性。

第三个应用是商用电子领域。例如，你在家中就可以通过无线 Wi-Fi 连接任何家中的电子设备，实时浏览音／视频资料。

最后一个应用也是未来最广泛的应用。所有需要实时监控或是实时反馈的工业领域都需要 TSN。如机器人工业、深海石油钻井及银行业等。TSN 还可以用于支持大数据的服务器之间的数据传输。全球的工业已经入了物联网（Internet of Things，IoT）的时代，毫无疑问，TSN 是改善物联网互联效率的最佳途径。

4.2　智能网络抗毁技术

网络抗毁性衡量的是系统可持续、稳定提供可靠服务的能力。网络抗毁性分为狭义抗毁性与生存性，狭义抗毁性指的是网络应对自然灾害或人为攻击等外在破坏因素时可持续、稳定提供服务的能力，衡量的是网络受

到外部破坏时的可靠性，最早应用于军事与电力领域。事实上，多数网络如电力网络、物流网络、计算机网络等，只需要破坏少数关键链路或节点就可以影响整个网络运行进程。例如，在电力网络运行过程中，少数关键变电设施发生故障，其影响将瞬间波及全网。在军事后勤保障网络中，对关键港口或机场展开攻击，将导致整个后勤供给受到威胁，进而可能影响战争的进程。网络生存性是指网络应对诸如能量耗尽与软／硬件故障等自身内部失效情形时的可靠性。在商用环境中，网络生存性表现为网络中部件（节点和链路）的自然失效。特别是伴随人类社会网络化程度的加深，频繁发生的网络事故给人们的工作和生活带来了诸多的不便甚至干扰，因此引起了人们的广泛思考。这些网络到底有多可靠？一些微不足道的事故隐患是否会导致整个网络系统的崩溃？在发生严重自然灾害或敌对势力蓄意破坏的情况下，这些网络是否还能正常运行？这些也正是网络抗毁性研究所需要面对的问题。而随着智能体系统的普及和各种智能算法的成熟，网络抗毁性的研究又面临着新的机遇与挑战。

4.2.1 研究趋势与存在的问题

1．研究趋势

当前网络抗毁性研究主要关注以下三个科学问题[21]：

（1）造成网络节点失效的原因有哪些？

确定网络节点失效的原因是研究其网络抗毁性的前提，该问题等价于无线传感器网络抗毁性研究中包含哪些具体策略与失效情形。由于网络节点在不同的失效情形下表现出明显的差异性，因此确定网络节点所在任务场景中网络失效的原因，并对其进行数学建模，使其尽可能贴近真实场景，是我们首先需要重点关注的问题。

（2）如何度量网络的抗毁性？

抗毁性测度是研究网络抗毁性的基础。需要通过分析网络的特点来构建网络抗毁性度量参数，并综合利用图论、概率论、统计物理等理论和方法建立网络抗毁性的解析模型或仿真模型。

（3）如何提升网络的抗毁性？

这个问题是网络抗毁性研究的目标，需要以抗毁性度量参数为基础，通过对网络宏观与微观结构属性、静态与动态行为的定性和定量分析，确定属性与行为间的相互关联特征，探索研究网络各种属性与行为对抗毁性的影响，明确网络应具备的抗毁性要素，为网络抗毁性的设计、优化提供理论依据。

布置在恶劣环境中的无线传感器网络（Wireless Sensor Networks，WSN）常会因为人为入侵或自然灾害等外部原因导致节点失效。与此同时，WSN 中节点通常采用移动电源供电，成本受限或部署环境恶劣等原因常导致节点能量快速耗尽或软／硬件故障而无法正常工作。失效节点将造成网络连通性与覆盖度下降，并进而导致全局网络受损[22-24]。伴随网络智能应用的日益广泛与深入，人们对网络智能抗毁性的要求也越来越高。

当前及今后的研究趋势将主要在以下几方面。

（1）考虑节点自主移动性的智能体组成的网络抗毁性研究。智能体组网的一个主要特点就在于节点的自主移动能力。相对于节点不能自由移动的网络，动态节点会导致网络拓扑与路由不确定性上升，如何降低这种不确定因素对网络抗毁性能的影响是未来亟待解决的关键问题。另外，动态节点的加入也为提升网络抗毁性提供了新的可能，如何利用节点移动性达到改善网络抗毁性的目的值得进一步探索。

（2）复杂场景中的智能网络抗毁性研究。网络抗毁性问题的实质是提升网络抵御复杂外部环境因素影响的能力。在当前研究中，通过引入环境因素影响、人为攻击与节点故障等情形，所得网络模型较以往研究更为接近真实场景，但对于更加复杂的场景仍稍显不足。如何将诸多复杂因素通过智能方法引入网络抗毁性建模，将是下一步深化网络抗毁性研究的主要方向。

（3）网络抗毁行为智能演化机理研究。当前针对大规模网络中的微观或局部结构仍缺乏深入认识。当前复杂网络理论的快速发展为突破这一认知瓶颈提供了有利契机。如何借助复杂网络理论，从网络聚类、社团结构等特征属性入手，采用智能方法探寻网络抗毁行为的内在时空演化规律将是提升网络抗毁性研究水平的重要理论方向。

2．存在的问题

抗毁性问题是当前网络研究领域的热点与难点。然而，目前绝大多数相关研究所采用的无线传感器网络理论模型与真实应用场景存在明显差异，从而导致所得理论成果难以直接转化为实际应用。另外，目前多数相

关研究聚焦于网络静态特征，缺乏对网络动态抗毁行为的认知。总体而言，当前研究中存在以下问题。

（1）抗毁问题的实质是提升网络应对外部环境突发事件的能力。当前研究并未过多考虑环境因素（如温度、湿度、电磁干扰等）对网络性能的影响，使得所的理论成果难以应用于实际。事实上，一方面，通过在网络建模过程中引入外部环境因素，并在抗毁性能提升方法设计过程中充分考虑这些因素所带来的影响，能够使理论成果尽可能接近真实情形；另一方面，环境因素的存在也为改善网络抗毁性能提供了有益的思路。例如，利用智能节点所采集的环境数据实现消息路由对危险环境区域的规避等。因而，如何充分利用外部环境条件提升网络抗毁性是需要关注的重点问题。

（2）现有网络级联失效研究对象均为对等平面结构，即网络内所有的节点角色、功能均完全一致。在现实情形中，由于网络规模巨大且对能耗、耗时等性能指标具有较高要求，无线传感器网络多采用典型分簇结构进行数据采集与传递，使得现有级联失效研究成果对于此类普遍情形并不实用。因此，如何针对网络结构设计级联失效模型是开展相关研究的首要关注问题。除此之外，目前级联失效研究的重点在于评估不同网络拓扑类型抑制级联失效发生的能力，并不涉及如何提升现有网络级联失效的抗毁性。但在现实应用中，当发现网络级联失效抗毁性不足时，如何提出合理、有效的级联失效抗毁性提升方法才是级联失效研究应该关注的核心问题。

（3）当前无标度拓扑演化模型研究多将对等平面结构或簇间结构作为演化对象，并未涉及包含簇内成员节点在内的完整分簇结构，使得所生成的无标度拓扑与真实情形存在明显差异。除此之外，现有模型仅将提升拓扑容错性能作为演化目标，并未考虑无标度网络度分布一致性所导致的能量空洞问题，使得所生成的网络拓扑在网络生命周期等关键性能指标上难以满足实际的应用需要。

4.2.2　网络受损类型

网络受损类型是指从网络角度，依照网络受损行为发生的概率分布与功能性特征，对网络受损类型进行划分，包含随机性受损与被选择性受损。可从节点失效角度，考虑个体节点物理属性，分析造成网络受损的起因，受损起因包含能耗失效、故障失效与攻击失效。

1. 受损分布

随机性受损[25,26]指的是由人为失误、软件漏洞、硬件故障或者环境变化等各种随机因素引起的物理设备损坏或软件故障所导致的网络受损类型。假定网络有 N 个节点,随机移除 $N \times f$ 个节点,其中,f 表示节点移除比例,这就是所谓的随机性受损。

被选择性受损[27]是指基于所获取的网络局部或全部信息,按照节点重要程度选择受损目标对网络进行的破坏。通常情况下,被选择性受损是由黑客入侵或恶意破坏所导致的具有明显人为干涉特征的网络受损类型[28]。因此,如何确定节点的重要程度是研究被选择性受损的核心问题。关于节点重要程度的评估指标有很多,如度[29]、紧密度[30]、介数[31]、特征向量[32]等。

以上关于节点重要性程度的研究仍是针对网络拓扑结构,以连通性为出发点,以网络邻接矩阵为研究对象,基于图论对网络节点重要性程度进行分析,并没有考虑路由特点。在对传感器网络的研究过程中,分层分簇结构由于传输高效等优点得到广泛研究[33,34],但是其实质仍然是依据路由分簇与地理位置信息构建受损对象集合,但集合内节点的重要程度相同,不存在选择优先级,带有明显的随机特征。考虑能耗均衡,在大多数分簇协议中,由于簇头节点采用定期选举机制,分布具有明显的动态性特征。如何在动态环境下构建受损对象集合仍有待研究。

2. 受损起因

1)能耗失效

由电池耗尽所导致的节点失效是网络受损的重要原因。网络能耗通常包括节点运动能耗、计算能耗和通信能耗。与其他两种失效成因不同,能耗作为网络自身固有的物理属性,网络在运作过程中将不可避免地产生能量消耗,进而导致能耗失效。因此,对提升网络抗毁性而言,研究能耗失效的目的是在提升网络抗毁性的同时,将网络能耗降至最低。

2)故障失效

对于故障失效,一般设定故障概率,基于随机概率分布确定失效对象。事实上,由于网络节点任务分布不均,某些中心节点所承担的任务量远高于一般节点,因而造成其发生故障的概率远大于一般节点。基于该考虑,文献[35]中指出,故障失效发生的概率与节点度 k 为指数变化关系。

3)攻击失效

对于攻击失效,目前多数文献均简单地将攻击策略设定为依据节点重要性程度,从高至低依次对网络展开攻击。由于被选择性受损是节点攻击失效发生后网络受损类型的主要表现形式,因此有关节点重要性程度的确定可参照本章前段有关选择性受损的表述。在对攻击失效进行具体建模时,需要对攻击方式做出具体参数设定,通常包含攻击视野、攻击范围、攻击强度。

(1)攻击视野。

攻击视野是指网络攻击者在制定攻击策略时对网络的熟知程度。在多数文献中,都将攻击失效的前提设置为网络破坏者了解全网信息,从而能够以最具杀伤力的方式对网络展开攻击。但在很多情况下,攻击者显然只能掌握局部网络信息,并根据局部信息展开攻击。例如在军事领域,甲方只能在已渗透领域对乙方的网络基础设施展开攻击,而无法对未到达区域展开攻击。因此制定攻击策略时,需要对攻击视野进行具体设定。攻击视野的选择属于典型的不完全信息条件下的区域信息确定性问题[36]。人们称所有已被获取信息节点的集合为已知位置区域,称所有未被获取信息节点的集合为未知位置区域。Xiao[37]等基于局域信息提出一种基于路由表的攻击策略,攻击者不需要掌握网络全局信息,仅依据所持有的邻域路由信息对邻域节点展开攻击。Xia[38]则根据已掌握网络局部信息对全局网络拓扑进行合理估计,并以此为依据制定攻击策略。Holme[27]基于上述考虑,按照网络信息的更新程度,将网络攻击者分为仅掌握初始网络拓扑信息的攻击者和实时掌握网络拓扑信息的攻击者两类,并分别选取度和介数构建选择策略,主要有:

- ID 移除策略。对初始网络按照节点的度大小顺序来移除节点或边。
- IB 移除策略。对初始网络按照节点的介数大小顺序来移除节点或边。
- RD 移除策略。每次移除的节点都是当前网络中节点或边的度最大的节点。
- RB 移除策略。每次移除的节点都是当前网络中节点或边介数最大的节点。

(2)攻击范围。

攻击范围是指执行单次攻击行为时所波及的范围。按攻击范围不同,攻击一般包含单点攻击与区域攻击。多数研究中均将攻击范围设定为单点攻击，即每次攻击行为仅破坏单个节点或单条链路。但事实上，在多数真实场景中（如火灾、地震等），攻击行为是区域攻击，具备典型的空间相关性特征，即攻击对象往往为某一中心点及其相邻地理区域。该类攻击失效情形被定义为地理空间关联失效[39]。Hamed[40]等最早对地理空间关联失效展开研究，并将攻击范围的形状分别设置为三角形或正方形。Liu[41]等则在此基础上对其进行扩展，提出概率区域失效模型，该模型将攻击范围的形状设定为圆形，且离圆心较近的节点失效概率明显高于距离较远的节点。考虑如爆破、地震等具备典型震源辐射特征的真实场景，该模型更为接近真实情形。以上两种方法均将失效对象限制为网络所覆盖的单一区域内的节点同时失效，Sen[42]等将该类模型归纳为单一区域失效模型，并对其进行扩展，给出多区域失效模型。由于多区域失效模型仅简单地将多个失效区域设定为覆盖范围及形状相同，且地理位置服从随机分布，具有明显的局限性。基于该考虑，Rahnamay-Naeini[43]等对网络负载进行度量，并基于泊松分布确定多个失效区域中心位置，该区域载荷越重，则被区域攻击的概率越高。

（3）攻击强度

攻击强度是指执行单次攻击行为对攻击对象的破坏程度。在多数场景中，均将移除点或边作为单次攻击失效的实现方式。但在某些特殊场景中，网络攻击仅会导致节点或边性能的衰减。考虑该情形，Ágoston[44]提出"弱攻击"概念，即网络中的边均被赋予权值，当两端节点受到攻击时，对应边的权值随之衰减，若降为 0 则边失效。Yan[45]则在此基础上，引入权系数对攻击强度进行定义，攻击强度随权系数的增加而单调递增。

值得注意的是，在研究个体节点失效行为时，常常基于以下假设：若节点发生失效，该失效不可逆转且为永久失效。显然，对于能耗失效而言，若不考虑能量补充，该失效模式为永久失效。但在其他情形下，节点失效后仍有可能恢复到正常工作状态。以攻击失效为例，考虑节点信道占用，短时间内节点无法接收数据；若信道被释放，则节点恢复正常。考虑故障失效，若节点内设有硬件或软件冗余机制，则节点在经历短时暂停工作后，即可恢复工作。基于以上原因，Masoum[46]考虑短时失效，基于离散时间马尔科夫链构建节点失效模型，即传感器节点分别被划分为状态 ON 与 OFF。当节点状态为 ON 时，在下一时刻，节点以概率 a 切换为状态 OFF，以概率 $1-a$ 保持状态 ON 不变。同理，当节点处于 OFF 状态时，则

遵循概率 b 进行状态切换。Parvin[47]则在此基础上对短时失效故障模型进行细分，分别引入妥协状态与回馈状态。对于未发生故障节点，当簇内可用节点比例超过阈值 k 时，则认定节点处于健康状态，当簇内可用节点比例低于阈值 k 时，则节点切换为妥协状态。处于妥协状态的节点以概率 m_c 转换为故障节点，以概率 l_r 进入回馈状态。在回馈状态，节点可通过重启等方式以概率 m_c 返回健康状态，若回馈失败，则节点以概率 l_r 转化为故障节点。在上述研究中，均将节点故障的发生与恢复视为简单概率事件，但在真实情形下，发生故障时长与频率和节点任务负载密切相关。

尽管当前有关网络受损类型与成因的研究众多，但是现有节点的失效模型与真实情形差异明显。因此，如何提出一种综合节点失效模型，能够涵盖攻击策略与方式选择、能耗与故障失效及时间域选择等，保证所构建的网络能够对随机受损与被选择性受损等多种网络受损类型做出准确响应，将是未来研究工作的重点。

4.2.3 网络抗毁性测度

1. 抗毁性测度的概念

当研究网络抗毁性时，我们需要针对不同节点的失效情形与网络受损类型对网络抗毁性的影响做出准确评估。当利用网络构造方法提升网络抗毁性时，需要对提升效用的好坏给出评价。网络抗毁性测度作为衡量网络抗毁性优劣的具体量化指标，一直是复杂网络抗毁性研究领域的热点。

网络抗毁性测度研究文献众多，根据网络覆盖范围的不同，网络抗毁性测度可分为局部抗毁性测度与全局抗毁性测度[48,49]，根据网络拓扑模型的不同，网络抗毁性测度可分为非赋权抗毁性测度与赋权抗毁性测度[50]。从与网络拓扑的关联性程度的角度，可以将抗毁性测度分为非拓扑性测度与拓扑性测度。

非拓扑性测度的核心思想是选取与网络拓扑无关的网络简单属性作为衡量网络抗毁能力的测度指标。常用网络属性包括剩余可用节点数量[51]、覆盖面积[52]、网络寿命[53]等。这些网络属性简单易得，因此，在许多文献中往往采用一种或几种网络属性作为衡量抗毁性测度的指标。但是网络属性难以全面、准确地反映网络抗毁性。以 WSN 中剩余可用节点数量为例，当网络遭受攻击时，若剩余可用节点数量较多，则说明该网络的节点冗余度较高。但若剩余生存节点全部局限于特定区域，则显然难以满足以覆盖面积为服务质量（Quality of Service，QoS）标准的抗毁性要求。

与仅以单一的点或边为特征提取对象的非拓扑抗毁性测度相比，基于网络拓扑的抗毁性测度以网络连通性为对象，以邻接矩阵为提取特征来源，选择图论及概率统计学等作为理论工具，能够更为全面地度量网络抗毁性。在 Albert 等人[54]2000 年发表在 *Nature* 上的关于随机网络（ER 模型）与无标度网络（BA 模型）的抗毁性经典论述中，就选取不同攻击条件下的网络最大连通簇（Giant Component）尺寸与网络规模之比、最大连通簇平均最短路径与节点移除比例的关系作为网络抗毁性测度，并在此基础上，得到在选择性攻击下，随机网络较无标度网络抗毁性更优，而无标度网络抵御随机攻击能力更强这一经典结论。1970 年 Frank 等人[55]提出的"连接度"（Node Connectivity）和"黏聚度"（Link Connectivity）被证明具有良好的抗毁性表征性能。连接度是指使网络不连通所需移除的最少节点个数，而黏聚度是指使网络不连通所需删除的最少链路数。后续有诸多学者在此基础上对连接度及黏聚度的概念进行扩展。其他抗毁性测度还包括跳面节点法[56]、基于全网平均等效最短路径数的方法[57,58]、基于自然连通度的评估方法[59]、基于拓扑不相交路径的评估方法[60]和基于连通分支数的评估方法[61]等。现在比较普遍地采用如下四个标准来衡量系统的抗毁性能[62]：

（1）健壮度。健壮度用于表示网络承受结构或功能损失的能力，即在遭受随机攻击或选择性攻击而损失节点后维持连通性的能力。衡量健壮度的标准是网络的最大连通子图规模。

（2）灵敏度。灵敏度用于表示网络提供及时与有效服务的能力。衡量灵敏度的标准是特征路径长度，即从各节点出发到达其他所有节点最短路径长度的平均值。特征路径长度反映了信息在网络中传播的速度。

（3）灵活度。灵活度用于表示网络应对拓扑动态变化的能力。衡量灵活度的标准是簇参数，即节点邻居间的边数与这些邻居间最大可能边数（即形成全连通图所需边数）之比，这一参数反映了一个节点的邻居节点间的联系性。灵活度与节点间路径的数量相关。

（4）适应度。适应度表示网络随环境变化改变自身拓扑结构以保证网络性能持续的能力。该指标评价网络在若干节点失效后，通过调整拓扑恢复性能的速度和程度，不能用静态的网络参数通过简单计算给出。

举例而言，无线传感器网络中常用的分层分簇结构就缺少抗毁能力。

特征路径长度大约与节点数量成正比,因此网络规模增长会导致灵敏度快速下降。节点的邻居节点之间没有连接,故簇参数为0,灵活度极低。

网络抗毁性测度根据研究范围和图论模型不同,种类有很多,以下是几种典型的网络抗毁测度,简要描述如下:

1)节点度

节点度揭示了复杂信息系统网络的重要结构特性,可以用来衡量该节点的重要性。通常,将与该节点直接相连的节点数目定义为节点度的值,其值的大小反映了节点和邻居节点之间的关系。针对复杂信息系统网络 $G=(A,E,V_A,V_E)$,网络 G 中节点 i 归一化后的节点度计算公式定义为

$$D(i) = \frac{d(i)}{\sum_{j=1}^{N} d(j)}$$

式中,N 为网络节点数目,$d(i)$ 为节点 i 的节点度。

2)介数

介数通常分为点的介数和边的介数。点的介数用来表示经过该节点的最短路径数目占全网最短路径总数的比值,可以表示为

$$B_i = \frac{2}{N(N-1)} \sum_{s<t} \frac{\delta_{st}(i)}{n_{st}}$$

式中,N 为网络节点数目;$\delta_{st}(i)$ 表示对于网络中任意两点 s 和 t,经过中间节点 i 的最短路径数;n_{st} 为 s 和 t 之间存在的所有最短路径。介数的取值为 $B_i \in [0,1]$。节点的介数衡量节点在网络中的重要性程度,值越大,其重要性程度就越高;如果网络中所有节点的介数较均匀,则表明整个网络扁平化程度越高,网络传输效率也会越高。

3)介数中心度

假设任意两个节点 $i,j \in V$,节点对 s、t 之间跳数最少的路径称为其最短路径。显然,节点 i 和 j 之间的最短路径可能不止一条。设 σ_{st} 表示节点 s、t 之间最短路径的数量,$\sigma_{st}(V(i))$ 表示节点对 s、t 之间经过节点 $V(i)$ 的最短路径的数量,则复杂信息系统网络 G 中节点 $V(i)$ 的介数中心度定义为

$$B(V(i)) = \sum_{s \neq v_i \neq t \in V} \frac{\sigma_{st}(V(i))}{\sigma_{st}} = \sum_{s \neq v_i \neq t \in V} \delta_{st}(V(i))$$

归一化处理后,第 i 个节点 $V(i)$ 的介数中心度为

$$B'(V(i)) = B(V(i))/\sum_{j=1} B(V(j))$$

4）平均路径长度

复杂信息系统网络抗毁性关键技术研究的路径长度是指从其中一个节点出发到达另一个节点所要经过的连边的最少数目。而网络的平均路径长度指的是网络中所有节点对之间距离的平均值，也称为特征路径长度，其计算公式为

$$L = \frac{2}{N(N-1)} \sum_{i=1}^{N} \sum_{j=i+1}^{N} d_{ij}$$

网络效率为平均路径长度的倒数。网络效率从网络的信息传输路径角度来衡量指控网络的抗毁度。当网络受到攻击时，效率越高，网络抗毁性能越好。

5）平均聚集系数

平均聚集系数指的是在网络中，与同一个节点连接的两节点之间也相互连接的平均概率，该系数通常用来度量网络的聚集性，可以表征网络的局域结构性质。假设无向网络中节点 v_i 的度为 k_i，这 k_i 个节点间可能存在的最大连接边数为 $k_i(k_i-1)/2$，若实际上这 k_i 个节点存在的连接边数为 M_i，则由此定义节点 v_i 的聚集系数为

$$C_i = 2M_i / [k_i(k_i-1)]$$

对于有向网络，这 k_i 个节点间可能存在的最大连接边数为 $k_i(k_i-1)$，此时节点 v_i 的聚集系数为

$$C_i = M_i / [k_i(k_i-1)]$$

假设网络节点数目为 N，则可得网络平均聚集系数为

$$C_i = \frac{1}{N} \sum_{i=1}^{N} C_i, 0 \leqslant C \leqslant 1$$

6）特征向量

特征向量考虑了邻居节点数量对节点重要性的影响。记 x_i 为网络 G 中节点 v_i 的重要性度量值，则特征向量 $\mathbf{EC}(i)$ 为

$$\mathbf{EC}(i) = x_i = c \sum_{j=1}^{n} a_{ij} x_j$$

式中，c 是一个比例常数，a_{ij} 是邻接矩阵 A 中的元素，x_i 是节点 v_i 邻居节点的重要性度量值。

初始化各节点重要性 x_i 为 1，通过递归求解直至 x_i 不再变化为止，所得结果即为各节点的特征向量。网络 G 节点特征向量为 $x = [x_1, x_2, \cdots, x_n]^T$ 则上式稳态形式可写成：

$$\bar{x} = cAx$$

7）连通度

文献[63][64]提出了基于图的连通度的相关概念。连通度定义是：在一个具有 N 个点的图 G 中，在去掉任意 $k-1$ 个顶点后（$1 \leq k \leq N$），所得的子图仍然连通，去掉 K 个顶点后不连通，则称 G 是 K 连通图，K 被称作图 G 的连通度。表示形式如下：

$$K(G) = \min\{|V_r|\}$$

式中，$|V_r|$ 表示所需分割的节点数。

边连通度是指产生它的不连通分支所需移去的最少边数，其可表述为

$$\lambda(G) = \min\{|E_r|\}$$

式中，$|E_r|$ 表示所需的边数。连通度用来表示网络的连通程度，值越大，代表网络连通性越好，抗毁性越好。

8）网络连通系数

吴俊等[65]提出了考虑连通分支数的抗毁测度算法，其网络连通系数公式为

$$C = \frac{1}{w \sum_{i=1}^{w} \frac{N_i}{N} l_i}$$

式中，w 为网络连通分支数；N_i 为第 i 个连通分支中的节点数；N 为网络节点总数；l_i 为第 i 个连通分支的平均最短路径，即该连通分支中任意两个节点之间最短连接距离的平均值。

网络连通系数反映了抗毁性能与连通分支数的关系，可用于分析删除关键节点或关键边后网络被分割情况。网络连通系数越小，则网络被分割得越严重，抗毁性越差。

9）连通分支数

Wang 等[66]提出了考虑网络平均距离及连通分支数的抗毁测度算法，该算法将连通分支作为独立整体进行考虑，然后将各分支进行整体抗毁测度的整合。其定义的抗毁测度为

$$I = h + \frac{N-h-w}{N-h-1}\sum_{i=1}^{w} N_i / l_i$$

式中，w 为网络连通分支数；N_i 为第 i 个连通分支中节点数；N 为网络节点总数；l_i 为第 i 个连通分支的平均最短路径，即该连通分支中任意两个节点之间最短连接距离的平均值；h 表示节点之间的关联关系，当 $h=0$ 时节点之间无关联关系，当 $h=w$ 时节点之间有关联关系。

该算法认为网络抗毁性应该随着节点数的增加而提高，随着分支数的增加，网络的抗毁性应当提高。

10）层级流介数

层级流介数是指根据任意节点发送出的信息经过随意次游走，最终根据每个节点接收的信息量来确定的节点的关键度，公式如下：

$$H_n(v_i) = \sum_{j=1}^{N} \frac{H_{n-1}(v_j)}{k_j} a_{ij}$$

式中，N 为网络节点数；n 为迭代的次数且 n 不大于网络层级数；k_j 为节点 v_j 的度；$H_{n-1}(v_j)$ 为节点 v_j 前一次迭代后拥有的信息量；a_{ij} 为 G 的邻接矩阵 A 中元素。若节点 v_i 和 v_j 有边相连，则 $a_{ij}=1$；若节点 v_i 和 v_j 无边相连，则 $a_{ij}=0$。层级流介数考虑了网络拓扑特征（全局性）和网络信息游走路径（局部性），不仅降低了算法的复杂度而且获得了较高的算法精度，即节点的层级流介数可以准确描述节点的关键度。在此基础上，网络的节点关键度为

$$CV(v_i) = H_n(v_i)$$

2．复杂网络的抗毁性

大规模复杂网络常用拓扑有以下几种：

（1）随机图[67]。随机图常用来描述不具备显著特征或结构的网络。一个随机图中包含 N 个节点，任意两个节点之间以概率 p 有一条边相连。由于随机图中节点度数多集中在平均度数附近，而度数很大或很小的节点数量以指数规律减小，故可以把随机图看作同质型网络。

（2）小世界图[47]。该图由一个包含 N 个点的一维环形网格生成，该网格中每个节点与其前 K 个邻居有一条边相连。随后每条边以概率 p 更换其一个顶点，顶点在排除掉自环和重边的顶点中均匀随机选取。若 $p=0$ 则生成网格图，而若 $p=1$（即所有边重新选择顶点）则生成随机

图。该网络的簇参数在大多数 p 的取值下都较高，但当 p 接近 1 时，其表现接近随机图。

（3）无标度网络[68]。该拓扑用于描述逐渐增长所生成的网络。与随机图中每个节点都具有相同机会产生边不同，无标度网络的节点更倾向于和度数高的节点之间产生连接。节点被选择连接的概率正比于其度数。

上述三种网络拓扑的抗毁性测度如表 4-4 所示。

表 4-4 三种网络拓扑的抗毁性测度

拓扑类型	随 机 图	小世界图	无标度网络
特征路径长度	正比于 $\lg(N)$	p 较小时正比于 N，p 较大时正比于 $\lg(N)$	正比于 $\lg(N)/\lg(\lg(N))$
簇参数	连接概率 p	较高，但在 p 接近 1 时类似随机图	$((d-1)/2)\cdot\lg(\lg(N))$，其中，$d$ 是节点度数
健壮度	对随机攻击和目标攻击的反应相似	与随机图相似	对目标攻击健壮度低，对随机攻击健壮度高

为确保网络抗毁性，需要在构建网络拓扑时引入下述考虑。

（1）较短的特征路径长度。在组网时要考虑尽量减小最远节点对之间通信跳数。

（2）良好的集簇。如果两个节点相邻，则从这两个节点引出的边应倾向于选择与对方节点的邻居节点相连。

（3）面对随机攻击与目标攻击的鲁棒性。诸如无标度网络的节点度数集中类网络拓扑会包含少量关键节点和大量非关键节点，其中，节点是否关键取决于其度数大小。由于关键节点在随机攻击中被攻击的概率较低，度数集中的网络较能承受随机攻击，但同时因为少量关键节点被攻击就会遭受重大损失，故这类网络面对目标攻击表现比较脆弱。从实际出发，也无法让全部节点在网络中承担完全相同的任务，或具有完全相同的关键性。因此鲁棒性良好的网络需要处理好关键节点、较关键节点和非关键节点间的平衡。

（4）重组网络拓扑。在重组网络拓扑时，需要保证前三项抗毁特性。

尽管有关复杂网络的抗毁性测度研究，在一定程度上能够反映网络抗毁性能的优劣，但在实际运用中，仍存在一定局限：未考虑网络有效连通性，未考虑能耗敏感。以文献[69]中的网络连通系数为基础，林力伟等考虑网络汇聚特性，引入有效连通度概念，提出面向传感器网络的抗毁性测度。Xing[70]等从连通及覆盖的角度出发，通过评估基本簇单元的抗毁性来评估多级簇结构的可靠性。该文献提出的抗毁性整合了以往基于连接度的网络抗毁性和表明服务质量的覆盖率，提出一种循序渐进的方式来评估一个更具有普适性的多级簇网络。文献[71]中提出了基于删除节点后最短路径变化的评估方法，该方法只在移除节点后考量剩余网络是否仍然连通，并没有考虑对该节点的移除造成剩余节点之间最短距离变大的情况。Aboelfotoh[72]等观测到一个或多个节点的失效可能导致数据源节点与目标节点之间没有通路，或者增加到达目的节点的跳数，导致信息的延迟。该作者通过构建预期信息延迟和最大信息延迟测度，测量网络抗毁性。与之前所述的面向连通性的抗毁性测度相比，Aboelfotoh 所提测度可涵盖消息传递时延等 QoS 指标，对抗毁性能表征得更为全面。

4.2.4 网络抗毁策略

抗毁策略按照实施手段可分为路由控制、信道接入、网络重构和拓扑演化等，其中，路由控制可划归为"软优化"，即不需要硬件改动或升级，通过路由优化提升网络抗毁性能。与之相反，网络重构与拓扑演化可归纳为"硬优化"，即需要通过提升网络异质性或规模达到抗毁性优化的目的。

1．路由控制

在多数任务场景中，通常需要大规模部署网络节点，因此，在网络中存在许多冗余节点与链路。这为利用冗余机制提升网络抗毁性提供了可能。路由控制的核心思想就是利用网络冗余特性，引入备份机制，提升网络抗毁性。按照控制对象的不同，冗余机制可分为簇头冗余与链路冗余。

在簇头冗余策略中，在每个簇单元内设置多个簇头，当前簇头发生故障或能量耗尽时，由备份簇头与簇内成员节点建立通信，执行簇内数据采集、处理与转发任务。根据簇头维护机制的不同，可将现有簇头冗余策略分为以下两类。

1）分布式策略

传统方法包括 EEUC[73]和 HEED[74]等。近年来，由于视频等高流量内容在网络应用中逐渐普及，人们对网络容量和可靠性又提出了更高的要求，并出现了新的智能方法。

Samarakoon[75]等人提出优化能量效率的网络分簇方法，可以有效减少因电量耗尽造成网络受损。该方法提出一种 ON／OFF 策略，允许簇头依据

当前流量负载、用户需求和网络拓扑状态动态切换至 ON／OFF 状态。如果要求簇头能高效地动态执行 ON／OFF 切换，则簇头需要了解整个网络的信息，这会导致其负载过重。因此，该方法引入了本地智能任务协调机制以最小化簇头的负载，如此则簇头能够有效应对网络流量的动态变化。为动态保持网络吞吐率和能量效率之间的平衡，该方法还提出了新的簇间／簇内隐式协调机制，通过这一机制，各簇头可以既减小自身的能量消耗，又提升数据传输性能。由于各簇之间存在相互竞争的关系，这一关系可用非合作式博弈建模，并使用基于后悔的分布式学习算法解该博弈，各簇之间可以不经信息交换协调其传输任务。该方法还被证明可收敛到稳态分布，并达到非合作博弈 ε 粒度的相关均衡。

2）集中式策略

典型算法包括传统的 FT-DSC[76]和基于智能方法的 KBECRA[77]等，其特征是由当前簇头根据自身情况主动选择备份簇头进行轮换。

KBECRA 是基于 K-均值和 LEACH 的分簇方法，该方法存在周期轮，每轮分为两个阶段：簇建立阶段和稳定数据传输阶段。在簇的建立阶段，节点首先将自己的位置信息和能量信息发送给基站，之后基站利用 K-均值算法，将区域内所有节点进行聚类分析。利用 K-均值算法进行聚类分析的工作过程如下：①首先从 m 个节点中任选 k 个节点作为初始聚类中心；②对于其他非聚类中心，根据与这些聚类中心的相似度，分别将它们分配给与其最相似的聚类中心；③计算每个聚类中所有节点的均值；④不断重复①～③步直到标准测度函数开始收敛为止，最终每个聚类代表一个簇。LEACH 协议中簇头节点是根据随机数产生的，没有考虑节点的剩余能量和位置信息，存在一定的局限性，而且簇头节点的能效开销较大，可能造成网络的过早死亡。KBECRA 算法针对上述缺陷进行了改进，提出在簇内首先根据阈值选择辅助簇头，再根据不同的适应值选择主簇头和副簇头。辅助簇头负责告知簇内节点主、副簇头的 ID 号，主簇头将接收到的数据进行融合处理，并传输给副簇头，副簇头负责与基站进行数据传输。其中，选择主簇头的适应值一方面考虑了节点与簇内其他节点之间的距离，因为传输距离与能量的消耗密切相关；另一方面考虑了节点的剩余能量，因为主簇头在接收其他节点发送的数据时要消耗能量。在选择副簇头时，则考虑的是节点的能量和节点与基站之间的距离。除此之外，工作簇头定期向备份簇头发送冗余测试报文，若设定时长内备份簇头未接收到该报文，则认定工作簇头发生故障，由备份簇头主动接替簇头管理职能。尽管该机制运行简单，但由于备份簇头节点仍需对簇内路由及能量信息进行实时同步更新，因此在运行过程中其能量消耗仍较为明显。

冗余链路通过在节点间构建多条链路的方式，避免节点通信过度依赖单一链路的情况，从而保证当前通信链路失效时数据仍可传递至目的节点。冗余链路等价于多路径路由问题，传统方法包括 DCAR[78]（Distributed Coding-Aware Routing）、SCAR（Self-Coding-Aware Routing）[79]和 NC-RMR[80]（Network Coding based Reliable disjoint and braided Multipath Routing）。近年来，智能的路由控制方法由于能适应复杂的环境，得到了更多关注。

Saritha 等人提出的 LA-MPRLF[81]将学习自动化（LA）和粒子群优化（PSO）方法相结合。其中，LA 是自适应控制理论的一个分支，起源于有限状态自动机。LA 基于概率选择输入行为，行为的概率受环境中过程的执行影响，因此当前行为取决于过往环境的知识。LA 用 $\{a,b,c\}$ 三元组标记环境，其中，a 是动作/输出的有限组，b 是响应/输入组，c 是惩罚概率集合。根据 b 取值数可分为三类模型：如果 b 的值只在两个数内选取，则为 P 模型；如果 b 取值数超过 2 但有限，则为 Q 模型；如果 b 在连续域内随机取值，则为 S 模型。LA-MPRLF 中采用的是 P 模型，环境输出只包含"1"和"0"两个值，并采用 LA 线性强化的回报–惩罚策略，回报和惩罚的常数相等。PSO 是一种基于群体行为的方法，其基础是鱼群和鸟群的行为方式。在每次运行周期中都能得到优化的解（即粒子），剩余的粒子跟随优化粒子。用适应性函数确定粒子的适应值，并同时维护粒子适应值、组中元素最佳适应值和全部元素最佳适应值。全部元素中具有最佳适应值的解即为最优解，并通过多次迭代更新粒子的适应值。LA-MPRLF 使用深度优先搜索确定路径，并将所有可行路径看作粒子。适应性函数被用来估计路径的可靠性，并按适应值升序排列粒子，随后用 LA 将粒子分配给不同的组，组数即最终确定的路径数。

Asad 等人提出的 MP-ODMR[82]采用 LA 方法改善认知无线电网络（CRN）的抗毁性。该方法采用 CRN 常用的按需路由策略以避免主动适应动态拓扑所带来的额外负载，并采用与 AODV 相似的路由请求（RREQ）和路由应答（RREP）机制来计算通往目标节点的路径，以应对 CRN 环境中由 PU 活动所带来的路由不稳定问题。如此则每个节点都保存了通往各目标的多条路径，并选择端到端时延最优的可用路径。该方法还将信道

域引入 RREQ 和 RREP，以帮助节点之间协调信道。为提高路由效率，该方法用 LA 建模解决路由问题，其优点在于能适应动态、不可测、参数未知的环境。LA 记录下路径和信道选择，并根据环境接收的增强信号赋予其概率，随后将基于该概率做出路由与信道选择。备份路径在 CRN 中，当 PU 活动增加时，路径寿命极大缩短，每次寻找新路径的时间开销增大，导致网络性能下降。而备份路径能在较长时间内提供可靠路由，进而提升网络抗毁性。

2. 信道接入

在网络受到攻击的情形中，攻击者会与合法的网络节点竞争通信资源，因此需要合适的信道介入策略以避免干扰。

文献[83]提出一种采用生成对抗学习的信道接入方法。生成对抗学习是一种通过生成对抗网络（GAN）训练目标以提升其性能的智能学习方法[84]。GAN 模型包含生成器和判别器两个神经网络。生成器的目标是生成尽量接近真实的信息以误导判别模型，判别器的目标是区分信息的真伪，二者的精度都会在迭代训练过程中提升。

在本例中，判别器用来表示正常的 UAV（无人机），它需要防御敌对攻击并与僚机保持通信；生成器用来表示攻击者，它需要将自己伪装成正常的 UAV 并阻断 UAV 之间的通信。为保证网络的抗毁性，需要 UAV 能够在有干扰威胁的环境中接入合适的信道，与僚机建立通信。本例中基于 GAN 的博弈学习算法即用于解决在干扰威胁环境中 UAV 间建立通信的问题。

博弈学习的参与者包括两个判别器 D_s（发信方）和 D_r（收信方），以及一个生成器 G（干扰方），并将该 GAN 称为 DS-GAN。由于发信方和收信方需要共同确认一个空闲信道，故 DS-GAN 的整体目标函数可表示为

$$\min_{G}\max_{D_s,D_r} V(G,D_s,D_r) = \lambda_s \min_{G}\max_{D_s} V(G,D_s) + \lambda_r \min_{G}\max_{D_r} V(G,D_r)$$

式中，λ_s 和 λ_r 分别表示发信方和收信方的权重。

节点为了和邻居保持连接，需要尝试在不同信道发送通知消息，而这一行为会被干扰者侦测。干扰者会试图掌握节点的信道切换模式并伪造节点的身份信息。干扰者起初没有节点信道切换模式的相关信息，正常节点能以高概率顺利接入信道。然而，干扰者通过侦测和分析过往信道接入，能够逐渐了解节点的切换模式，进而基于历史观测发动干扰攻击。因此，

本例将采用条件 GAN[85]。

首先需要把信道和生成采样相关联，干扰方的目标是在所观测信道中预测并生成采样。发送方和干扰方的对抗关系可表示为

$$L_{\text{cGAN}}(G, D_s) = \min_G \max_{D_s} E_{x_s \sim p(x_s)} \lg D_s(x_s \mid y) + E_{x \sim p(x)} \lg(1 - D_s(G(z \mid y)))$$

式中，x_s 表示发送方潜在的信道切换模式 $S_s = \{c_s^t, \ldots\} (c_s^t \in C_s, s \in U)$；$U$ 是 UAV 节点的集合；y 表示上一次信道切换模式 $S_s' = \{\ldots, c_s^{t-1}\}$；$z$ 表示干扰者潜在的信道切换模式。

然而，标准的条件 GAN 存在不稳定矛盾的问题。LSGAN 模型[86]提供了平滑非饱和梯度判别器，能有效区分信息的真伪。本例将 LSGAN 和条件 GAN 相结合以实现稳定训练，再运用最小方差法，得到 D_s 和 D_r 的损耗函数为

$$L_{\text{cLSGAN}}(D_s) = E_{x_s \sim p(x_s)}[(D_s(x_s \mid y) - 1)^2] + E_{x \sim p(x)}[(D_s(G(z \mid y)) + 1)^2]$$

$$L_{\text{cLSGAN}}(D_r) = E_{x_r \sim p(x_r)}[(D_r(x_r \mid y) - 1)^2] + E_{x \sim p(x)}[(D_r(G(z \mid y)) + 1)^2]$$

式中，x_r 表示发送方潜在的信道切换模式 $S_r = \{c_r^t, \ldots\}(c_r^t \in C_r, r \in U)$。

对应的发送方视点的干扰方损耗函数为

$$L_{\text{cLSGAN}}(G) = E_{x \sim p(x)}[(D_s(G(z) \mid y))^2]$$

为强化干扰方的侦测和伪造能力，上式扩展为

$$L_{\text{cLSGAN}}(G) = E_{x_s \sim p(x_s)}[\|y - G(x_s, z)\|_1]$$

即可产生高可信度采样。

为解决次要性能矛盾，生成采样需要尽量接近真实数据。故在干扰方损耗函数基础上加入生成采样与真实数据的欧氏距离及均方误差，得到：

$$L_{\text{MSE}}(x_s, G(z; \theta)) = \|x_s - G(z; \theta)\|_2^2$$

式中，θ 的最优值可通过解下式得到

$$\hat{\theta} = \arg\min_\theta \frac{1}{T} L_{\text{MSE}}(x_s, G(z; \theta)) = \arg\min_\theta \frac{1}{T} \sum_t^T \|x_s^t - G(z^t; \theta)\|_2^2$$

综上，可得到发送方视点的干扰方最终损耗函数

$$L_{D_s}(G) = L_{\text{cLSGAN}}(G, D_s) + \lambda_1 L_{L_1}(G) + \lambda_2 L_{\text{MSE}}$$

$$= E_{x \sim p(x)}[(D_s(G(z) \mid y))^2] + \lambda_1 E_{x_s \sim p(x_s)}[\|y - G(x_s, z)\|_1] + \lambda_2 \frac{1}{T} \sum_t^T \|x_s^t - G(z^t)\|_2^2$$

式中，λ_1 和 λ_2 是平衡参数。同样，接收方和干扰方的对抗可表示为

$$L_{D_r}(G) = L_{cLSGAN}(G, D_r) + \lambda_3 L_{L_1}(G) + \lambda_4 L_{MSE}$$

$$= E_{x \sim p(x)}[(D_r(G(z)|y))^2] + \lambda_3 E_{x_r \sim p(x_r)}[\|y - G(x_r, z)\|_1] + \lambda_4 \frac{1}{T} \sum_t^T \|x_r^t - G(z^t)\|_2^2$$

式中，λ_3 和 λ_4 是平衡参数。

DS-GAN 的训练算法如下

输入：批次大小 m；迭代次数 n_G, n_D；权重 λ_s, λ_r；平衡参数 $\lambda_1, \lambda_2, \lambda_3, \lambda_4$；Adam 超参数 α, β_1, β_2；学习率 η

用 $\theta_{D_s}, \theta_{D_r}, \theta_G$ 分别初始化 D_s, D_r, G；

while $\theta_{D_s}, \theta_{D_r}, \theta_G$ 未收敛

 for $epoch_D = 1$ to n_D do

 采样信道切换模式 $\{x_s^t, y^t\}_{t=1}^m, x_s^t, y^t \subseteq S_s, s \in U$；

 采样信道切换模式 $\{x_r^t, y^t\}_{t=1}^m, x_r^t, y^t \subseteq S_r, r \in U$；

 用梯度下降法更新 D_s, D_r；

 for $epoch_G = 1$ to n_G do

 采样信道切换模式 $\{z^t, y^t\}_{t=1}^m$；

 用梯度下降法更新 G；

经过算法迭代训练，UAV 的抗干扰能力和攻击者的干扰能力得到同步提升。如果采用均方误差的经验损耗函数，干扰方能以最小代价跟踪 UAV 的信道切换模式。同样，UAV 也能准确发现攻击行为并采取适当措施避开受干扰信道。

此外，Chen 等人[87]研究了战地物联网（IoBT）的连通性维护问题，并采用子博弈完美纳什均衡应对链路故障。Abuzainab 等人[88]在研究 IoBT 的链路维护问题时发现攻击者与防卫者之间的交互可看作动态多阶段 Stackelberg 连通性博弈。文献[89]则依据 Aoyagi 的理论给出了在资源受限的军事战术网络中能够最大化任务效率的一组通信系统。文献[90]提出了一种针对干扰状态下的信道接入问题的非合作式组合博弈，该博弈能收敛到纯策略纳什均衡。文献[91]提出了一种分布式反协调方法，用以解决在无人机和 D2D 设备的共存网络中的信道干扰问题。文献[92]提出了一种基于展望理论的方法，用于研究资助攻击者行为。

路由控制和信道接入在不需要硬件改动或升级的前提下，能够借助软

件优化提升网络抗毁性能,因而在网络构建成本方面具有明显优势。但抗毁性能的提升是以通信性能的下降与计算复杂度的上升为代价的,基于该考虑,网络重构与拓扑演化等"硬优化"方法因其构建方法简单与网络综合性能良好等优势得到越来越多学者的重视。

3. 网络重构

网络重构就是在已布设网络基础上,通过在网络中引入新的基础设施,提升网络异质性,进而改善网络的抗毁性。当前网络重构方法主要包含引入中继节点与构建小世界网络。引入中继节点的实质是通过引入比普通节点更为强大的中继节点提升网络中节点的异质性。与之对应,小世界网络则借助长程连接或移动代理,构建比原有链路更为可靠的通信链路,从而提升网络中链路的异质性。

由于能耗是传输距离的非线性函数,长距离通信中网络节点耗能巨大。与普通网络节点相比,中继节点在通信与计算性能、能量储备及可靠性上表现更优。通过设置中继节点,能够有效均衡网络通信负载,改善网络能耗表现,提升网络冗余度与连通度,使得节点之间可能存在多条独立的通信路径,并最终达到提升网络抗毁性的目的。目前多数中继节点布局算法均研究如何通过布设最少数量的中继节点使网络具备 k-连通性来保证网络具有较好的容错性能。因此,一般情况下,中继节点布局算法包含两种评价指标:一是使用的中继节点数量最少,二是完成布设后通信路径最短。

小世界网络(Small-world Network)因具有良好的拓扑属性,一直是复杂网络研究领域的热点。如图 4-6 所示,在小世界网络中,绝大多数节点并不直接相连。但由于有长程连接的存在,网络中多数节点仅需经过少数几个节点即可与网络中其他任意节点建立链路。因而,小世界网络具有较大的聚类系数与较小的平均路径长度。对于能量受限的网络,降低节点之间的通信链路长度是提升网络性能的关键。因此,如果能构建具有小世界网络特征的 WSN 拓扑,则可使网络连通性较好且功耗较低。一般情况下,长程连接主要适用于静态网络拓扑环境,一旦布置好便不能移动,且易受地理位置约束。

如何使重构的网络能获得最优性能(抗毁性、时延、能耗、吞吐率等)是网络重构研究的主要问题,研究者们正采用各种智能方法来解决上述问题。

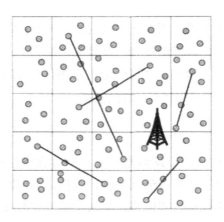

图 4-6　面向 WSN 的小世界网络构型

Kim 等人提出一种使用支撑向量机（SVM）的优化方法[93]，使得 SVM 能完全分布式地执行。文中的训练只使用低计算复杂度的一跳内节点通信，并包含了非线性 SVM。该方法在不可分、非线性场景中加入标记节点集合的凸壳操作，并在理论上分析了该操作。该方法引入削减凸壳的概念来解决不可分问题，并讨论了非线性场景中的核心空间凸壳。该方法在存储与计算过程中引入了数据融合，在完全分布式的网络连通性协调过程中降低了能量消耗，同时降低了计算复杂度。该方法分析了静态和随机拓扑的小世界网络中算法的时间收敛性能。该分布式 SVM 训练框架具备如下优点：

（1）完全分布式通信，采用基于流言的算法使得信息交换只发生在相邻节点之间，算法只需要知道一跳内的网络拓扑；

（2）保证 SVM 的收敛性，包含加入操作的本地凸壳计算，保证限定时间内收敛并给出各节点的全局最优解；

（3）可随报文长度扩展，凸壳算法可有效控制最坏情况下极值点随训练数据增加的增长量。

Pandey 等人提出一种通过节点频率选择优化重构网络的方法[94]，该方法采用约束迭代平均路径长度削减法将小世界网络特征引入常规网络。为此该文使用了频率选择算法以解决额外链路所带来的问题。该方法运用机器学习计算收发节点之间的欧氏距离，用约束迭代平均路径长度削减法确定各节点对之间的关系，最终通过频率选择确定网络拓扑。对比其他为传统网络引入小世界网络特征的非迭代算法，该迭代算法有效削减了平均路径长度

(APL)并能维持较高的聚类系数(ACC),并同时优化了本地化误差、能量消耗和带宽利用率。根据 CRLB 算法对节点定位参数分析,该小世界网络定位优于传统网络。

4. 拓扑演化

拓扑演化是指通过配置硬件参数或扩大网络规模的方式,促使现有网络拓扑向抗毁性较优的方向演化。与网络重构方法所获网络拓扑具备典型异质性特征不同,拓扑演化所得网络拓扑均为同质网络,即节点与链路间彼此不存在明显差异。当前拓扑演化方法主要包含无标度网络生长与构建 k-连通网络。无标度网络生长的实质是通过引入新增节点,借助偏好依附(Preferential Attachment)机制实现网络生长,从而保证生成网络拓扑具备无标度网络特征。k-连通网络则通过调节节点发射功率,改善网络连通性,使网络拓扑具有较好的抗毁性。

(1)无标度网络。无标度网络节点度 $p(k)$ 符合幂率分布,这就决定了网络中少数节点占用了绝大部分连接,而网络中绝大部分节点度数较低。因此,对于随机失效,占网络多数的度数较低的边缘末端节点的失效概率明显高于少数度数较高的中心节点。但度数较低的边缘末端节点的失效对网络整体通信性能影响并不明显。显然,构建具有无标度网络特征的网络拓扑具有较好的容错性。

(2)k-连通网络。当节点均以最大传输功率进行通信时,网络连通度最高。以 k-连通图为例,此时 k 值取其上限。但这也将导致:节点能量快速消耗,缩短网络工作寿命;加剧节点信号冲突与信道占用,并最终影响通信质量。尽管在 k-连通图中,$k-1$ 条链路的缺失不会改变图的连通性,但如果仅依靠最小功率控制实现网络最小连通,由能量耗尽、节点故障等原因所导致的节点失效极容易造成网络拓扑分割,网络抗毁性能较差。因此,功率控制的目标是在保证网络合理生命周期的前提下,生成一个优化的网络拓扑结构,提升网络抗毁性。功率控制方法在确保网络最小 k-连通的前提下,通过调节节点通信距离,降低网络中边的数量,达到优化网络拓扑结构的目的。

5. 动态抗毁策略

网络动态抗毁性的不同之处在于考虑了网络的级联故障,所以动态抗毁性又称为级联抗毁性。由于节点或者边的耦合关系,部分节点(或边)失效会引起其他节点(或边)的失效,从而产生级联效应,这就是级联失

效。级联失效对网络性能的影响极为严重,甚至导致整个网络崩溃。因此,如何减小节点(或边)的失效概率,对提高复杂信息系统网络的抗毁性研究具有重要意义。近年来,基于复杂网络理论的复杂信息系统网络级联失效抗毁控制研究受到了国内外学术界的广泛关注,人们重点围绕复杂信息系统网络的级联失效模型、级联失效控制等方面展开研究。

1)在级联失效模型方面

复杂信息系统网络抗毁性关键技术在级联失效模型方面的主要研究内容包括初始负载定义、负载容量定义和级联失效模型。学术界有不同的初始负载定义方法、负载容量定义方法与级联失效模型。在初始负载定义方面,现有初始负载定义方法主要采用节点度和介数来表示。Xia 等[95]的研究表明,小世界网络对随机攻击具有鲁棒性,但在级联故障过程中对蓄意攻击呈现脆弱性。Wang 等[96]针对无标度网络的级联失效问题,建立了节点介数与节点负载之间的有效性函数。Wu 等[97]针对城市交通网络特点提出了节点能力动态更新的级联失效模型。Liu 等[98]提出了基于介数的节点负载定义方法,建立了无线传感器网络的级联失效模型,提出了该网络的级联失效抗毁性测度。Wang 等[99]提出了基于节点局域信息的节点初始负载方法,通过故障率来确定过载节点是否失效,该模型有效减小了失效规模,且计算复杂度比基于介数的初始负载低,同时改进了基于度的初始负载的不准确性;但是,该模型并没有考虑到网络传输效率,难以反映出级联过程中网络传输效率的变化情况。

在负载容量定义方面,Dobson 等[100]推导了无标度拓扑中的级联失效规模,分析了产生级联失效的临界容量条件。Moreno 等[101]提出了基于 BA 网络的相继故障模型,利用 Weibull 分布给节点分配一个负载安全阈值,一旦节点实际负载超过这个阈值,该节点就发生了故障。李勇等[102]分析了基于容量均匀分布的物流保障网络的级联失效问题,得到了网络级联崩溃的临界容量值。Yin 等[103]分析了 BA 网络中节点负载可变与节点容量不变等特点,给出了其度分布指数、幂律系数与网络容错性能正相关的结论;在此研究基础上,李雅倩等[104]进一步分析,得出了 BA 无线传感网的拓扑级联失效的临界负载值。李勇等[105]提出了基于节点容量优化的战域保障网络负载容量模型,但该网络为随机网络,节点容量优化模型并不适用于复杂信息系统网络。文献[106]的作者研究了相依网络的鲁棒性,并考虑了级联传播的两个阶段,研究发现,级联模型中的不同链路模式和参数变化对提高网络级联故障的鲁棒性有重要影响。张杰勇等[107]设计了 C4ISR 系统结构级联失效过程模型和动态鲁棒性计算方法，侧重描述攻击模型和动态鲁棒性测度。袁铭[108]提出了基于层级结构的级联失效模型，该模型有助于研究复杂信息系统网络的级联失效行为。Zhao 等[109]分析了城市交通网络的特点，提出了基于节点能力动态更新的级联失效模型。

在级联失效模型方面，国内外学者先后提出了 ML 模型、CASCAD 模型、OPA 模型、CLM 模型等几种级联失效模型。

（1）ML 模型。该模型即为负载－容量模型，是由 Motter 等[110]首次提出的。该模型定义每个节点具有一定的初始负载，且其容量正比于其初始负载，信息在模型中随机自由传输，并不按照最短路径传输。当节点发生级联失效时，失效节点按照某种既定原则，将其所承担的负载分配给其他邻居节点，这可能引起邻居节点的负载超出自身容量而失效，从而引起新一轮负载转移。Zhao 等[111]研究了 Scale-free 网络在蓄意攻击下的级联反应，并利用负载分布分析了级联发生。

（2）CASCADE 模型。文献[112]基于 ML 模型提出了 CASCADE 模型，该模型规定每个节点都具有随机的初始负载（负载存在一定的扰动），部分节点会因这种负载扰动发生过载而失效，这些失效节点的负载会分配给其他节点，导致其负载增加。该模型将级联失效过程量化，最终量化成一个四元函数，通过函数详细阐述级联失效的过程。该模型在电力网络中具有较好的适用性，但其不足之处是，缺少对节点失效后负载重分配过程的深入研究。因此，后来有学者[113]对 CASCADE 模型进行了改进，提高了模型在拓扑与负载动态变化时的级联失效预测能力。

（3）OPA 模型。文献[114]在 CASCADE 模型的基础上提出了 OPA 模型，用来分析网络链路负载能力、负载增长对级联失效的影响。文献[115]首先提出了一种沙堆模型，该模型受到堆沙场景的启发，首先假设在一个平面上持续地堆积沙子，随着时间推移，沙堆的大小和高度不断增长，沙堆坡面也会越来越陡；随着沙子持续增加，引发整个沙堆坍塌的可能性也会增大，其级联失效故障分布可以通过分析级联失效全过程的计算机仿真模型得到。Bonabeau[116]等进一步分析了 ER 随机网络的级联失效问题，发现 ER 随机网络的级联失效的持续时间与失效规模均呈现幂律分布特性。

（4）CLM 模型。该模型为基于动态更新的边传输效率模型，是 Cruciti 等[117]首次提出的。在该模型中，如果节点过载，则该节点及其相连的边不

被删除,只是边传输效率处于下降的拥塞状态;动态更新节点相连边的边传输效率,同时将该节点负载分配到其他节点。Buzna 等[118]提出了基于灾害蔓延的动力学模型,该模型设定每个节点都有自修复功能和灾害蔓延机制,当自我修复功能起主导作用时,节点会逐渐恢复正常;当灾害蔓延机制起主导作用时,会导致灾害的扩散。

(5)其他模型。Li 等[119]提出了一种针对级联故障的复杂网络的新型容量模型,该模型考虑具有较高负载和较大度的节点应该具有更大的负载容量。Wang 等[120]建立了基于功能相似的耦合网络级联失效模型,分别研究了无标度耦合网络、随机耦合网络及两者相结合耦合网络的级联抗毁性。

2)在级联失效控制方面

复杂信息系统网络抗毁性关键技术在级联失效控制方面主要研究级联失效负载重分配策略,以及以负载重分配策略为基础的级联失效防御控制方法。

负载重分配策略包括基于全局信息的重分配策略和基于局部信息的重分配策略。文献[121]提出了一种基于全局信息的负载重分配策略,通过攻击网络中的不同节点,发现了 BA 网络的相变现象。文献[122]针对不能获得全局网络信息的节点,提出了一种基于最近邻的负载重分配策略,当网络中某一节点发生故障时,故障节点的负载会分配给与其直接相连的节点,该策略为局部负载重分配策略。文献[123]的作者结合最近邻负载重分配策略重新定义了网络节点负载,提出了基于节点度的节点负载分配策略。与文献[123]不同,文献[124]提出了一种可调负载区域的负载重分配模型,划分一个以节点失效为中心的区域(区域大小可调),当节点失效后,就将其负载分配给该区域内的其他节点;同时,根据实际需求调节区域大小,从而提高网络鲁棒性。文献[124]研究了一种简化的沙堆模型中的非均匀负载重分配机制,负载分布异质性弱的网络可有效减少级联失效,而负载分布异质性强的网络增加了级联失效发生的概率。文献[125]针对多路段、多径路的交通网络,提出了用"容量限制-增量分配"的非平衡交通流分配方法计算网络的分配交通量与迟滞交通量,以有效分析和缓解交通拥堵现象。Wang 等[123,126]针对无线传感器网络的级联失效问题,采用基于介数的节点负载定义,建立了其级联失效模型,提出了其级联失效抗毁性测度。

针对由负载过高引起的级联失效问题,很多学者提出了失效防御控制方法。Lan 等[127]采用基于失效负载的局域择优分配策略，对 IEEE 标准电力测试网络进行级联失效的网络抗毁性研究，研究表明，随着负载能力控制参数的增加，其级联失效的抗毁性不断提高。文献[128]和[129]针对网络级联失效防御控制问题提出了自修复的防御控制策略，该策略以节点度和节点实时处理效率来计算节点权重，并按照节点权重值的大小来实施初始负载分配。当多个节点过载时，不是直接让这些节点失效，而是暂停一定比例的节点工作，待这些节点功能恢复正常时，自行调整节点负载。虽然该策略在 BA、WS 和 ER 网络上进行了实验分析，但其对复杂信息系统网络不能完全适用。韩海艳[130]针对军事物流网络结构的层次性及节点间信息传递通路相对固定等特点，提出了限定负载流动路径的军事物流网络负载重分配方法，但该方法在崩溃节点的负载分配上以节点空闲容量为依据，没有体现层级性。Tan 等[131]研究了互联网络数据包传输中的级联失效问题，研究发现增强耦合概率可使网络在面临蓄意攻击时更具鲁棒性，并且最佳耦合概率在很大程度上受耦合偏好的影响，研究结果可用于互联网络的设计和优化。Yan 等[132]提出了重点保护网络中度大节点或介数较大节点的防御控制方法，通过调整网络中这些节点的流量分布，来缓解级联失效对网络性能的影响。王建伟等[133]针对基于介数的负载重分配策略计算复杂度高的问题，提出了负载局域择优的重分配原则，即以节点度为依据进行负载重新分配。李涛等[134]针对无标度网络，提出了整体传输优化的防御控制方法。段东立等[135]针对级联失效中的过载机制，分析了基于节点重要度的网络动态演化机理；在此基础上，文献[136]针对网络节点负载的动态性，提出了负载动态重分配的防御控制策略。

以上文献分析表明，现有复杂信息系统网络级联失效研究取得了一定成果，但这些级联失效模型均应用于特定的背景，不符合指挥控制系统广泛存在的层级特性。在指挥控制系统中，由于上下级间存在指挥协调关系，顶层的节点处于核心位置，承担的负载也大，其度却不一定最大；叶子节点处于整个网络的底层，介数为零，承担的负载也较小。由于指挥控制系统存在这种典型的层次关系，节点在信息传输中的地位也不同，高层级的节点一旦受到破坏，低层级的节点通常无法承担高层级节点的负荷或者职能，所以常规按照节点度或介数的负载分配策略难以适用于复杂信息系统网络，因此需要深入研究复杂信息系统网络级联失效负载分配策略，提高复杂信息系统网络的抗毁能力。

6. 抗毁策略性能对比

基于冗余机制（簇头冗余、链路冗余）的抗毁性策略对任务场景具有较强适应性，无须花费额外成本。这是由于簇头冗余与链路冗余策略均利用了网络节点冗余度较高这一属性。但节点间通信路径的增加与通信频率的上升加重了网络负担，导致节点故障发生概率上升与网络通信性能下降。中继节点策略通过在网络中引入功能更为强大的节点分担普通节点的通信负载，能够有效提升网络性能，但是中继节点一旦部署，位置很难改变，因此，对于拓扑动态变化的网络，中继节点策略具有明显的局限性。除此之外，在网络中添加中继节点也将导致网络硬件成本上升。考虑到攻击者在制定网络攻击策略时，为最大限度地降低网络性能，会优先攻击中继节点，此时网络抗毁性表现较差。

基于复杂网络理论的移动代理和长程连接策略可显著提升网络的生命周期，这是由于这两种策略所构建的网络拓扑具有明显的小世界网络特征。传感器节点至汇聚节点的平均路径明显缩短，因而网络整体能耗与单个节点的通信负载显著下降。但二者对网络时延的影响差异明显。移动代理策略的传递时延取决于代理节点的移动速度，但代理节点的移动速度明显低于信号的传播速度，因而传递时延更为明显。长程连接策略利用线缆方式的长程连接代替代理节点，能够显著降低传递时延。移动代理和长程连接策略均需要在初始网络中引入额外的基础设施，因而网络硬件成本均有显著上升。在移动代理策略中，移动代理运动轨迹可根据网络拓扑结构的动态变化实时调整；而在长程连接策略中，长程连接一旦部署就很难改变位置。因此，移动代理策略的场景适应性远高于长程连接策略。在面对选择性攻击时，由于长程连接静态布设，因而更容易遭受攻击。与之相比，在移动代理策略中，代理节点可自由移动且运动轨迹通常依照网络拓扑的变化而发生改变，更加难以捕捉。当面临被选择性受损类型时，网络抗毁性表现更优。

基于 k-连通的抗毁性策略采用功率控制提升网络连通性。在该策略中，抗毁性能高低取决于 k 值大小。在维持抗毁性较优的同时，k 值增大将会导致网络生存周期的明显缩短。无标度网络的拓扑演化策略基于偏好依附原则，构建网络生长机制。与其他策略相比，该策略未引起网络额外开销且具有较强适应性，性能较优。网络中少数中心节点占据了绝大部分连接,这保证了网络具有较强的容错能力。但在应对中心节点受到攻击的情形时,易造成网络性能的急剧下降。因此,在应对被选择性受损类型时,网络抗毁性表现较差。

7. 示例:基于移动智能体的数据分层传输方案

根据文献[21],大型集成网络中的数据被划分为不同优先级,高优先级数据通过专用总线传输,低优先级数据通过移动智能体传输。这样就可以在集成网络中实现更强的数据传输能力,进一步提高网络的抗毁性。

以智能车间为例,其主要涉及两种类型的无线网络:无线传感器网络(WSN)和无线现场总线网络(WFN),它们完全相互独立。WSN 由传感器组成,负责将各传感器收集到的数据传输到基站。WFN 由加工单元组成,负责加工单元和基站之间的数据传输。在车间,传感器节点主要分布在加工单元周围。从位置上看,加工单元及其周围的传感器形成了一种簇状的拓扑结构,其中,加工单元是簇头,传感器是成员节点。

基于这种拓扑结构,WSN 和 WFN 可以通过移动智能体被集成到一起。在这个集成网络中,成员节点收集数据并将数据传输到簇头。将簇头数据划分为不同的优先级,高优先级数据通过 WFN 传输到基站,低优先级数据通过移动智能体传输给基站。因为 WSN、WFN 和移动智能体可能使用不同的数据传输协议,为了实现它们之间的数据传输,每个工序中都需要添加一个兼容不同传输协议的适配器。

为更好地理解对移动智能体(AGV)调度方案的描述,可先全面了解该方案所用变量(见表 4-5~表 4-8)。

表 4-5 车间变量

变量	定义	取值范围
$(x(0), y(0))$	仓库和基站坐标	—
n_1	加工单元个数	$1 \leqslant n_1$
$p_u(i)$	加工单元	$1 \leqslant i \leqslant n_1$
$t(i)$	$p_u(i)$ 加工一个在制品的时间	$0 < t(i)$
$(x(i), y(i))$	$p_u(i)$ 的坐标	—
$n_2(i)$	$p_u(i)$ 的工序个数	$1 \leqslant n_2(i)$
$p_s(i)(j)$	$p_u(i)$ 的一个工序	$1 \leqslant j \leqslant n_2(i)$
$a_s(i)(j)$	在 $p_s(i)(j)$ 加工一个在制品产生的数据量	$0 \leqslant a_s(i)(j)$
$\text{prop}_1(i)(j)$	低优先级数据占比	$0 \leqslant \text{prop}_1(i)(j) \leqslant 1$

续表

变量	定义	取值范围
$\text{prop}_2(i)(j)$	加工单元之间数据传输量占比	$0 \leqslant \text{prop}_2(i)(j) \leqslant 1 - \text{prop}_1(i)(j)$
$n_3(i)(j)$	$p_s(i)(j)$ 所需要的材料种类	$0 \leqslant n_3(i)(j)$
$m_t(i)(j)(k)$	$p_s(i)(j)$ 所需要的一种材料	$1 \leqslant k \leqslant n_3(i)(j)$
$n_4(i)(j)(k)$	加工一个在制品，材料 $m_t(i)(j)(k)$ 的需求量	$0 \leqslant n_4(i)(j)(k)$
$s_m(i)(j)(k)$	材料 $m_t(i)(j)(k)$ 的体积	$0 \leqslant s_m(i)(j)(k)$

表 4-6 订单变量

变量	定义	取值范围
n_5	生产线的加工单元个数	$1 \leqslant n_5$
$p_u(f_1(h_1))$	生产线上的加工单元	$1 \leqslant h_1 \leqslant n_5$ $1 \leqslant f_1(h_1) \leqslant n_1$
n	订单的产品需求量	$1 \leqslant n$
T_{str}	订单开始时间	
T_{end}	订单完成时间	

表 4-7 加工命令

变量	定义	取值范围
n	被加工的在制品数量	$1 \leqslant n$
$t_{str}(h)$	加工开始时间	
$t_{end}(h)$	加工结束时间	

表 4-8 AGV 变量

变量	定义	取值范围
buffer	AGV 数据存储能力	$0 \leqslant \text{buffer}$
space	AGV 运输能力	$0 \leqslant \text{space}$
speed	AGV 速度	$0 \leqslant \text{speed}$
path	AGV 路径	—
T	AGV 路径周期	$0 \leqslant T$
n_6	路径节点个数	$0 \leqslant n_6$
$\text{taskNode}(h_2)$	路径节点	$1 \leqslant h_2 \leqslant n_6$
$(x(f_2(h_2)), y(f_2(h_2)))$	路径节点坐标	$0 \leqslant f_2(h_2) \leqslant n_1$
n_7	AGV 正在执行的任务个数	$0 \leqslant n_7$
$\text{dTask}(h_3)$	AGV 的一个任务	$1 \leqslant h_3 \leqslant n_7$
$[\text{pst}_{str}(h_3), \text{pst}_{end}(h_3)]$	任务开始/结束节点	—
$(x(f_3(h_3)), y(f_3(h_3)))$	任务开始节点坐标	$0 \leqslant f_3(h_3) \leqslant n_1$
$(x(f_4(h_4)), y(f_4(h_4)))$	任务结束节点坐标	$0 \leqslant f_4(h_4) \leqslant n_1$
$\text{buffer}(h_3)$	任务的数据传输需求	$0 \leqslant \text{buffer}(h_3)$
$\text{space}(h_3)$	任务的物料传输需求	$0 \leqslant \text{space}(h_3)$

首先介绍非加工任务资源需求的评估过程。对于加工单元 $p_u(f_1(h_1))$，假设 $i = f_1(h_1)$，则加工单元可以表示为 $p_u(i)$。因此 $p_u(i)$ 的非加工任务可以表示为

$$\{\text{dTask}(i)(c) \mid c \in [1,4]\}$$

式中，dTask(i)(1) 表示物料运输任务；dTask(i)(2) 表示在制品运输任务；dTask(i)(3) 表示目的地是基站的数据传输任务；dTask(i)(4) 表示目的地是生产线中下一个加工节点的数据传输任务。

其次将描述 AGV 任务资源需求评估过程，以检查它们是否有足够的资源执行非加工任务。当 AGV 接收到 dTask$(i)(c)$ 的资源需求时，它将该任务添加到其任务列表中，并更新参数 n_7。

因为任务的出发点和目的地可能已经在 AGV 的任务节点中，或者可能不在，所以 AGV 必须更新其任务节点和一个相关的变量 n_6。

随后遍历所有任务节点的路径，nSeq 表示路径总数，按照路径长度升序对这些路径进行排序。pathSeq 表示排序后的路径序列，即：

$$\text{pathSeq} = \{\text{path}(j) \mid j \in [1, \text{nSeq}]\}$$

path(j) 可以表示为下式所述形式，taskNode 中节点的顺序为路径中节点被访问的顺序。

$$\text{path}(j) = \{\text{taskNode}(k) \mid k \in [1, n_6]\}$$

$T(j)$ 表示 path(j) 的周期，分配给 $p_u(i)$ 的非加工任务的资源表示为

$$\left\{\text{buffer}(h_3) = \frac{\text{buffer}(h_3) \times T(j)}{T} \mid h_3 \in [1, n_7-1]\right\}$$

$$\left\{\text{space}(h_3) = \frac{\text{space}(h_3) \times T(j)}{T} \mid h_3 \in [1, n_7-1]\right\}$$

对于 path(j)，当 $k = n_6$ 时，spaceO$(j)(k)$ 表示 taskNode(k) 和 taskNode$(k+1)$ 之间或 taskNode(k) 和 taskNode(1) 之间的路径部分占用的运输能力。bufferO$(j)(k)$ 表示相应占用的数据传输能力。通过表 4-8 的已知变量，它们可以经计算得到。因此，对于 path(j) 和以下限制条件公式

$$\max_{k=1,2,\cdots,n_6} \{\text{spaceO}(j)(k)\} \leqslant \text{space}$$

$$\max_{k=1,2,\cdots,n_6} \{\text{bufferO}(j)(k)\} \leqslant \text{buffer}$$

如果 pathSeq 中的所有路径都不符合上述两个条件，则表示 AGV 没有足够的资源来执行该非加工任务，此任务将不会分配给 AGV。

本例通过集成 WFN、WSN 和移动智能体实现数据分层传输，为不同

优先级的数据提供不同的数据传输方式，提高了 WSN 的能源使用效率和 WFN 的数据传输效率，从而提高了车间网络的抗毁性。

4.2.5 故障检测与修复

当网络受损导致服务能力下降时，如何快速、有效地发现失效节点并采取合理措施修复网络，对于提升网络抗毁性能同样具有十分重要的理论价值与应用价值。

1．故障检测

故障检测可以分为集中式检测和分布式检测。

集中式检测由中心管理节点负责对网络进行监控，追踪失效节点。集中式检测主要采用周期性主动轮询方式进行检测。在集中式检测中，通常由汇聚节点通过定期轮询获取网络内所有传感器节点的状态信息，并对获取的信息进行比对分析，确定节点失效行为是否发生。由于集中式检测将所有的检测任务均集中在单一中心节点，导致中心节点工作负担过重，而且大量原始数据在网络上传输，造成大量额外通信开销，对网络寿命及工作效率造成了影响。

与集中式检测相比，分布式检测通过节点协作实现故障检测，能够将复杂的故障检测任务平滑地分配至各节点。显然，传感器节点自身所承担的决策任务越多，网络负载越重。

2．故障修复

故障修复按照执行手段的不同可分为冗余节点替换与移动节点部署。冗余节点替换的核心思想是：若某个传感器节点发生故障，则唤醒故障节点周边处于休眠状态的冗余节点，使其代替故障节点继续工作。在文献[58]、[81]、[137]等相关文献中，往往通过设置大量的额外监控节点来实现网络的故障修复。当监控节点感知周边传感器节点发生故障时，就替代故障节点进行工作。但该类方法对节点冗余度要求较高，部署代价明显。WSN 作为以数据为中心的任务驱动型网络，其关注的重点是整个监测区域的数据采集与覆盖情况，并不关注单个节点状态与所获取的数据。基于该考虑，在设置冗余节点时，针对关键节点（如簇头等）采取备份机制，网络修复效果更为显著。

移动节点部署就是通过在网络中设置可移动节点动态调整网络拓扑。当传

第 4 章　智能网络与协同

感器节点发生故障时，移动节点前往故障节点所在区域，负责维持网络继续连通。随着无线传感器与执行器网络（Wireless Sensor and Actor Networks，WSAN）研究的深入，通过移动节点部署进行故障修复得到了广泛的研究。Abbasi 等人[138]首先于 2009 年提出的 DARA（Distributed Actor Recovery Algorithm）的连接恢复策略，将节点的移动距离作为评价指标，通过构建最小移动节点集合，采用分布式自主决策方式，修复因节点故障所引发的连接中断问题。针对网络最小连通度要求，Abbasi 等人分别提出了满足 1-连通与 2-连通的 DARA-1C 和 DARA-2C 策略。但 DARA 策略中并未涉及 k-连通（$k>2$）问题。基于该考虑 Wang 等人[138]与 Imran 等人[139]分别对 DARA 策略进行补充，从而使移动节点仅需要通过局部移动就可以填补网络因节点故障所产生的监测盲区。但上述三种方法均优先考虑选取移动距离与节点度最小的节点前往故障节点位置，从而可能引发级联移动问题，并最终造成其他移动节点伴随产生移动，导致过度能量消耗。

4.3　智能网络协同技术

智能网络协同，实际上可抽象为多智能体协同问题：即如何设计分布式协作策略及机制，以协调各智能体间的行为，规避冲突，最大化系统整体动作效率或资源利用率。在一个多智能体系统中，智能体（Agent）是自主的，它们可以是不同的个体，采用不同的设计方法和计算机语言开发而成的，可以是完全异质的，没有全局数据，也没有全局控制。这是一种开放的系统，Agent 的加入和离开都是自由的。系统中的 Agent 共同协作，协调它们的能力和目标以求解单个 Agent 无法解决的问题。在多智能体系统协同中，需要解决的问题主要包括：个体智能体的推理、智能网络任务的分解和分配、多智能体规划、各成员智能体的目标与行为的一致性、冲突的识别与消解、建立其他智能体的模型、通信管理、资源管理和负载平衡等。

多智能体协同的最终目的是达到一致性（Consensus）[140,141]。一致性是指多智能体系统中的个体在局部协作和相互通信下，调整更新自己的行为，最终使每个个体均能达到相同的状态，它描述了每个智能体和与其相邻的智能体的信息交换过程。多智能体一致性的基本要素有三个，分别是具有动力学特征的智能体个体；智能体之间用于信号传输的通信拓扑；智能体个体对输入信号的响应，即一致性协议。

4.3.1 异构群体智能技术

1. 智能体与群体智能

Agent 属于人工智能范畴，它是人工智能中一个非常重要的概念，曾被译为"代理""代理者""智能主体"等。在人工智能领域，中国科学界将 Agent 译为"智能体"。

Agent 的概念最早出现在 1976 年 Carl Hewitt 的 *Viewing Control Structures As Patterns Of Passing Messages* 一文中。文中给出了一个独特的对象"Actor"，Actor 能够与其他对象通过发送和反馈信息进行交互。在 1986 年由 M. Minsky 出版的 *Society Of Mind* 一书中，Agent 被正式采用。

关于 Agent 的概念，不同领域的研究者对其有不同的观点和看法。因此，目前关于 Agent 还不存在一个精确的定义。其中，最为广泛应用和赞同的是由 Wooldrige 和 Jennings 给出的关于 Agent 的弱定义和强定义[142]。弱定义：Agent 是具有自治性（Autonomy）、社会性（Sociability）、反应性（Reactivity）和主动性（Pro-Activities）四个基本特性的实体。强定义指出 Agent 除具有弱定义的四个基本特性外，还具备一些人的特征，如信念（Belief）、知识（Knowledge）、意图（Intention）、承诺（Commitment）和愿望（Desire）等心智状态特征。一些学者认为 Agent 还应具有诚实、仁慈、合理等情感特征。

关于 Agent 的定义，可以简单描述为处于某个环境中具备自主活动能力的计算机实体。它可以是物理实体，也可以是抽象实体，这些实体能够感知环境并作用于环境。任何独立的能够思想并可以同环境交互的实体都可以抽象为 Agent。如图 4-7 给出了 Agent 与环境交互的抽象视图。

图 4-7 Agent 与环境交互的抽象视图

从图 4-7 中可知，Agent 将其对环境的感知信息作为输入，并输出相应的动作作用于环境，这一交互过程是连续的、不断循环的。事实上，Agent 并不能完全控制它周围的环境，但它能够通过动作输出影响环境。

一般来说，Agent 具有如下几个特性[143]：

（1）自治性：Agent 自身拥有一定的计算资源和行为控制机制，能够根据感知的环境信息和内部状态，控制其内部行为和状态。因此，它能够在没有人和其他 Agent 干预、指导下持续运作，具有自我管理和调节能力。

（2）社会性：Agent 能够与其他 Agent 或人进行多种形式的交互，具备协同能力。

（3）反应性：Agent 能够感知环境的变化，并对相关事件做出相应的反应。

（4）主动性：对于环境的改变，Agent 能遵循承诺采取主动行为，并通过行为影响环境。

群体智能是指大量简单的智能个体通过相互协作表现出群体智能行为的特性[143]。在没有集中控制和不提供全局模型的前提下，群体智能表现出明显的优势。这种优势使得它能够完成一些单个简单智能体无法完成的复杂性问题，为寻找复杂问题的解决方案提供了新的思路。群体的概念意味着多样性、随机性和混乱性，而智能的概念则表明其解决问题的方法在某种程度上是成功的。区别于传统的对生物个体结构的仿真，群体智能是对生物群体的一种软仿真。群体中的个体可以是单一和简单的，也可以具备一定的学习能力以解决具体问题。

事实上，人脑所展现的智能行为正是由大量简单的神经元相互协同，是有组织的群体智能行为。群居性生物所具备的打扫巢穴、觅食等功能也是群体合作的结果。因此，研究单个简单智能体如何通过信息交流、协同合作和自组织产生群体智能行为是非常重大的课题，其代表了计算机研究发展的一个重要方向[144]。

2．异构群体智能系统

群体智能系统是指由众多 Agent 组成的具有群体智能行为特性的系统。Agent 能够感知其周围环境信息并与其他 Agent 进行通信和协同，这使得群体智能系统能够完成单个 Agent 无法解决的问题。多个 Agent 形成的群体智能系统的整体能力大于单个 Agent 能力之和，因此，群体智能系统具有更高的效率、更广泛的任务领域。分布式求解问题的群体智能系统，除了单个 Agent 特征，还具有如下几个特征[145]：

（1）每个 Agent 不具有完全的信息和完整的解决问题的能力，不存在全局系统控制；

（2）数据是分布的或分散的；

（3）计算过程是异步的、并行的或并发的；

（4）Agent 之间可通过交互、协同、合作等方式，自组织地求解大规模问题。

群体智能系统的组织结构为整个系统完成协同任务提供了基础，并决定和限制了群体智能系统的能力。不同的组织结构具有不同的行为方式，因此性能也有所不同。一般来说，群体智能系统的组织结构主要分为集中式组织结构、分布式组织结构和混合式组织结构三种。

① 集中式组织结构

集中式组织结构如图 4-8（a）所示，系统中存在一个管理 Agent 用于集中控制整个系统，这是一种自上而下的主从式层次结构。管理 Agent 通过控制、规划和协调其他所有 Agent 的行为，实现多 Agent 的协同工作。采用集中式组织结构的系统具有良好的协调性，而且由于管理 Agent 可以掌握全局信息，因此可以实现全局优化目标。但是，当系统内 Agent 增多时，管理 Agent 需要处理大量的信息，实时性较差，而且很容易产生交流瓶颈问题，使得系统变得复杂而难以控制。

② 分布式组织结构

分布式组织结构如图 4-8（b）所示，相比于集中式，分布式组织结构中不存在管理 Agent，这意味着 Agent 之间不存在管理与被管理的关系。Agent 具有相同的地位，通过信道进行通信和资源共享，而这个信道对 Agent 是透明的。每个 Agent 具有高度自主自治能力，Agent 独自处理信息、独自规划和决策，以实现自己的目标。这种方式具有很强的灵活性和可扩展性，可以缓解集中式组织结构中的交流瓶颈问题，但 Agent 间的协调性差，而且不易实现全局优化目标。

③ 混合式组织结构

混合式组织结构如图 4-8（c）所示，也可称为联邦式组织结构，这种结构介于集中式与分布式之间，它结合了集中式的垂直控制与分布式的水平交互。系统由多个联邦组成，这些联邦形成一个分布式结构。每个联邦可看成由多个 Agent 组成的一个子系统，每个子系统中都存在一个管理 Agent，因此子系统采用了集中式组织结构。混合式组织结构保留了集中式和分布式的优点，系统不仅有良好的协调性，而且具有灵活性、实时性和可扩展性，是目前使用较为广泛的群体智能系统组织结构。

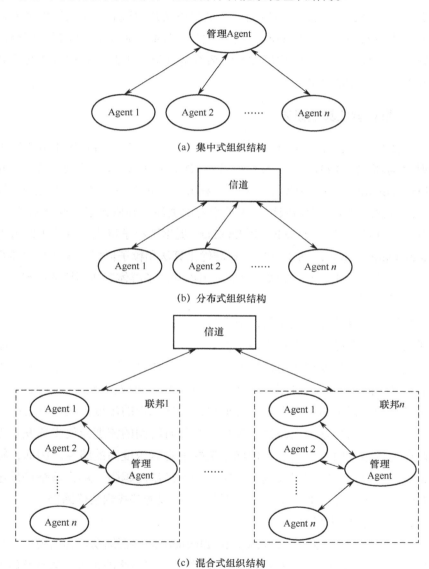

图 4-8　群体智能系统的组织结构

根据系统组成类型,可将群体智能系统分为同构群体智能系统和异构群体智能系统。同构群体智能系统由众多相同行为能力和组织结构的 Agent 组成,一般以涌现的方式显示个体协作行为,多个简单的 Agent 通过协调和合作来完成共同目标。相反,异构群体智能系统由众多不同行为能力或组织结构的 Agent 组成,可以借助知识和语义并通过组织化的协作模型,实现个体间的协同。异构群体智能系统能够完成更加复杂的问题,这突出了异构群体智能系统较同构群体智能系统的优势。因此,异构群体智能系统被更广泛地研究和应用。

3. 群体智能算法概述

群体智能算法是一类重要的优化方法,起源于对自然界昆虫群体行为的观察与研究。1991 年,意大利学者 Dorigo 提出蚁群优化算法(Ant Colony Optimization,ACO),这标志着群体智能作为一个理论被正式提出。群体智能理论的提出吸引了大批学者的关注,并掀起了研究高潮[146]。随后,于 1995 年,Kennedy 和 Eberhart 提出了粒子群优化算法(Particle Swarm Optimization,PSO)[147]。蚁群优化算法和粒子群优化算法是群体智能算法中最为经典的两类算法,它们的出现开启了群体智能领域的研究。

1)蚁群优化算法

蚁群优化算法受启发于蚂蚁觅食过程中的通信机制。蚁群在觅食过程中展现了一个有趣的行为特性,它们总是能找到从蚁穴通向食物的最短路径。科学家经过长期观察与研究发现,蚂蚁个体之间可通过释放一种被称为信息素(pheromone)的化学物质来传递信息。蚂蚁在觅食过程中,会在其所经过的路径上留下信息素,并通过感知信息素的浓度来选择自己的前进方向。这种信息素会在路径上沉积,并随着时间的流逝而逐步挥发。当蚂蚁在选择路径时,它们总是倾向于选择信息素浓度高的路径。因而,路径越短,经过该路径的蚂蚁越多,路径的信息浓度越强,那么该路径被选择的概率也就越大。通过这种正反馈机制,蚂蚁能够找到最优路径。

2)粒子群优化算法

粒子群优化算法源于 Kennedy 和 Eberhart 对鸟群运动行为的模拟。鸟群在飞行过程中,每只鸟仅跟踪其周围的邻居,但最终的跟踪结果从整体上看,其行为表现出高度一致性,仿佛存在一个中心在控制鸟群。在粒子群优化算法中,鸟被视为一个粒子,每个粒子代表空间中的一个解,且拥有两个状态量：位置和速度。粒子间通过传递信息相互学习，每个粒子跟踪两个极值来更新它的状态量。一个极值是粒子自己在过去所找到的最优解即局部最优解，而另一个极值是所有粒子当前找到的最优解即全局最优解。通过这两个极值和多次迭代，粒子最终可以找到问题的近似解。

很显然，粒子群优化算法的优点是简单易于实现，而且所需调节的参数较少，但该算法与蚁群优化算法一样不能保证收敛到全局最优解。粒子群优化算法和蚁群优化算法的不同点在于，粒子群优化算法所需要设置的参数较少且可用于求解连续空间的优化问题。相反，蚁群优化算法需要设置的参数较多，主要用于求解离散空间的优化问题。

随后，相关学者通过观察和研究蜂群合作、萤火虫发光、蝙蝠回声定位、狼搜索及鸭子觅食等生物群体行为，进一步提出了一些新的群体智能算法：人工蜂群算法[148]、萤火虫算法[149]、蝙蝠算法[150]、狼搜索算法[151]及鸭群算法[152]等。

1）人工蜂群算法（Artificial Bee Colony Algorithm）

人工蜂群算法可以定义为一种采用智能蜂群识别食物来源技术的启发式方法，用于解决多变量函数优化问题，有较快的收敛速度。它的主要特点是不需要了解问题的特殊信息，只需要对问题进行优劣的比较，通过人工蜂个体的局部寻优行为，最终突出群体中的全局最优值。

2）萤火虫算法（Firefly Algorithm）

萤火虫算法用于处理基于等式或不等式准则的复杂问题。萤火虫算法处理多模态函数的效率优于其他群体智能算法。与基于蚁群算法和基于蜂群算法类似，萤火虫算法也采用了基本的基于随机种群的搜索，从而促进通过一组不同解的智能学习，达到最大的收敛性和无错误的结果。该算法利用萤火虫的自然行为，即对其他萤火虫发出生物发光或闪光信号，以寻找猎物、伴侣或只进行相互通信。这些萤火虫由于具有自组织和分散决策能力，表现出与群体智能相似的特征。

3）蝙蝠算法（Bat Algorithm）

蝙蝠算法是最近发展起来的一种基于动物群体的学习算法，它利用蝙蝠或其他夜行动物使用的基于回声的位置预测机制，在连续的解空间中获取单目标和多目标域的解。基于迭代的优化技术，通过迭代搜寻最优解，且在最优解周围通过随机飞行产生局部新解，加强了局部搜索。与其他算法相比，蝙蝠算法在准确性和有效性方面远优于其他算法，且不需要对大

量的参数进行调整。

4）狼搜索算法（Wolf Search Algorithm，WSA）

狼搜索算法是由 Tang 等人于 2012 年提出的一种新的群体智能算法。WSA 来源于狼群捕猎行为，不同于蚁群、粒子群等启发式算法，WSA 同时具有个体局部搜索能力和自主群体运动能力。换句话说，WSA 中的每只狼都是通过记住自己的特征独立狩猎的，只有当同伴处于更有利的位置时，它们才会与同伴融合。狼群通常以核心家庭为单位进行活动，这与鸟群和蚁群不同，鸟群和蚁群通常以相对较大的群体移动。与蚂蚁使用信息素与同伴交流食物的特征不同，WSA 放弃了这种交流，狼在一起捕猎时总是保持沉默，并使用潜行的方式。狼具有独特的、半合作的特征。也就是说，它们以松散耦合的队形集体行动，但往往单独捕食猎物。当狩猎时，狼会同时寻找猎物，并警惕猎人或老虎等的威胁。随机添加与每只狼对应的猎人，当遇到猎人时，每只狼都跳出猎人的视觉范围，避免算法设计陷入局部最优，得到更好的解。

5）鸭群算法（Duck Pack Algorithm，DPA）

鸭群算法是 Yan 等人于 2017 年根据鸭群觅食行为提出的一个新的群体智能算法。与其他群体智能算法的不同之处在于，鸭群算法利用了鸭子的独特行为——印记行为。印记行为也可称为认母行为，是指动物在其幼小阶段受环境刺激所表现出来的原始而快速的学习方式，即依赖于它们看到的第一个动态物体进行学习。例如，当你在刚出壳不久的小鸭前面走动时，小鸭就会在你后面蹒跚地追逐，似乎把你当成了它的母亲——母鸭。在鸭子成群觅食时，印记行为扮演了非常重要的角色。当鸭子远离食物时，印记行为使得他们整体以一个固定的方式移动。当鸭子靠近食物时，整个鸭群以食物为导向，最终可以成功地到达有食物的地方。鸭群算法的优点是收敛速度快，所求的解具有更强的稳定性。

4.3.2　异构群体协同技术

异构群体协同是指多个不同功能或结构的智能体通过合作、协同、资源共享等来保持行动的一致性和联合性，以实现共同的全局目标。一致性意味着群体中多个智能体作为一个整体行动而不是某个智能体的个体行为。异构群体协同可以完成单个简单、功能单一的 Agent 无法完成的任务，体现出单个 Agent 所不具备的优势[153]：

（1）对于一个复杂性问题，若是将它交给单个 Agent 求解，那么该 Agent 必须具有较高的求解问题的能力。为此，我们需要为 Agent 设计更加复杂的功能结构，因而增加了 Agent 设计的复杂程度。相反，若把该任务分解成多个简单的可由单个 Agent 完成的子任务，将大大降低 Agent 设计的复杂程度。

（2）由于单个 Agent 求解问题的能力有限，因此通过多个功能各异和结构不同的 Agent 相互协同，可增强群体整体的功能，提高群体的灵活性和求解复杂问题的能力。

1. 异构群体协同模型

由于单个 Agent 的能力有限，为了完成较复杂的问题，Agent 间必须建立合作关系，因此如何寻找合作伙伴成为关键性问题。这一问题进一步引发了人们对 Agent 协同模型的研究。目前，针对群体协同的不同应用场景，人们设计了不同的 Agent 协同模型，主要包括黑板模型、合同网模型、熟人模型和关系网模型等。相关学者将 Agent 协作与语义结合，利用承诺机制进一步提出了承诺模型。

Erman 等人首次提出了黑板模型[154]，黑板模型由 Agent、黑板和网络三个部分组成。黑板是信息与数据的共享区，是 Agent 交互的中介和桥梁。在 Agent 协同过程中，Agent 之间没有直接的交互而是通过黑板间接交互，实现合作的。网络作为 Agent 间的通信载体，通常采用 TCP／IP。显而易见，黑板模型的体系结构比较简单，容易理解和实现。但黑板模型典型的缺点是采用集中式交互结构，使得黑板开销较大，缺乏灵活性。

Smith 和 Davis 于 1980 年提出了合同网模型[155]，合同网模型思想来源于企业合同模式，引用了市场招标—投标—中标机制。在合同网模型中主要包括管理者、投标者和合同者三类对象。管理者作为招标方首先发布任务，多个有能力完成任务的 Agent 作为投标者竞争它们感兴趣的任务。最终，中标者将成为合同的签订者，即合同者，它们之间是一种合作关系。所有的合同者需要向管理者反馈其任务的执行结果，管理者对其所完成的任务进行审核，若审核通过，则向相应的合同者发送终止信息，合同网协议过程停止。合同网模型可用于求解任务分配和资源冲突等问题。由于管理者以广播的方式招标，所有 Agent 均可对任务进行投标，导致通信量大，效率低。

Jennings 和 Roda 于 1991 年提出了熟人模型[156]，熟人模型主要模仿人类合作习惯和合作机制。在该模型中，利用自身模型来表示每个 Agent 的自身信息，同时使用熟人模型来刻画其他 Agent 的资源和能力方面的信息。当 Agent 确定其合作对象时，Agent 通过对每个熟人的活动进行评估来选择最合适的合作对象。在熟人模型中，由于每个 Agent 均需要在本地建立和维护熟人信息，因此系统资源开销较大。

针对黑板模型通信量大和熟人模型资源开销大的缺点，陈刚和陈汝玲提出了关系网模型[157]。关系网模型不需要设计一个类似于黑板的中介来协调每个 Agent 的行为，也不需要通过熟人模型来记录所有其他 Agent 的通信信息。相反，在关系网中，每个 Agent 的通信录容量受到了限制（比如只可记录几十条熟人信息），因此 Agent 仅须在其内部建立并维护几个通信频率较高的熟人信息。这种模型可有效地降低系统资源开销，但它仍然存在一些缺点，如它对个体存储能力和信息处理具有较高的要求，而且信任度的设置具有一定的主观性。

Cohen 和 Levesque 将 Agent 协作与语义技术结合在一起，从目标（Goal）和意图（Intention）两个角度提出了承诺（Commitment）概念[158]。承诺是保证智能体能够完成接受任务的一种机制。当 Agent 承诺了某一任务时，这也将意味着它保证了实现该任务的全部资源，在环境不发生改变的情况下，Agent 应当努力遵从这一保证。可见，承诺机制可以确保 Agent 具有足够的能力去完成某项任务，这为 Agent 间相互协调与合作提供了保证。承诺模型[159]就是利用了这一承诺机制来实现 Agent 间的协作。然而承诺模型的难点在于任务本身具有不确定性，这导致 Agent 无法给予准确的承诺和保证。

4.3.3 异构群体研究及应用

1. 异构群体协同的研究方向

目前关于异构群体协同的研究主要有两个研究方向：一个是将其他领域研究实体协同的方法和技术（如博弈论、马尔科夫模型及市场经济学等）应用到群体交互和协同研究中；另一个从 Agent 的信念（Belief）、愿望（Desire）、意图（Intention）（即 BDI）等心智状态出发来研究群体间的协同，如共享规划[160]、联合意图[161]等。

1）基于其他领域研究方法

基于博弈论的研究方法：博弈论又称为对策论（Games Theory），它是研究具有斗争性和竞争性问题的理论和方法。博弈是指在特定环境条件和规则的约束下，理性的个体或组织利用其所掌握的知识，从它们的行为集或策略集中选择最佳行为或策略并加以实施，同时它们会获得相应的结果或收益。博弈论研究的核心是纳什均衡。在一个策略组合中，所有的参与者都会面临一个相同的问题：当其他参与者不改变它们的行为策略时，它当前的策略是最优的。因而，对于每个理性的参与者，它不会冲动地改变自己的行为策略，否则，它将会获得降低的收益，这种局势被称为纳什均衡。多个 Agent 通过交互、协调和合作共同完成特定的任务，是群体协同的最终目标。从某种角度来说，个体间的交互和任务分配过程也可看成个体间的利益协调过程，因此，群体协同也是一种博弈。基于博弈论分析法，在群体协同过程中，可试图通过博弈中的纳什均衡来得到每个 Agent 的行为，使 Agent 的行为表现出合作的意愿，同时减少行为上的冲突，实现 Agent 行为间的协同。Rosenschein 在其博士论文中，采用博弈论方法对多 Agent 在有冲突目标情况下的交互问题进行了深入的研究，建立了理性 Agent 的静态交互模型，为多 Agent 交互和协同研究奠定了基础。Rosenschein 对博弈论的应用，推动了博弈论在群体协同领域的发展。如今，许多学者利用博弈理论研究多 Agent 系统问题，多 Agent 间的协调机制（Negotiation）[162-164]是其最广泛的研究和应用。

基于马尔科夫决策模型的研究方法：对于在火灾和地震等恶劣环境下的群体协同问题，Agent 必须自主地利用传感器所收集的局部环境信息进行交互、决策和协同。然而，由于所处环境的恶劣性，使得传感器所收集的数据具有不确定性，信息带有一定的噪声。此外，执行部件的控制也会存在一定的误差。这些不确定性给 Agent 决策带来了巨大的挑战。马尔科夫决策理论（Markov Decision Theory）为不确定环境下的群体协同问题提供了统一的模型和理论基础。在马尔科夫决策理论中，Agent 的行为决策具有马尔科夫性，即 Agent 仅须根据当前的状态信息即可做出最优行为决策而无须历史的状态和动作信息，简单来说，Agent 未来的状态仅与当前状态有关而与过去状态无关。马尔科夫决策理论利用状态概率转移矩阵来描述 Agent 状态转移的不确定性，以解决不确定因素为 Agent 决策带来的影响。马尔科夫决策过程是一门研究序贯决策过程的理论。所谓序贯决策过程是

指 Agent 处于特定的环境中在一系列连续或离散的时刻点上做出决策，产生一系列动作的过程。对于复杂环境约束下的群体协同问题，可参考马尔科夫决策理论的建模方法，对多 Agent 的协调和任务决策过程描述为有限时间内的序贯决策过程，建立动态任务分配和协调模型。强化学习以 MDP 模型为基础，是一种 MDP 问题的求解方法。从强化学习角度来看，Agent 行为决策过程可以看成 Agent 与环境的交互过程。Agent 通过传感器感知环境信息并做出相应的动作，同时环境会对 Agent 所做出的动作给予一定的反馈（奖励），根据环境反馈，Agent 进一步调整其行为策略，以提升其完成最终目标的能力。强化学习是一种通过与环境不断交互获取经验的学习方法，它在多噪声、复杂及不确定环境中具有更高的鲁棒性，这为求解群体协同问题提供了新的思路和方法。由于马尔科夫决策过程自身的优势，其在群体协同问题中得到了广泛的应用。例如，RIEDMILLER[165]将多 Agent 的协作问题描述为多 Agent 马尔科夫决策过程（Multi-agent Markov Decision Processes，MMDP），Agent 使用强化学习的方法来获取行为策略，通过学习机制来减少协商过程中的不确定和不稳定因素。近期，许多学者利用深度强化学习研究多 Agent 系统。Ardi 等学者[166]利用深度 Q-learning 研究高维环境中的多 Agent 系统协同问题。Kong[167]提出了基于深度强化学习解决多 Agent 联合目标搜索协同问题的方法。MDP 求解决策问题需要知道完整的环境状态信息，因而其不适用于只能观察部分环境状态情况下的行为决策问题。局部可观察的马尔科夫决策过程（POMDP）是 MDP 的一个扩展，可用于求解部分环境状态信息下的决策问题。目前，相关学者利用 POMDP 主要解决无人集群侦察、监视等协同问题[168-170]。

基于市场经济学的研究方法：除了博弈论和马尔科夫决策模型，市场经济学也是一个求解群体协同问题的有效方法。市场经济学中的许多概念和模型均可作为群体协同机制设计的范本。其中，市场的竞价拍卖机制在求解群体任务分配问题中得到了广泛的应用。它是一种自主决策的资源配置机制，每个参与者根据市场价格和个人偏好进行自主决策，多 Agent 任务分配的本质也是一种资源配置问题，也需要实现这种自主决策机制。在这种方法下，对于单个或多个任务，多 Agent 间相互竞标，任务最终将会分配给出价最低的 Agent。一般使用 Agent 完成其所竞拍任务所行走的路程（或时间）作为 Agent 的价格。因此，将任务分配给出价最低的 Agent，可以减少团队完成所有任务所须行走的路程（或所花费的时间）。拍卖方法主要分为组合

（Combinational）、并行（Parallel）和序列（Sequential）拍卖三种方法。

在组合拍卖中[171-173]，每个 Agent 对任务子集进行投标，目的是最小化其当前位置的路径成本。每个 Agent 可以枚举要投标的任务子集的所有可能组合，这要求任务在拍卖开始是已知的，因此这种方法可为静态任务分配问题提供最佳解决方法。然而，任务子集的组合会随任务数量的增加呈指数增长，在实际应用中这种方法复杂度高且可操作性差。

对于并行拍卖[174,175]，每个 Agent 在一轮拍卖中并行地对所有可用任务进行投标，每个任务最终将会分配给出价最低的 Agent。因此，并行拍卖方法可以在一轮拍卖中完成对所有任务的分配。相对于组合拍卖，它的优点是任务分配计算效率高，但它没有考虑多个任务间的拓扑分布，即多个任务间的距离，这可能会增加 Agent 完成所中标任务的实际旅程，使得最终的分配方案可靠性低。

序列单项（Sequential-Single-Item，SSI）拍卖方法是在已知任务集的情况下，对问题计算的复杂性和方案质量之间提供了良好的折中方案。在 SSI 中，任务有序地通过多轮拍卖进行分配，在一轮拍卖中每个 Agent 仅对单个任务进行投标。SSI 不仅可以用于静态任务分配问题，还可以解决动态任务问题[176-178]。因此，大多数学者基于 SSI 的拍卖方法对任务分配问题进行研究[179-181]。

从拍卖的实现方式上，拍卖可分为集中式拍卖和分布式拍卖。集中式拍卖[182,183]需要一个中央管理者对所有可利用资源进行管理。这种方式的优点是可以实现最优的任务分配，但由于所有的 Agent 均须与管理 Agent 通信，这将增加交流成本。分布式拍卖[184-186]无须中央管理者或足够的带宽来传输所需信息，因此分布式拍卖较集中式拍卖更具有可扩展性和灵活性，但这种方式很难找到全局最优的任务分配。

2）基于 BDI（Belief-Desire-Intention）研究方法

关于多 Agent 间的协同问题，许多学者尝试从逻辑论的角度进行研究。从逻辑论角度来看，为了适应周围环境的变化和协作问题的求解，Agent 必须利用其所掌握的知识改变自己的内部状态，即心智状态。Agent 的行为可由其心智状态进行解释，也就是说，心智状态能够驱动 Agent 的行为。例如，如果 Agent 需要相互合作，那么它们必须有一个共同的目标。这个目标可以是多 Agent 对环境和系统状态认知的一致性，也就是说，Agent 对环境和系统状态的认知越趋于一致，越有利于它们的行为保持一致和协调。这里，Agent 对环境状态的认知就是其心智状态。可见，可以通过修改 Agent 的心智状态，实现 Agent 间的协同。从心理学角度来看，人的心智状态主要有：认知（信念、学习等）、情感（愿望、偏好等）和意向（意图、承诺等）。借鉴人的心智状态，Rao 等学者以信念（Belief）、愿望（Desire）和意图（Intention）为基础，提出了 Agent 逻辑框架和 BDI 模型。信念是 Agent 对环境的认识和看法，描述了 Agent 内部状态和行为及外部状态特性；愿望即 Agent 目标，其可直接从信念中得到，用以表达 Agent 对未来状态的憧憬和行为的规划，这是 Agent 决策的依据。意图是 Agent 在愿望的基础上对未来行为的预先计划，制约 Agent 的行动。基于 BDI 模型的群体协同方法主要采用人工智能中的符号推理方法，通过建立较完备的符号体系进行知识推理，使 Agent 具有自主思考、决策和协同的能力。这种方法注重分析 Agent 的目标、能力和环境变化，具有动态性和开放性。如今，基于 BDI 模型的方法已得到了广泛的应用，特别是人工智能领域中的自适应系统研究，已成为 Agent 协同方法研究的热点[187-190]。

2．异构群体协同应用

随着对异构群体智能系统的深入研究，异构群体协同机制成为学术界的研究热点，在生活中具有广泛的应用。目前，异构群体协同应用领域主要包括交通领域、军事领域和足球机器人等。

1）交通领域

随着城市化步伐的加快和旅游业的发展，道路车辆迅速增加，导致交通拥堵等现象不断涌现。由于城市交通信号控制具有典型的分布式特征，因而在时变复杂的交通网络中，仅优化局部路口信号是无法保证全局网络性能的。信号控制中心在相互交换其局部交通路况信息时，更需要一个协调机制来指引它们对交通的控制，以提高整个网络的控制效益。此外，城市交通路线错综复杂、规模庞大，传统交通控制方法已无法缓解交通压力。Agent 在动态复杂的环境中具有很高的自治能力和协调能力，能够根据其所感知的环境信息自主决策。在异构多 Agent 系统中，Agent 间可以通过信息交互、自主协调与合作来完成共同的目标，这满足分布式自适应交通信号管理的内在需求。因而异构群体协同技术为交通管理问题提供了良好的解决方法，推动了智能交通的发展。例如，在智能交通信号控制中，每个路口信号控制器可被视为一个 Agent，在没有人或者其他因素的直接干预下，路口信号控制器可以根据其感知的周围道路交通信息,自主地做出决策和规划,及时响应环境的变化,实现交通管理的自动化。此外,各分布式路口信号控制器可以通过信息通信、合作和协调,实现全局交通网络的控制目标。近年来,利用异构群体协同技术解决全局交通控制已成为研究热点,国内外学者开始探寻实现智能交通管理的解决方案包括:城市交通控制(Urban Traffic Control,UTC)[191,192]、公交车队管理[193,194]、公交控制[195]、交叉口信号控制[196,197]及动态路线诱导系统[198]等。目前,国内外许多学者在上述智能交通管理领域取得了显著性成果,表 4-9 展示了一些代表性的研发项目。

表 4-9 智能交通研发项目

项目名称	研究队伍	应用领域	关键特征
CARTESIUS	Logiand Ritchie[199],慕尼黑技术大学,德国	交通拥塞管理	两个基于知识的交互智能体,实现跨辖区交通拥堵管理
IDTMIS / UTC	Roozemond[200],代尔夫特理工大学,荷兰	城市交叉口控制	描述了交通控制智能体、路段智能体和执行智能体的 UTC 理论模型
	Guo 等[201],清华大学,中国	城市交通控制	一个三层城市交通控制模型概念
IDTMIS / UTC	Choy 等[202],新加坡国立大学,新加坡	交通信号控制	分层的多智能体体系结构,嵌入式模糊神经决策模块,在线学习
	Zhao 等[203],南加州大学,美国	交通控制	通过公交智能体和站点智能体实现动态交通协同派遣
CORBA-A	Zhang 等[204],清华大学,中国	交通数据管理	分布式多智能体体系结构,采用 CORBA 和智能体实现应用
TRYSA2	Srinivasan 等[205],新加坡国立大学,新加坡	交通信号控制	单层协作多智能体架构,智能体的协作区域可动态更新和调整
aDAPTS	Wang[206],中国科学院,中国	城市交通控制与管理	用于城市交通控制的三层智能体平台,该平台在多智能体系统中融入了移动智能体概念
ACTAM	Chen 等[207],中国台湾	交通信号控制	一个自适应协同交通信号智能体的模块化设计
HUTSIG	Kosonen[208],赫尔辛基理工大学,荷兰	交通信号控制	利用实时检测数据模拟交通场景,实现在线仿真
MARL-H	Chen 等[195],中南大学,中国	公交控制	多智能体强化学习(MARL-H)协调控制框架,实现实时协调控制

2)军事领域

随着信息化时代的到来,军事作战样式已逐渐从钢铁的较量转换为信息化装备的较量,传统简单的人-武器系统已无法满足信息化时代的作战需

求,这迫切需要一个基于信息的智能化武器系统来完成军事作战。然而,军事领域是一个非常具有挑战性的环境,其特点包括不确定性、复杂性、动态性和异质性等。作战系统应可以及时应对重大和破坏性的动态变化,这意味着其应具有动态适应变化的能力、敏捷(抓住瞬时机遇)并保持稳健(面对潜在的灾难性破坏)的能力。Agent 具备这样的能力,其能够根据动态环境信息快速地进行自主决策,多 Agent 间可通过相互通信和协调完成复杂性任务。特别是异构多 Agent 系统,通过多异构 Agent 间的协同,能够很好地适应军事环境的复杂性和异质性。目前,异构群体协同技术在军事领域已得到了广泛的应用,特别是无人控制设备。目前,国内外已有典型的无人集群项目。

(1)国外无人集群项目。

匈牙利罗兰大学 Tamás Vicsek 团队在 2014 年提出分散式多直升机群,并实现了 10 架四旋翼直升机在室外环境下的自主集群飞行(图 4-9)。它的

图 4-9 Tamás Vicsek 团队的室外多四旋翼直升机自主编队飞行

特点是集体行为基于分散控制框架,利用生物群集行为机制进行任务决策,实现了像鸟群一样的自主飞行。此外,不存在中央控制器,所有必要的计算都是由微型机载计算机进行的。四旋翼直升机通过 GPS 接收器获取全球信息,并与其他集群成员进行信息交互,实现自主决策。项目利用基于自驱动粒子的运动机制,实现了四旋翼集群在 GPS 噪声、通信延迟和故障环境下的稳定飞行,包括有界区域内的碰撞规避和聚集,队形的稳定保持(网格、旋转环和直线)及群集目标跟踪[209,210]等。

2015 年,美国海军研究生院 Timothy Chung 团队实现了 50 架固定翼飞机的集群飞行(见图 4-10),该试验打破了以往由一人操控 30 架无人机的记录。该项目通过集群地面控制站实现同时对 50 架无人机的控制,这不同于以往每架无人机需要一个操作员的控制模式。他们研制了链传动弹射器,弹射器每 30s 发射一架无人机,无人机按照主从模式飞行,利用无线自组网络进行信息交互,实现自主飞行和决策[211, 212]。

图 4-10　Timothy Chung 团队 50 架固定翼飞机的集群飞行

2015 年,美国 DARPA 发布了"拒止环境中的协同作战"项目,其旨在搭建一个模块化的软件架构。与现有技术相比,该架构具有抗"带宽限制"及"通信中断"能力,这有益于指挥人员在通信降级、电子对抗等不利条件下保持势态感知并控制无人机,进而提高了无人机在高对抗环境下的自主性和协同作战能力。2016 年,美国 DARPA 的"小精灵"无人机项目计划研制一种部分可回收的侦察和电子战无人机集群,从敌方防御范围外的大型飞机(轰炸机、运输机、战斗机等平台)上投放,利用无线网络实现通信与协同,通过影响导弹防御、通信与内部安全,甚至利用电脑病毒袭击敌方数据网络等方式压制敌方,相关具体技术方案细节尚未公布。"小精灵"无人机项目主要分为三个研发阶段,目前该项目已进入第二阶段。

英特尔公司 CEO 克雷格·贝瑞特在 2016 年 CES 大会(国际消费类电子

产品展览会）上首次公开展示了 100 架无人机共舞的视频，公开了英特尔公司在德国汉堡与电子艺术未来实验室（Ars Electronica Futurelab）一起创造的一场室外无人机飞行灯光秀加现场音乐会（见图 4-11（a））。而同时操控 100 架无人机组成的集群，也创造了新的世界纪录。在无人机升空之前，工程师们预先设计了无人机的飞行路径及与交响乐相协调的灯光效果。4 名工程师每人操控 25 架无人机，使其按照预设路径在观众上空飞行，并确保无人机安全飞行。通过预先设置飞行路径实现无人集群协同。2018 年 1 月 7 日，英特尔公司再一次创造了新的吉尼斯世界纪录。100 架英特尔 Shooting Star 微型无人机打造了一场室内灯光秀，创造了通过一台计算机在室内同时放飞最多无人机的记录（见图 4-11（b））。英特尔 Shooting Star 微型无人机是英特尔公司第一款为展现室内灯光秀而全新设计的无人机，采用了新的英特尔室内定位系统（Intel Indoor Location System），让无人机无须 GPS 即可在室内维持位置并实施导航。它的设计充分考虑了安全性，而又富有创意，采用超轻的结构和螺旋桨防护装置。其光源可以创造超过 40 亿种颜色组合，从而实现极具视觉冲击力的空中表演。

（a）室外表演　　　　　　　　　　　（b）室内表演

图 4-11　英特尔公司 100 架无人机集群表演灯光秀

（2）国内无人集群项目。

2016 年 11 月，我国第一个固定翼无人机集群飞行试验以 67 架飞机的数量打破了之前由美国保持的 50 架固定翼无人机集群飞机数量的纪录（见图 4-12）。

2017 年 6 月，中国电子科技集团成功完成了 119 架固定翼无人机集群飞行试验（见图 4-13（a）），刷新了此前 2016 年珠海航展披露的 67 架固定翼无人机集群试验记录。试验中，119 架小型固定翼无人机成功演示了密集弹射起飞、空中集结、多目标分组、编队合围及集群行动等动作。在该项目中,无须每时每刻控制每架无人机,仅须向无人集群发布一个任务,之后无人机间会相互通信,它们能够根据周围环境进行自适应地调节,自主决策并通过协同完成指定任务。2018 年 5 月,中国电子科技集团完成了 200 架固定翼无人机集群飞行(见图 4-13(b)),再度刷新了早前由我国创下的 119 架固定翼无人机集群飞行记录。

图 4-12　我国第一个固定翼 67 架无人机集群飞行试验

(a) 119 架无人机集群　　　　　　　　(b) 200 架无人机集群

图 4-13　中国电子科技集团无人机集群飞行试验

3)足球机器人

如今,机器人世界杯足球锦标赛 RoboCup(Robot World Cup),已成为人工智能广泛关注的研究领域之一。其目的是通过一个易于评价的标准平台促进人工智能与机器人技术的发展,目标是在 2050 年前后能组建一支机器人足球队战胜当年的人类世界杯冠军。RoboCup 组织提供了机器人足球比赛仿真平台,包括多种竞赛方式,主要分为软件仿真比赛和实物机器人足球比赛。仿真组 2D 比赛是一个软件仿真机器人足球比赛系统（见图 4-14），其具有复杂性、不确定性、动态性、对抗性和不可靠通信等环境特点。因而在仿真组 2D 比赛中，每个机器人应当能够根据其所处的局部场景，甚至在对手随时出现／消失和队员执行任务失败等突发情况下，自主决策。此外，机器人球队中主要有两种 Agent：球员 Agent 和守门员 Agent。在足球比赛中，由于球员 Agent 和守门员 Agent 有不同的任务，因此它们的功能也是不同的。为了赢得比赛，机器人足球队中的每个队员（机器人）需要相互通信、合作和协调以应对各种比赛场景。可见，机器人足球队的协同过程就是异构群体交流、协调、决策和规划的动态过程。

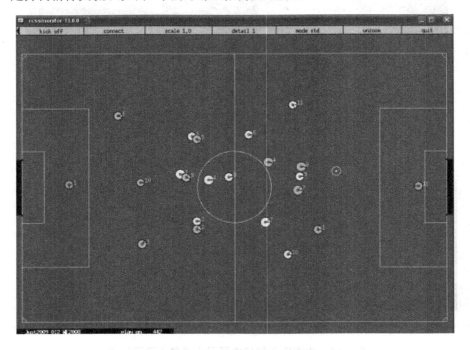

图 4-14　RoboCup 仿真组 2D 比赛

RoboCup 机器人足球比赛的想法最初是由加拿大不列颠哥伦比亚大学 Alan Mackworth 教授在其论文 *On Seeing Robots* 中提出的。1996 年，RoboCup 世界联合会成立，并决定每年举办一次 RoboCup 仿真比赛，其中，仿真组 2D 比赛是竞争最为激烈的子项目。1997 年，RoboCup 在日本的名古屋召开了第一届 RoboCup 仿真比赛（见图 4-15）。同年，IBM 的深蓝在国际象棋上战胜人类获得世界冠军,迫使机器人足球比赛代替国际象棋成为人工智能领域下一个标准问题。RoboCup 仿真比赛在一个完全分布式控制、实时异步的多智能体环境下,研究多智能体的合作和对抗问题。研究人员运用各种技术以增强足球团队实力,使其足球队在比赛中取得胜利。目前已有不少国内外科研团队及高校参与了 RoboCup 仿真组 2D 比赛,并取得了一定的成果。

图 4-15　第一届 RoboCup 仿真比赛

（1）国外 RoboCup 科研团队。
- 美国卡耐基梅隆大学 CMU 队。

CMU 队是 1998 和 1999 年的 RoboCup2D 比赛冠军,Peter 球队设计者提出了球队策略分层思想,将问题分解到三个行为层上,每层均基于机器学习技术进行球队策略学习。第一层对球员个体基本技术进行学习。例如,使用 BP 神经网络训练球员在不同场景下的射门技能。第二层,两个球员间的协同学习,这一层可以调用第一层学习到的基本技术,同时采用决策树方法进行球员间的传球学习。第三层,球员与其他多个球员间的球队战略学习,根据球场态势动态地调整多个球员的行为策略,这种球队分层方法通过自底向上分层的方式,进一步实现了从个体技术到宏观球队策略的技术框架[213]。

- 德国奥斯纳布吕克大学 Brain Stormers 队。

Brain Stormers 队是 2007 和 2008 年的 RoboCup2D 比赛冠军。Brain Stormers 将球队比赛看成部分可观察马尔科夫决策过程（POMDP）,利用强化学习方法提升球员及球队的作战技能,采用贝叶斯概率理论评估球场状态,同时利用反馈神经网络对球队防守技能进行训练[214]。

- 日本福冈大学 Helios 队。

智联网

　　Helios 队于 2010、2012、2017 年夺得 RoboCup2D 比赛冠军。Helios 队利用三角剖分及粒子滤波定位方法对球员及足球进行精确定位。他们提出了动态链机制，使球员具有连贯动作意识和更深层次的智能。此外，他们对对手模型也进行了研究，通过神经网络方法来预测对手行为和阵型[215,216]。

　　（2）国内 RoboCup 科研团队。

　　· 中国科技大学 Wright Eagle 队。

　　Wright Eagle 队是国内第一批对 RoboCup 进行研究的团队，夺得 2006、2009、2011、2013、2014、2015 年 RoboCup2D 冠军。他们利用马尔科夫决策模型，强化学习、动态规划等方法对多智能体协同问题进行研究。关于球员划分问题，他们采用了 Option 理论。此外，他们采用了离线计算方式以解决球员在线规划决策时遇到的复杂性问题[217,218]。

　　· 中国清华大学 Tinghuaeolus 队。

　　学习和对抗性规划学习进一步优化踢球行为。球队的整体策略分为进攻跑位策略和防守跑位策略，通过预先设定规则来实现多 Agent 局部合作[219]。

4.4　多智能体博弈技术

4.4.1　多智能体博弈概念

1. 智能体

　　IEEE 计算机学会智能体技术标准化组织 FIPA（Foundation for Intelligent Physical Agent）将智能体定义为"智能体是驻留于环境中的实体，它可以解释从环境中获得的反映环境中所发生事件的数据，并执行对环境产生影响的行动。"依此可将智能体划分为如下功能模块：输入模块，用于从环境中获取信息；目标模块，用于判断任务目标，为决策提供标准；学习模块，用于处理和解释环境信息、做出决策并记录结果，以促进未来的决策效率；输出模块，依据决策结果执行操作，改变环境信息；交流模块，用于和系统内其他智能体交互，以提升决策质量。通过以上定义和模块划分，可以将智能体基本特征归纳如下：

　　（1）自主自治。智能体具有完整的输入—处理—输出系统，可以独立自主地完成信息获取、决策和动作执行，能够根据环境变化自动调整行为和状态，不需要其他智能体替代执行其中的任意步骤。

（2）主动适应。智能体不仅能根据获取的外界变化做出直接应对，还能主动预判和适应外界变化，表现出更有利于完成任务目标的适应性。

（3）学习进化。智能体记录过往环境信息的变化及决策经验，依此不断优化自身决策过程，以保证任务执行效率。

（4）交流协作。智能体之间能够通过各种直接或间接的方式交流信息，完成交互，提升个体或群体的任务完成能力。

2．多智能体系统

多智能体系统由若干智能体松散结合而成，使用多智能体技术能够将单体庞大复杂的系统建设成多体协同良好、结构简单的系统。多智能体系统的研究集中在如何针对长期目标确立短期规划、优化知识结构及如何使各智能体相互协同工作等，其研究更侧重于多智能体的群体合作，而非单个智能体的自治和发挥。多智能体系统的主要特征如下：

（1）交流协作。系统中各智能体通过各种直接或间接的方式交流信息、达成协作，使整个系统具有超越单个智能体的问题解决能力。

（2）分布并行。各智能体能够独立输入—决策—输出，使整个系统呈现出分布式特点，而智能体各自独立并行活动，使得整个系统可将复杂问题并行或分布式求解。

（3）灵活健壮。多智能体系统中各智能体的结合相对松散，可以较方便地加入或移除某个智能体，同时不会因为某个组件故障而导致整个系统崩溃。

多智能体系统会采用分而治之的方式，把单个较复杂的任务分解为多个较简单的子任务，各智能体通过交流和协作来完成所有子任务，这样既能提高系统完成任务的能力，还有助于提升系统的灵活性。其应用领域如下：

1）无人（机／车）集群

信息集成和协调是无人集群中的一项关键性技术，它直接关系到无人设备的性能和智能化程度。一个无人设备应包括视觉处理、信息融合、规划决策及自动行驶等各子系统。各子系统相互依赖、互为条件，需要共享信息、相互协调，才能有效完成总体任务。多智能体系统的研究目标是结合、协调、集成无人集群的各种关键技术及功能子系统，使其成为一个整

体。利用多智能体系统将每个无人设备作为一个智能体，建立多智能体无人集群协调系统，可实现无人集群协调与合作。

2）交通控制

多智能体技术的分布式特点与交通控制拓扑结构契合度较高，可以采用分布式并行的方法应对交通环境信息的剧烈变化。

3）网络自动化与智能化

将网络的各种智能组成部分定义为不同类型的智能体，就能利用多智能体系统组织、表示和通信一致性的特点实现网络管理；将多智能体技术与互联网技术相结合，建立基于客户服务器的智能体结构，以支持网络环境下用户间协同工作；利用软件智能体技术，可实现互联网信息收集、检索、分析、综合，从而实现高度智能行为的信息处理手段。

4）分布式智能决策

多智能体技术可用于协调多个专家系统的决策方法，建立基于多智能体协调的决策支持系统。智能体采用基于规则的描述方法，可实现环境管理的分布式智能决策。

5）分布式计算

基于智能体的服务请求代理机制，可以将各种客户服务器应用划分为客户应用智能体和服务智能体，从而建立分布式的计算环境。

6）控制

利用多智能体技术可建立多智能体控制系统框架，包括控制层、管理层和多智能体协调与通信层等，用于解决复杂系统的控制问题。

多智能体系统研究的关键内容在于其交互机制。如前所述，多智能体系统多用于解决大规模复杂问题，因此其所处环境也具有大规模、动态、复杂的特点。而各智能体之间如何协商、合作、分配任务，如何制定其中的社会法则与行为规范以解决智能体之间的矛盾冲突，提高决策质量，减少通信量，降低资源占用率，则是多智能体系统交互机制的研究重点。由于多智能体系统中各智能体关联较弱，自主性较强，在交互机制的研究中不可避免地引入了博弈的概念。

3．多智能体博弈

博弈主要研究事件的共同参与者按一定规则选择策略已获得既定目标或收益的相互作用过程，典型的博弈包括囚徒困境、猜拳游戏、情侣博弈等。一般来说,博弈过程主要包括如下几个组成部分。

(1)参与者

参与者也称局中人、博弈方、玩家,可以是某个理性个体,也可以是一个组织或团体,它们独立选择策略,采用行动,参与博弈过程,获得自己想要的博弈结果。在博弈模型中,一般假设参与者是"理性的",即参与者只会选择对自己有利的策略,而不管这种行为是否会损害其他的参与者。由于参与者的相互依存性,博弈中一个理性的决策必定建立在预测其他参与者的反应之上。一个参与者将自己置身于其他参与者的位置,并为对方着想,从而预测其他参与者将选择的策略,在这个基础上该参与者决定自己最理想的行动,这就是博弈论方法的本质和精髓。所以参与者应该清楚地知道自己的目标和利益所在,在博弈中总是采取最佳策略以实现其效用或利益的最大化。博弈中所有参与者组成的集合称为参与者集合,通常用 $N=\{1,2,\cdots,n\}$ 表示,单个参与者 i,$i \in N$。

(2)策略 S_i

在博弈中策略通常与行动等效,选择什么样的策略就意味着采取相应的行动。若以行动来表示,则参与者 i 的行动集合表示为 A_i,参与者在进行博弈时,通常要从该集合中选择某一个变行动矢量,记为 a_i($a_i \in A_i$)。所有参与者的行动矢量集合称为参与者行动空间,它是单个参与者行动集合的笛卡儿积,记为 $A = \times \int \in NA_i$。对于策略空间来说,有 $S = \times \int \in NS_i$。

(3)结果空间

每个决策矢量产生一个相应的结果(收益),此结果是由每个参与者选择的策略共同决定的,它们之间相互作用。因此,在每个博弈中,都存在着一个从策略矢量到某个结果空间的映射。由于这个映射关系是预先定义好的,因而大多数博弈往往只考虑产生结果的策略矢量而不是关注结果本身,即选择了某个策略就意味着某种博弈结果。

(4)偏好关系

偏好是指对两个结果或两个策略矢量之间的一种倾向性选择,是一个二元选择问题。如果对 X 的两个结果 $x_1, x_2 \in X$,更倾向 x_1,则记为 $x_1 \geq x_2$(读作"x_1 弱偏好于 x_2"),表示选择 x_1 的愿望至少不比选择 x_2 的愿望弱;若选择 x_1 的愿望一定强于选择 x_2,则表示为强偏好关系,记为 $x_1 > x_2$;若

选择 x_1 的愿望与选择 x_2 的愿望一样,则记为 $x_1 \approx x_2$。

对于规模较小的博弈,可以对每个参与者在所有可能结果上列出偏好表。然而,当博弈规模增加时,则偏好表大幅增长,用列表的方式表示不现实。

(5)效用函数

效用函数又称目标函数或收益函数,是对偏好关系的一种数学描述,即将两种结果的偏好关系用具体的参数值来描述,是策略矢量到一组实数值的映射,$u_i : X \rightarrow R$。效用函数以紧凑的方式表示偏好关系。

定义 1.3 效用函数

一个偏好关系"$\geqslant$"可以表示为效用函数,$u : X \rightarrow R$,即
$$x_1 \geqslant x_2 \Leftrightarrow u(x_1) \geqslant u(x_2)$$

j 偏好于苹果而不是橙子,从偏好关系上,$u_j(\text{apple}) = 1$ 及 $u_j(\text{orange}) = 0.5$,可以等效写为 $u_j(\text{apple}) = 1000$,$u_j(\text{orange}) = 10$。而对选择苹果和橙子这一问题,参与者 j 偏好于苹果,因此可以预测选择苹果。

(6)决策规则

决策规则是一个特定的博弈模型中参与者选择策略的规则,即参与者如何根据其预测收益调整其下一个策略,策略的调整依据是决策规则。

(7)决策时间

参与者决策更新的时刻,根据策略更新过程的时刻不同可分为如下四个部分:

① 同步决策过程:所有参与者在一个周期内同时更新其选择的策略。

② 循环决策过程:每个参与者在一个周期内依次更新其选择的策略。

③ 随机决策过程:参与者不定时,随机更新其选择的策略(一次博弈过程中只有一个参与者更新策略)。

④ 异步决策过程:参与者随机更新其选择的策略(一次博弈过程中有多个参与者更新策略)。

(8)博弈信息

参与者在博弈中所具备的知识,特别是有关其他参与者的特征(收益、偏好等)、行动或策略的知识。在博弈过程中:若参与者掌握其他参与者的全部信息,则这种信息称为完全信息;若仅掌握其他参与者的部分信息,则这种信息称为不完全信息。如果一个参与者不但具有完全信息,而且还准确掌握其他参与者所采取的行动,则这种信息为完美信息;反之称为不

完美信息。信息对参与者的意义和作用至关重要，掌握信息的多少将直接影响决策的准确性，从而关系到整个博弈的结果。有经验的参与者总是尽可能地收集博弈信息，从而在采取策略进行决策时掌握主动。

不同形式的博弈其组成要素有所不同，标准博弈至少由参与者集合、行动空间（策略空间）和效用函数组成，记为 $G = \langle N, A, \{u_j\} \rangle$。标准博弈也称作策略模式博弈。

博弈论是分析研究博弈过程的理论和分析工具的集合，它为分析博弈过程提供了大量一般性工具。考察博弈过程的关键点之一即该博弈能否收敛到稳定状态，而博弈收敛到的稳定状态称为纳什均衡。纳什均衡是一种策略组合，它使得每个参与者的策略所带来的收益期望都不小于其他策略能带来的收益期望，任何参与者单独改变策略都不能改善收益。在求解纳什均衡之前，需要确定纳什均衡是否存在。针对博弈的具体类型，可用到的方法包括动态系统理论、不动点定理等。

传统的博弈论模型多依托经济学相关场景而建立，因此在多智能体系统中应用博弈论，需要根据经济学中的博弈模型将多智能体系统各要素与经济学博弈要素进行映射，借用经济学博弈模型分析多智能体系统相关问题。从不同角度考察博弈过程，可将其分为如下几类。

（1）合作博弈与非合作博弈

两者的主要区别在于参与者在博弈过程中是否能够达成具有约束力的协议。倘若不能，则称非合作博弈。合作博弈理论倾向于对合作的研究，强调集体理性、效率、公正、公平，解决如何分享合作收益。而非合作博弈理论则偏向于对竞争的研究，强调个人理性、个人最优决策，其结果通常不满足集体理性。合作博弈需要在参与者之间传递相关的状态信息：对于多智能体系统，如果智能体之间信息交流便捷，则利于实现合作博弈；否则传递信息开销太大，需要使用非合作博弈。

（2）完全信息博弈与不完全信息博弈

在完全信息博弈中，每个参与者都拥有其他参与者的特征、策略集合和效用函数等方面的所有信息，即博弈过程中所有需要的信息对全部参与者透明；在不完全信息博弈中，参与者只能了解一部分或完全不了解其他参与者的信息。

（3）静态博弈与动态博弈

静态博弈是指在博弈中参与者同时选择行动，或后行动者不知道先行动者的行为；动态博弈是指参与者的行动有先后顺序，且后行动者能观察到先行动者所选择的行动。

完美信息博弈与不完美信息博弈。在动态博弈中，若参与者完全了解自己行动之前的整个博弈过程，则称这些参与者具有完美信息；若参与者不完全了解自己行动之前的整个博弈过程，则称该参与者具有不完美信息。所有参与者都具有完美信息的博弈称为完美信息博弈，而至少有一个参与者具有不完美信息的博弈称为不完美信息博弈。

4.4.2　完全信息下的动态博弈

动态博弈的特点在于参与者的决策具有先后顺序，部分参与者在观察到其他参与者的行为之后再开始决策，过去的决策会影响到未来的决策。多智能体系统多用于解决较复杂的问题，基本不会出现各智能体一次性完成全部决策的情形，兼之各智能体间可以传递决策信息，故而多智能体系统中的博弈多可以归入动态博弈的范畴。

多智能体系统所处环境根据应用场景不同有着巨大差异，如果周围环境变化相对平缓，各智能体之间通信没有障碍，此时可以认为每个智能体都能掌握其他智能体的全部决策信息，此时则可以用完全信息下的动态博弈方法来分析多智能体系统。具体而言，完全信息动态博弈需要包含以下要素：参与者集合；对每个决策者的各策略都有对应其他决策者所有可能策略的支付函数；在某一时间点，如果之前的所有参与者的决策顺序已确定，则能够确定下一步决策的参与者，以及该参与者所有可用策略；所有参与者均掌握以上全部信息。

首先用一个简单示例帮助读者更直观地理解动态博弈的概念。有两台无人机竞争无线通信信道，其中，信道 1 通信质量较好，通信 2 通信质量较差，但如果两台无人机都选择同一个信道，则由于信号互相干扰，都无法通信，博弈的支付矩阵如下：

		无人机 2	
		信道1	信道2
无人机 1	信道1	0, 0	2, 1
	信道2	1, 2	0, 0

该博弈的纯策略（确定选择而不是依概率选择）纳什均衡为（信道 1，信道 2）和（信道 2，信道 1）。但如果无人机 2 在无人机 1 之后决策，由于

一个策略是对任何情况下完整行动的描述，对无人机 1 而言，可采用的策略只有选择标准 1 或标准 2 两种，而对于无人机 2 而言，有四种策略可用，支付矩阵如下：

		无人机 2			
		(信道1,信道1)	(信道1,信道2)	(信道2,信道1)	(信道2,信道2)
无人机 1	信道1	0, 0	0, 0	2, 1	2, 1
	信道2	1, 2	0, 0	1, 2	0, 0

其中，策略（信道 1，信道 1）表示如果无人机 1 选择信道 1，则无人机 2 选择信道 1，如果无人机 1 选择信道 2，则无人机 2 仍选择信道 1。因此，该博弈的纳什均衡为（信道 1，（信道 2，信道 1）），（信道 1，（信道 2，信道 2））和（信道 2，（信道 1，信道 1）），博弈树如图 4-16 所示。

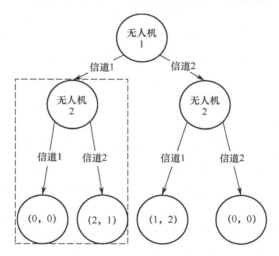

图 4-16　博弈树

然而，这三种纳什均衡并不一定都合理，从无人机 1 的角度看，如果认为无人机 2 所声明的策略是可信的，则会将该策略纳入反应考虑，否则不会影响无人机 1 的决策。为判断策略的稳定性，需要引入子博弈完美均衡的概念，子博弈指从博弈中间的某个阶段起，之前的博弈过程已确定时随后的博弈过程。从博弈树的角度来看，就是选取某个非根非叶子节点作为子树的根所裁剪下来的子树（如图 4-16 中虚线框住部分）。

采用逆推法，当无人机 1 决策完成，无人机 2 得知其行动后开始决策，此时无人机 2 有两个信息集（信息集指参与人决策时所拥有的信息划分），如果无人机 2 知道自己面对的信息集，就相当于知道无人机 1 所采取的策略。按照理性的原则，如果无人机 1 选择信道 1，则无人机 2 选择信道 2，如果无人机 1 选择信道 2，则无人机 2 选择信道 1。进一步回溯，无人机 1 必然在信道 1 和信道 2 中选择一个收益较高的，故选择信道 1。如此得到的结果（信道 1，（信道 2，信道 1））称为子博弈完美均衡，它不仅是无人机 1 的子博弈纳什均衡策略，也是无人机 2 的子博弈纳什均衡策略。相比另外两种纳什均衡策略（信道 1，（信道 2，信道 2））和（信道 2，（信道 1，信道 1）），需要考虑那些虽然在声明的策略中，却没有实际出现的策略，如果实际发生需要执行该策略的情况，策略是否能达到收益最大化。例如（信道 1，（信道 2，信道 2）），实际上无人机 1 选择了信道 1，但无人机 2 的策略声明表示无论无人机 1 选择信道 1 还是信道 2，无人机 2 都选择信道 2，按照该声明，无人机 1 选择信道 1 时无人机 2 的策略收益最大，但假设无人机 1 选择信道 2，该策略就不能取得最大利益。所以认为（信道 1，（信道 2，信道 2））不是子博弈完美均衡，同理（信道 2，（信道 1，信道 1））也不是子博弈完美均衡，因此无人机 2 的策略声明中只有（信道 2，信道 1）对于无人机 1 是可信的。

前面介绍了一次性动态博弈，而对于复杂问题，博弈过程常常会重复出现，因此需要考虑如何在重复博弈中提高系统的整体效率。这里用一个囚徒困境类的无人机通信功率调节的例子介绍重复博弈，两架无人机通过无线信号分别向两个目标传输数据，如果两者都采用低功率传输，则双方都可以正常传输信号，如果一方采用高功率而另一方采用低功率，则高功率传输方提高了信噪比，获得更好的传输效果，相反低功率传输方由于另一架无人机的信号干扰，信噪比过低，无法正常传输，如果双方都用高功率传输，也会因为信号干扰而降低通信质量，博弈的支付矩阵如下：

		无人机 2	
		低功率	高功率
无人机 1	低功率	2, 2	0, 3
	高功率	3, 0	1, 1

如果这是单次博弈，则只有（高功率，高功率）是纳什均衡。现在假设重复博弈，开始时双方都选择低功率，而在下一次博弈时，如果无人机 1 选择高功率而无人机 2 不变，则无人机 1 的收益增加为 3，但同时双方的默契破坏，无人机 2 之后也选择高功率，如此无人机 1 的收益减少为 1，而且

之后的收益也一直为 1。相比不改变策略，无人机 1 在第一次博弈后获得 1 的增益，而在随后的博弈中每次遭受 1 的损失，如果双方总共博弈次数不小于 2 次，则无人机 1 首先改变策略从总体上是得不偿失的，否则是有利可图的。因此在长期的博弈中，可以预期双方都选择低功率不变，而不像单次博弈那样均选择高功率。

然而，如果双方博弈的次数有限且已知，则状态又会改变。双方都会采用倒推法分析，首先是最后一次，由于没有之后的博弈，双方都会发现选择高功率必然对自己有利。接着是倒数第二次博弈，双方都知道对方会在最后一次博弈中选择高功率，因此即使本次自己选择低功率，也不可能在下次博弈中维持（低功率，低功率）的状态，按照理性决策则必然会选择高功率。依此类推，两架无人机都会在一开始就选择高功率。这个结果说明只要博弈次数有限且已知，根据理性假设，囚徒困境类的博弈参与人仍只会选择自私策略，损害整体收益。

再来考虑博弈次数无限的情况。由于重复博弈决策具有先后顺序，参与人能用双方之前的决策结果影响之后的决策，如可以根据之前对方是否合作而决定自己之后合作或是背叛，这也被称为触发策略。触发策略的基本模式为：如果对方一直合作，则自己也一直合作；如果对方背叛，则触发自己暂时或永久采取背叛策略。触发暂时背叛的称为礼尚往来策略，触发永久背叛的称为冷酷策略。如果在前述例子中无人机 2 采用礼尚往来策略，在某次博弈时无人机 1 选择了高功率的背叛策略，无人机 1 可以在本次博弈中获得 1 的额外收益。因为触发无人机 2 的礼尚往来策略，无人机 2 在第二次博弈中也选择高功率，这时无人机 1 可以选择继续高功率或改为低功率；继续高功率，则从这次博弈开始，每次少获得 1 的收益；改为低功率，则本次少获得 2 的收益，但由于无人机 2 采取礼尚往来策略，之后的收益恢复正常。在有些情况下还需要考虑收益的时间效益，即早获得的收益优于晚获得的同等收益，在这种情况下，就需要把收益的时间效益加成到收益数值里，才能得到正确的结果。在本例中不考虑收益的时间效益，无人机 1 背叛得到的收益不如合作得到的收益，因此在理性假设下无人机 1 会选择一直合作，当双方都采用礼尚往来策略时，便可促使双方采用合作策略而非背叛策略，如此则解决了囚徒困境。按照同样方式可以推得冷酷策略也能解决无限次重复博弈的囚徒困境。

在实际应用中，经常出现的博弈重复类型既非有限次已知次数的重复

博弈,也非无限次重复博弈,而是博弈参与方都知道博弈次数有限但都不能确定博弈次数的情况,即有限次未知次数博弈。在这类博弈中,参与者不能确定博弈具体会持续多少次,但是会对博弈是否能继续保持一定次数有概率上的判断。以上述博弈为例,只要双方都有数据需要传输,那么博弈就会持续,但如果无人机数据传输任务完成,博弈就会终止。如果无人机 1 在某次博弈中选择背叛,如前所述,增加收益为 1,在博弈正常持续的时候,下一次博弈开始至少损失 1 收益,但如果无人机 1 判断下次博弈持续概率为 p,则下次博弈收益损失的期望为 $1×p$,这表明未来博弈终止的可能性会降低参与方采取背叛策略时遭受的损失。如果博弈继续下去的概率足够小,则参与方采取背叛策略就有可能利大于弊,因此参与方在选择策略时,不仅要考虑当次博弈和未来对手反应造成的收益变化,同时也要考虑博弈能否继续保持的概率。

网络资源分配中的博弈也可分为非合作博弈、联盟博弈、匹配博弈和分层博弈。

1. 非合作博弈

在基于博弈论的无线网络资源管理中,最基本的博弈模型为非合作博弈,其中,每个博弈参与者独立进行决策,不会与其他博弈参与者协商。博弈参与者的策略可以是纯策略也可以是混合策略。纯策略意味着博弈参与者选择一个确定的动作,而一个混合策略则是定义在各动作上的概率分布。一个博弈参与者使用某个策略获得的回报称为效用。常见的非合作博弈的解称为纳什均衡,在纳什均衡下,对于任意一个博弈参与者,当其他博弈参与者不改变自身策略时,它无法通过改变自身策略而提升效用。此外,当非合作博弈中存在势函数时,该非合作博弈为一个势博弈,此时纯策略纳什均衡一定存在,且势函数的任何全局或局部最优点为一个纯策略纳什均衡。非合作博弈在资源管理中的应用主要包括功率优化和频谱分配。例如,文献[220]将高斯干扰信道条件下的功率分配问题建模为用户间的非合作博弈,然后提出了一个迭代算法进行求解,并给出了算法收敛到纳什均衡的充分条件。文献[221]针对一个多小区多用户的上行正交频分多址系统设计了两种基于非合作博弈的功率优化算法,来最大化系统能量效率,第一种算法的博弈参与者为用户终端,而第二种算法的博弈参与者为基站。文献[222]研究了车联网场景下的频谱资源分配问题,该问题建模为

第 4 章　智能网络与协同

路边单元间的非合作博弈，并提出了一种基于后悔匹配的算法，得到博弈的相关均衡。在文献[223]中，作者将异构小蜂窝网络中的子信道分配问题建模为势博弈，来最小化每个子信道上所有用户受到的总干扰。

1994 年，Littman[224]开创性地将博弈论引入强化学习中，提出了解决两人竞争性问题的学习算法 Minimax-Q，树立了多智能体强化学习的一个范型。为解决大部分强化学习问题提供了一个简单明确的数学框架，后来的研究者大多在这个模型的基础上进行了更进一步的研究。Minimax-Q 算法应用于两个玩家的零和随机博弈中。使用 Minimax-Q 算法构建线性规划来求解每个特定状态 s 的阶段博弈的纳什均衡策略。算法名字中的 Q，指的是借用 Q-learning 中的 TD 方法来迭代学习状态值函数或动作-状态值函数。

在两个玩家的零和随机博弈中，给定一个状态 s，则第 i 个智能体的状态值函数 $V(s)$ 定义为：

$$V_i^*(s) = \max_{\pi_i(s,\cdot)} \min_{a_{-i} \in A_{-i}} \sum_{a_i \in A_i} Q_i^*(s, a_i, a_{-i}) \pi_i(s, a_i), i = 1, 2$$

式中，$-i$ 表示智能体 i 的对手，$Q(s, a_i, a_{-i})$ 为联合动作状态值函数。这个式子的意义是：每个智能体 i 最大化在与对手 $-i$ 博弈中最差情况下的期望奖励值。在多智能体强化学习中，Q 是未知的，所以借用 Q-learning 来逼近真实的 Q 值，再使用线性规划求解出状态 s 处的纳什均衡策略。

Nash Q-Learning 将 Minimax-Q 从零和博弈扩展到多人一般和博弈。该算法需要观测其他所有智能体的动作 a_i 与奖励值 r_i，使用二次规划求解纳什均衡点。

2．联盟博弈

联盟博弈是一种合作博弈，该博弈中参与者的目标为与其他合适的参与者组成合作小组，即联盟，从而获得更多利益。一种常见的联盟博弈结果稳定性定义为纳什稳定划分，在一个稳定划分下，对于任何一个博弈参与者，当其他参与者均不改变所处联盟时，该参与者也不会改变所处联盟。联盟博弈在无线网络资源管理中的应用主要为解决网络节点分簇和频谱资源共享问题。文献[225]针对小蜂窝网络场景提出了基于联盟博弈的分簇算法，在每个小蜂窝簇内，小基站通过基于干扰对齐的合作传输消除簇内干扰，进而提升通信速率。与文献[225]的合作方式不同，文献[226]提出同一个簇内的小基站传输采用基于时分多址的方式进行调度，并提出了基于融合-分离的算法，得到稳定的联

盟划分。由于频谱资源共享问题也可以看作一个确定节点合作小组的问题（同一个小组／联盟内的设备共享频谱资源），文献[227]将能 D2D 通信的蜂窝网络中的子信道分配问题转化为联盟博弈进行研究。在该文献中，蜂窝用户作为博弈参与者根据交换原则选择联盟加入，每个联盟对应一个 D2D 对，联盟内的 D2D 对和蜂窝用户拥有的所有频谱资源在成员间均等划分。文献[227]基于联盟博弈研究了蜂窝用户上行资源在 D2D 对间的分配，并证明了所提算法可以几何速度趋近于最优的联盟划分。

3. 匹配博弈

匹配博弈研究的是如何将位于两个集合中的博弈参与者进行配对从而达到稳定的匹配，该理论为解决组合优化问题提供了可行的方法和途径。在一个匹配博弈中，每个博弈参与者根据可获得的信息构建自身的配对偏好。根据每个参与者可同时匹配的另一个集合中的参与者的个数，匹配博弈可以分为一对一匹配博弈、一对多匹配博弈和多对多匹配博弈。此外，根据博弈参与者的偏好是否受其他参与者间匹配结果的影响，匹配博弈可以进一步划分为有外部性的匹配博弈和没有外部性的匹配博弈。对于没有外部性的匹配博弈，常用的稳定性概念为对范围稳定，而对于具有外部性的匹配博弈，可以基于交换匹配的概念对稳定性进行定义。在一个具有认知能力的小蜂窝网络场景下，文献[220]的作者提出了一个基于匹配博弈的迭代算法，对用户和小基站间的关联及用户子信道分配进行优化来最大化网络吞吐量，其中，用户和小基站间的关联问题建模为用户和小基站间的一对多匹配博弈，而用户子信道分配则建模为用户和子信道间的一对一匹配博弈。文献[228]研究了 D2D 的蜂窝网络的能量效率优化问题，通过基于一对一匹配博弈的资源分配算法，网络可以获得明显的能效提升，而文献[229]将 D2D 对的资源分配问题转化为 D2D 对和资源块之间的具有外部性的多对多匹配问题，然后提出了基于交换匹配概念的算法来得到稳定的匹配结果。与前面三篇文献均研究双边匹配不同，文献[230]针对一个全双工、多用户的网络研究了用户和用户、用户和子信道间的三边匹配问题，并提出了一个可以达到接近最优匹配性能的低复杂度算法。

4. 分层博弈

当博弈参与者间存在分层决策特征时，即一部分博弈参与者先行决策，而其余博弈参与者只能对先行者的决策做出反应，此时博弈参与者间的交互采用分层博弈进行建模，其中，先行决策的参与者被称为领导者，而之后做决策的参与者称为跟随者。注意到，在给定领导者的决策下，跟随者间的决策可以是相互独立的，也可以是相互依赖的。对于后者，跟随者间构成另一个单独的博弈，可能是非合作博弈、联盟博弈等，当需要突出此时博弈求解的复杂性时，本论文会把分层博弈进一步命名为复合博弈。分层博弈的研究目标为在跟随者始终采用均衡策略的情况下，求解领导者的最优策略。当前，许多文献将分层博弈应用在了异构网络和认知无线电网络的功率控制中。

具体地，文献[231]将认知无线电中的主用户作为领导者，从用户作为跟随者，构建了主从用户间的分层博弈，其中，主用户的策略为其自身的功率分配及从用户对其产生的干扰的定价，而在给定的主用户策略下，从用户通过优化自身的发射功率以最大化效用。在频带共享的异构网络场景下，文献[232]提出了基于分层博弈的上行小基站用户功率控制机制，其中，宏基站作为领导者，其目标为在受到的总干扰满足门限的情况下最大化出售干扰配额带来的收益。在文献[233]中，作者研究了基于正交频分多址的异构网络的下行场景的功率分配问题，其中，宏基站和小基站分别作为领导者和跟随者，目标均为在功率限制下最大化自身速率，此外，仿真结果表明，在分层博弈的均衡态下的系统性能要远远优于纳什均衡态下的系统性能。针对不完美信道状态信息的情形，文献[234]将异构网络的下行功率控制问题建模为宏基站和小基站间的稳健分层博弈，并进一步研究了稳健均衡的存在性和唯一性。

4.4.3 复杂场景下的多主体博弈

前文中所述博弈过程，均隐含了完全信息的假设，即每个智能体都知道所有参加该博弈的智能体的支付函数、策略集合等各种博弈相关信息。

完全信息的假设对于简单的多智能体系统是可以成立的。如果系统规模较小，智能体之间信息交互没有障碍且智能体决策所需输入参数数据量不大，则各智能体可以快速共享其获取到的信息。同时，如果智能体的决策机制比较简单且稳定，则每个智能体都能够预测在当前环境下系统中所有智能体的可能策略及其对应支付函数等博弈相关信息。然而，在场景较为复杂的情况下，完全信息的条件就会难以实现。

首先，我们考虑智能体系统的规模，即系统中智能体的数量。如果智

能体的拓扑关系图较为稀疏，则智能体之间的距离会随着规模同步增长，这就意味着两个智能体之间的通信要经过更多跳数，通信的不确定性会大幅增加。一旦中继节点因为移动、休眠、故障等不能正常工作，就会导致信息传递延迟甚至失效。而如果智能体的拓扑关系图较为密集，则节点间的连接数会随着节点数增加呈几何规模增长，在智能体节点数量较多的情况下，连接数快速增长所带来的复杂性经常是难以接受的。

其次，智能体输入信号的复杂性也是重要因素。智能体的输入信号，既包括简单的传感器信号，如温度、湿度、压强、时间等，也包括更加复杂的信号，如图像、音频、视频等。为保证信息的完全性，需要各智能体节点掌握全部输入信号。由于智能体通信能力有限，频繁的大规模数据交换必然增加通信延迟，过长的延迟会使数据失效。如此必须在增加重复博弈间隔和忽略部分其他智能体输入信息之间做出选择。如果重复博弈间隔的增加量不可接受，则只能在不完全信息的条件下做出决策。

最后，智能体的智能程度也会影响到完全信息的可行性。智能体对其每个策略所产生的支付函数是多智能体博弈的关键信息。对于简单的智能体，支付函数可能与输入信号有简单清晰的对应关系，如线性关系。如此其支付函数就能很方便地被其他智能体通过简单演算获得。相对应地，如果智能体智能程度较高，经过多次博弈迭代后的支付函数无法建立起与输入信号的简单对应关系，而且支付函数会随着环境变化和博弈的进行而变化。在这种情况下，如果要使完全信息条件成立，就需要智能体之间能及时共享全部可能输入信号与其支付函数的对应关系。这样一来，即使输入信号并不复杂，但由于可能的输入信号取值很多，这些信息的快速共享也难以做到。

因此，本章将立足于不完全信息的条件，分析多智能体系统中的动态博弈。值得关注的是，4.2 节完全信息下动态博弈中所述子博弈完美均衡的概念不再适用于不完全信息中的博弈。由于不能完全掌握其他智能体的支付函数，智能体无法确定一个博弈策略是否纳什均衡。

在不完全信息动态博弈中，智能体虽然不能确定其他智能体的支付函数，但可以对支付函数的取值有一个概率上的估计，博弈论中把参与人可能的某个支付函数称为一个类型。

再来看 4.2 节中信道选择的博弈，在该例中信道质量对两架无人机是一致的，而我们现在分析对于不同的无人机，同一信道质量不同的情况。假设每架无人机都只知道自己的信道质量状态，不知道对方的信道质量状态。从无人机 2 的角度来看,无人机 1 的类型(即信道质量)存在两种可能,信道 1 质量好或信道 2 质量好,支付函数如下。

① 无人机 1 信道 1 质量好:

		无人机 2	
		信道 1	信道 2
无人机 1	信道 1	0, 0	2, 1
	信道 2	1, 2	0, 0

② 无人机 1 信道 2 质量好:

		无人机 2	
		信道 1	信道 2
无人机 1	信道 1	0, 0	1, 1
	信道 2	2, 2	0, 0

无人机 1 先选择信道,无人机 2 后选择信道,无人机 1 对无人机 2 选择何种信道有一个先验的估计,同样无人机 2 对无人机 1 属于何种类型有一个先验的估计。无人机 1 的最优策略取决于其对无人机 2 选择信道 1 的概率的估计,令其值为 p_2,如果 p_2 满足:

$$0 \times p_2 + 2 \times (1-p_2) > 1 \times p_2 + 0 \times (1-p_2)$$

即 $p_2 < \dfrac{2}{3}$(无人机 1 信道 1 质量好时),或

$$0 \times p_2 + 1 \times (1-p_2) > 2 \times p_2 + 0 \times (1-p_2)$$

即 $p_2 < \dfrac{1}{3}$(无人机 1 信道 2 质量好时),则无人机 1 选择信道 1 优于选择信道 2。这样,无人机 1 就需要根据其对无人机 2 选择的判断来做出自己的选择,无人机 2 也不能仅从其对无人机 1 类型的了解来推断无人机 1 的选择。

这里需要介绍海萨尼(Harsanyi)解决不完全信息博弈的方法,即通过引入附加的虚拟博弈参与人"自然"。"自然"先选择无人机 1 的类型,经过这一变换,无人机 2 关于无人机 1 类型的不完全信息就变成了关于"自然"的行为的不完美信息。以海萨尼的方法将不完全信息博弈转化为不完美信息博弈,博弈转化图如图 4-17 所示。

"自然"以概率 p 选择无人机 1 信道 1 质量好,或以概率 $1-p$ 选择无人机 1 信道 2 质量好,从而把该不完全信息博弈转化为不完美信息博弈。

在该例中，令 p_1 代表无人机 1 在信道 1 质量好时选择信道 1 的概率，p_1' 代表无人机 1 在信道 2 质量好时选择信道 1 的概率。如果：

$$0\times p\times p_1 + 2\times p\times(1-p_1) + 0\times(1-p)\times p_1' + 2\times(1-p)\times(1-p_1')$$
$$> 1\times p\times p_1 + 0\times p\times(1-p_1) + 1\times(1-p)\times p_1' + 0\times(1-p)\times(1-p_1')$$

即 $p > \dfrac{3p_1'-2}{3(p_1'-p_1)}$ 时，无人机 2 选择 $p_2=1$ 即选择信道 1，否则无人机 2 选择 $p_2=0$ 即选择信道 2。如前所述，在无人机 1 信道 1 质量好的条件下，$p_2 < \dfrac{2}{3}$ 时，无人机 1 选择 $p_1=1$ 即选择信道 1，否则无人机 1 选择 $p_1=0$ 即选择信道 2；同样，在无人机 1 信道 2 质量好的条件下，$p_2 < \dfrac{1}{3}$ 时，无人机 1 选择 $p_1'=1$ 即选择信道 1，否则无人机 1 选择 $p_1'=0$ 即选择信道 2。不完全信息博弈的纳什均衡被称为贝叶斯纳什均衡，或简称贝叶斯均衡。求解该博弈的贝叶斯均衡就是在相应条件下找到一组 (p_1,p_2) 或 (p_1',p_2)，使得 p_1 或 p_1' 是无人机 1 的最优策略；同时，给定无人机 2 关于无人机 1 类型的判断及无人机 1 的策略，使得 p_2 是无人机 2 的最优策略。

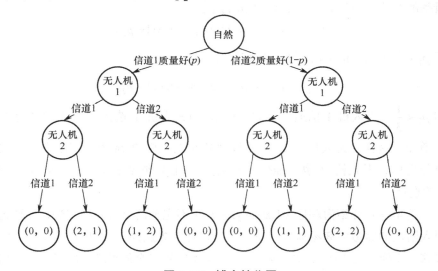

图 4-17 博弈转化图

在上例中，无人机的"类型"即其支付函数。而在一般状况下，参与人的类型还可能包括其他更多信息，如是否是参与人，参与人可能采取什么行动，参与人行动可能产生的后果，参与人了解什么信息，参与人对其他参与人了解什么信息的判断,等等。以下举例说明这些情况。

是否是参与人:一架无人机准备向目标发送信号,但其可能不知道其他无人机是否也准备向该目标发送信号。

参与人行动:无人机执行任务中可能遭遇不同型号的其他无人机,此时无法确知其他无人机可能采取行动的种类。

参与人行动后果:几架无人机同时观测同一个目标,但各自对该目标的价值判断并不一定相同。

参与人了解信息及判断:无人机不一定了解其他无人机是否掌握上述信息,也不一定了解其他无人机是否知道自己掌握哪些信息。

如上,不完全信息的类型很容易变得非常复杂。但过于复杂的类型难以建模分析,通常假设参与人对其他参与人的判断完全取决于自己的支付函数。同时,一些信息,如某个参与人独有的信息,可以通过该参与人的行动来传递,这一过程就变得十分重要。泽尔滕(Selten)曾举过一个简单的示例来说明这个问题。在该博弈中,参与人 1 的策略集合为 $\{L, M, R\}$,参与人 2 的策略集合为 $\{A, B\}$。参与人 1 先行动,如果参与人 1 选择 L,则博弈立即结束,收益为(2,2),否则参与人 2 开始行动。但是参与人 2 行动时并不知道参与人 1 选择的是 M 还是 R,如果参与人 1 选择 M,参与人 2 选择 A,则策略 (M, A) 的收益为(0,0)。同理,(M, B) 的收益为(0,1),(R, A) 的收益为(1,0),(R, B) 的收益为(3,1)。该博弈过程如图 4-18 所示。

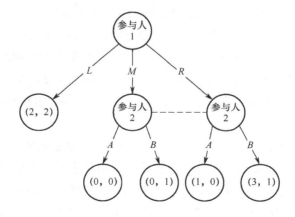

图 4-18　博弈过程

图 4-18 中 M 和 R 两个决策的结果用虚线相连,这表示 M 和 R 对于参与人 2 来说是不透明的,属于同一个信息集。(L, A) 和 (R, B) 是该博弈的两

个纯策略纳什均衡。由于参与人 2 在开始行动时并不能确定参与人 1 的行动，从这一点开始参与人 2 选择 A 是否是纳什均衡的问题无法被检验，因此 (L,A) 是子博弈完美均衡。同样，(R,B) 也是子博弈完美均衡。当参与人 1 不采取 L 时，无论参与人 2 怎么估计参与人 1 采取 M 或 R 的概率，选择 B 都是参与人 2 的最优策略。

在不完全信息动态博弈中，完美贝叶斯均衡和序贯均衡是两个重要的概念。一个完美贝叶斯均衡是一个策略组合及其通过贝叶斯法则得到的后验信念，它保证给定信念条件下的策略在博弈任意阶段的最优性。克雷普斯和威尔逊提出的序贯均衡与完美贝叶斯均衡相似，但在参与人更新后验信念的过程中附加了更多的约束。

Bauerle 和 Rieder[235]、Elliott 等[236]、Yao 和 Li[237]、Zhang 等[238]先后研究了不完全信息下的最优资源管理问题，但他们均没有考虑时间一致策略，而是获得了预先承诺策略。再者，在现实世界投资的过程中不可避免地会有财富的流入或流出。例如，养老金的收支；一个公司获得了政府的资金支持；一个家庭遇到意外支出等。这些就是具有随机现金流的问题。Wu 和 Li[239]、Wu[240]考察了具有随机现金流的连续时间均值方差资产配置问题。显然，随机现金流的引入使资产负债管理（ALM）问题更具一般性。Yao 等[241]研究了具有机制转换和随机现金流的资产负债管理问题，并获得了预先承诺策略。一个不完全信息的资源分配示例如下：

记 d_k 是时刻 k 的不可观测状态，取值于有限状态空间 $D=\{1,\cdots,j,\cdots,J\}$，$U=\{d_k,k=0,1,\cdots,T\}$ 是一个离散时间的 Markov 链。由于 U 是不可观测的，所以是一个隐 Markov 链。同时，设 e_k 是时刻 k 的可观测状态，取值于有限状态空间 $F=\{1,\cdots,i,\cdots,m\}$，$B=\{e_k,k=0,1,\cdots,T\}$ 是可观测状态过程。再者，当 $d_k=j$ 时，决策者观测到状态 $e_k=i$ 的概率可以表示为 $\Pr(e_k=i\mid d_k=j)=\sigma_k(j,i)$。

假设有一个无风险资产和 n 个风险资产。$r_k>0$ 是无风险资产在阶段 k 的收益，$S_k(e_k,d_k)$ 是 n 个风险资产在阶段 k 相对于无风险资产的超额收益向量，其既依赖于可观测状态也依赖于不可观测状态。假设决策者面临一个随机现金流 $c_k(e_k,d_k)$，其也同时受可观测状态和不可观测状态的影响。设 $u_k(e_k)$ 是阶段 k 投资在 n 个风险资产的投资数量向量，则决策者的收益过程可以表示为

$$X^u_{k+1}=X^u_k r_k+S'_k(e_k,d_k)\cdot u_k(e_k)+c_k(e_k,d_k)。$$

同时，决策者还面临负债。假设 L_k 是决策者阶段 k 的负债，其中，$L_0 = l_0$ 是一个给定的常数，负债的动态过程为

$$L_{k+1} = \eta_k(e_k, d_k) L_k$$

式中，$\eta_k(e_k, d_k)$ 是同时依赖于可观测状态和不可观测状态的外生随机变量，可以理解为负债的随机增长率。

首先建立终端盈余 $U_T^u = X_T^u L_T$ 的均值-方差模型，其次通过充分统计量方法，将具有不完全信息的 ALM 问题转化为具有完全信息的 ALM 问题。接着，利用扩展的 Bellman 方程推导出均衡策略、均衡值函数和相应有效前沿的解析表达式。最后，根据实际数据，分析不完全信息对均衡策略及其有效前沿的影响。

4.5 本章小结

智联网的第二个关键词为"网络"，无论采取何种智能方法，对于智联网而言其目标都在于提升网络本身的能力，如降低时延、增强抗毁性等，本章主要关注如何使用各种智能方法提升网络性能。

在工业等领域，互联网的重要数据必须在严格的时延范围和可靠性规定内进行传输和共享，因此，网络延迟管控是智联网（包括工业无线网络和工业以太网等）发展需要解决的重要问题。然而，网络延迟管控不是一个单一的技术问题，需要从网络体系结构的各层次进行考虑，并与人工智能技术深度融合，设计网络各层次的实时协议，从而有效提升网络通信的效能，实现从万物互联到万物智联，满足人们对网络通信性能日益增长的需求。

4.1 节首先论述了网络延迟管控在工业互联网中的重要性，其次介绍三大主流的工业无线网络的标准，接着详细分析了保证数据实时和可靠性的信道接入、确定性调度、跳频通信及智能高速接入和传输技术等关键技术，最后介绍了为标准以太网增加了确定性和可靠性的时延敏感网络（TSN）。本章对延迟管控关键技术的梳理，为业界同行开展相关技术研究或开发相关服务提供了重要的参考和指导。

网络抗毁性衡量的是系统可持续、稳定提供可靠服务的能力，而随着智能体系统的普及和各种智能算法的成熟，网络抗毁性的研究又面临着新的机遇与挑战。

4.2 节提出了网络抗毁性的三个焦点：造成网络节点失效的原因；度量网络抗毁性的标准；提升网络抗毁性的手段。今后的研究趋势将主要着重于：考虑节点自主移动性的智能体组成的网络抗毁性研究；复杂场景中的智能网络抗毁性研究；网络抗毁行为智能演化机理研究。当前研究中存在以下问题：并未过多考虑环境因素对网络性能的影响；网络级联失效抗毁性不足；多将对等平面结构或簇间结构作为演化对象。

本章将网络受损依据概率分布划分为随机性受损与被选择性受损，依据受损起因划分为能耗失效、故障失效与攻击失效。随后给出了包括健壮度、灵敏度、灵活度、适应度在内的网络抗毁性测度，并列出常用复杂网络拓扑的抗毁性。

本章总结了几种常见的抗毁策略：采用学习自动化等方法的路由控制；采用生成对抗网络等方法的抗干扰博弈；采用机器学习等方法的网络重构及拓扑演化等。为便于读者理解，给出了两个示例。本章最后简单介绍了网络故障检测与修复。

多智能体系统是人工智能领域的重要研究方向，当前在无人（机／车）集群、交通控制、网络自动化、分布式计算等诸多应用中被广泛采用。博弈论是以数学为基础，由经济学方面发展起来，用于研究多主体合作或竞争最优解问题的学科。因此如何从博弈论的角度出发分析多智能体系统，成为研究多智能体系统的重要方式。4.4 节试图通过引入相关的基本概念及对应事例，让读者对多智能体博弈有一个初步的认识。首先介绍了智能体、多智能体系统与博弈论的概念，并简单说明了博弈论的几种分类方法。其次针对完全信息下的动态博弈，给出了初步的博弈均衡分析并介绍了几种触发策略。最后介绍如何转化不完全信息动态博弈，并引入贝叶斯均衡等工具来分析该博弈。

参 考 文 献

[1] 舒扬. 多智能体协同控制关键算法研究与应用[D]. 成都：电子科技大学, 2019.

[2] WANG Q, Katia Jaffrès-Runser, XU Y J, et al. TDMA versus CSMA/CA for wireless multi-hop communications: a stochastic worst-case delay analysis[J]. IEEE Transactions on Industrial Informatics, 2017, 13(02): 877-887.

[3] IEEE Standard for Low-Rate Wireless Personal Area Networks(LR-WPANs)[S]. IEEE Std 802.15.4-2006, 2006.

[4] ABDEDDAIM N, THEOLEYRE F, ROUSSEAU F, et al. Multi-Channel Cluster Tree for 802.15.4 Wireless Sensor Networks[J]. PIMRC, 2012: 590–595.

[5] IEEE Standard for Low-Rate Wireless Personal Area Networks(LR-WPANs)[S]. IEEE Std 802.15.4-2015(Revision of IEEE Std 802.15.4-2011), 2016.

[6] SONG J, HAN S, MOK A, et al. WirelessHART: Applying Wireless Technology in Real-Time Industrial Process Control[J]. Proceedings of Real-Time and Embedded Technology and Applications Symposium(RTAS), 2008: 377–386.

[7] The International Society of Automation. ISA100.11a-2009 Wireless systems for industrial automation: Process control and related applications[S]. ISA, 2011.

[8] PISTER K S J, DOHERTY L. TSMP: Time Synchronized Mesh Protocol[J]. Proceedings of IASTED International Symposiumon Distributed Sensor Networks, 2008: 391–398.

[9] INCEL D, GHOSH A, KRISHNAMACHARI B, et al. Fast data collection in tree-based wireless sensor networks[J]. IEEE Transactions on Mobile Computing, 2012: 86–99.

[10] YE H, LI G Y, JUANG B H. Power of deep learning for channel estimation and signal detection in OFDM systems[J]. IEEE Wireless Communications Letters, 2018, 7(01): 114-117.

[11] SAMUEL N, DISKIN T, WIESEL A. Deep MIMO detection[C]. 2017 IEEE 18th International workshop on Signal Processing Advances in Wireless Communications(SPAWC). IEEE, 2017:1-5.

[12] WEN C K, SHIH W T, JIN S. Deep learning for massive MIMO CSI feedback[J]. IEEE wireless Communications Letters, 2018, 7(5): 748-751.

[13] WANG T, WEN C K, JIN S, et al. Deep learning-based CSI feedback approach for time-varying massive MIMO channels[J]. IEEE Wireless Communications Letters, 2018, 8(2): 416-419.

[14] GRUBER T, CAMMERER S, HOYDIS J, et al. On deep learning-based channel decoding[J]. Information Sciences and Systems, 2017: 1-6.

[15] CAMMERER S, GRUBER T, HOYDIS J, et al. Scaling deep learning-based decoding of polar codes via partitioning[C]. IEEE Global Communications Conference, 2017: 1-6.

[16] DÖRNER S, CAMMERER S, HOYDIS J, et al. Deep learning based communication over the air[J]. IEEE Journal of Selected Topics in Signal Processing, 2018, 12(01): 132-143.

[17] YE H, LI G Y, JUANG B H F, et al. Channel agnostic end-to-end learning based communication systems with conditional GAN[J]. arXiv preprint arXiv: 1807.00447, 2018.

[18] HE H, WEN C K, JIN S, et al. Deep Learning-based Channel Estimation for Beamspace mmWave Massive MIMO Systems[J]. arXiv preprint arXiv: 1802.01290, 2018.

[19] NEUMANN D, WIESE T, UTSCHICK W. Learning the MMSE channel estimator[J]. IEEE Transactions on Signal Processing, 2018, 66(11): 2905-2917.

[20] HE H, WEN C K, JIN S, et al. A model driven deep-learning network for MIMO detection[C]. 2018 IEEE Global Conference on Signal and Information Processing, (Globa SIP). IEEE, 2018: 584-588.

[21] 李文锋, 符修文. 工业无线传感器网络抗毁性关键技术研究[M]. 武汉: 华中科技大学出版社, 2018.

[22] ANASTASI G, CONTI M, DI Francesco M, et al. Energy conservation in wireless sensor networks: A survey[J]. Ad Hoc Networks, 2009, 7(03): 537-568.

[23] MOTOLA L, PICO G P. Programming wireless sensor networks: Fundamental concepts and state of the art[J]. ACM Computing Surveys(CSUR), 2011, 43(03): 19.

[24] FU X, LI W, YANG L. Design and implementation of fire-alarming system for indoor environment based on wireless sensor networks[J]. Proceedings of the 2013 Chinese Inteligent Automation Conference, 2013: 457-468.

[25] MISHKOVSKI I, BIEY M, KOCAREV L. Vulnerability of complex networks[J]. Communications in Nonlinear Science and Numerical Simulation, 2011, 16(01): 341-349.

[26] PAUL G, SREENIVASAN S, STANLEY H E. Resilience of complex networks to random breakdown[J]. Physical Review E, 2005, 72(05): 056130.

[27] HOLME P, KIM B J, YOON C N, et al. Attack vulnerability of complex networks[J]. Physical review E, 2002, 65(05): 056109.

[28] COHEN R, EREZ K, BEN-AVRAHAM D, et al. Breakdown of the internet under intentional attack[J]. Physical review letters, 2001, 86(16): 3682.

[29] DOROGOVTSEV S N, MENDES J F F, SAMUKHIN A N. Size-dependent degree distribution of a scale-free growing network[J]. Physical Review E, 2001, 63(06): 062101.

[30] OKAMOTO K, CHEN W, LI X Y. Ranking of closeness centrality for large-scale social networks[J]. International Workshop on Frontiers in Algorithmics, 2008: 186-195.

[31] NEWMAN M E J. A measure of betweenness centrality based on random walks[J]. Social networks, 2005, 27(01): 39-54.

[32] BONACICH P. Some unique properties of eigenvector centrality[J]. Social networks, 2007, 29(04): 555-564.

[33] 王良民, 马建峰, 王超. 无线传感器网络拓扑的容错度与容侵度[J]. 电子学报, 2006, 34(03): 1446-1451.

[34] 林力伟, 许力, 叶秀彩. 一种新型WSN抗毁性评价方法及其仿真实现[J]. 计算机系统应用, 2010, 19(04): 32-36.

[35] 尹荣荣, 刘彬, 刘浩然, 等. 基于节点综合故障模型的无线传感器网络容错拓扑控制方法[J]. 电子与信息学报, 2012, 34(10): 2375-2381.

[36] WU J, DENG H Z, TAN Y J, et al. Vulnerability of complex networks under intentional attack with incomplete information[J]. Journal of Physics A: Mathematical and Theoretical, 2007, 40(11): 2665.

[37] XIAO S, XIAO G. NISp1-06: On intentional attacks and protections in complex communication networks[J]. IEEE Globecom, 2006: 1-5.

[38] XIA Y, FAN J. Efficient attack strategy to communication networks with partial degree information[J]. 2011 IEEE International Symposium of Circuits and Systems, 2011: 1588-1591.

[39] PEZOA J E. Optimizing mission allocation in wireless sensor networks under geographically correlated failure[J]. Proceedings of the 11th ACM Conference on Embedded Networked Sensor Systems, 2013: 57.

[40] HAMED AZIMI N, GUPTA H, HOU X, et al. Data preservation under spatial failures in sensor networks[J]. Proceedings of the eleventh ACM international symposium on Mobile ad hoc networking and computing, 2010: 171-180.

[41] LIU J, JIANG X, NISHIYAMA H, et al. Reliability assessment for wireless mesh networks under probabilistic region failure model[J]. IEEE Transactions on Vehicular Technology, 2011, 60(05): 2253-2264.

[42] SEN A, MURTY S, BANERJEE S. Region-based connectivity-a new paradigm for design of fault-tolerant networks[J]. 2009 International Conference on High Performance Switching and Routing, 2009: 1-7.

[43] RAHNAMAY-NAEINI M, PEZOA J E, AZAR G, et al. Modeling stochastic correlated failures and their effects on network reliability[C].V2011 Proceedings of 20th International Conference on Computer Communications and Networks, 2011: 1-6.

[44] ÁGOSTON V, CSERMELY P, PONGOR S. Multiple weak hits confuse complex systems: a transcriptional regulatory network as an example[J]. Physical Review E, 2005, 71(05): 051909.

[45] YIN Y P, ZHANG D M, TAN J, et al. Continuous Weight Attack on Complex Network[J]. Communications in Theoretical Physics, 2008, 49(03): 797-800.

[46] MASOUM A, JAHANGIR A H, Taghikhaki Z. Survivability analysis of wireless sensor network with transient faults[C]. 2008 International Conference on Computational Intelligence for Modeling Control & Automation, 2008: 975-980.

[47] DOROGOVTSEV S N, MENDES J F F. Evolution of networks[J]. Advances in physics, 2002, 51(04): 1079-1187.

[48] NEWMAN M E J. The structure and function of complex networks[J]. SIAM Review, 2003, 45(02): 167-256.

[49] YAZDANI A, JEFREY P. A complex network approach to robustness and vulnerability of spatialy organized water distribution networks.Physics and Society, 2010, 15(02): 1-18.

[50] MA R N, WEN G, SHAO M Z, et al. Evaluation method of invulnerability of weighted network based on measurements of invulnerability[J]. Application Research of Computers, 2013, 30(06): 1802-1804.

[51] CHIANG M W, ZILIC Z, RADECKA K, et al. Architectures of increased availability wireless sensor network nodes[C]. Proceedings of the 2004 International Test Conference of IEEE Computer Society, 2004: 1232-1241.

[52] ZHU C, ZHENG C L, SHU L, et al. A survey on coverage and connectivity issues in wireless sensor networks[J]. Journal of Network and Computer Applications, 2012, 35(02): 619-632.

[53] MUSTAPHA R S, ABDELHAMID M, HADJ S, et al. Performance evaluation of network lifetime spatial-temporal distribution for WSN routing protocols[J]. Journal of Networks and Computer Applications, 2012, 35(04): 1317-1328.

[54] ALBERT R, JEONG H, BARABSI A L. Error and attack tolerance of complex networks[J]. Nature, 2000, 406(6794): 378-382.

[55] FRANK H, FRISCH I. Analysis and design of survivable networks[J]. IEEE Transactions on Communication Technology, 1970, 18(05): 501-519.

[56] 郭伟. 野战地域通信网可靠性的评价方法[J]. 电子学报, 2000(01): 3-6.

[57] 饶育萍, 林竞羽, 侯德亭. 基于最短路径数的网络抗毁评价方法[J]. 通信学报, 2009, 30(04): 113-117.

[58] CHEN X, KIM Y A, WANG B, et al. Fault-tolerant monitor placement for out-of-band wireless sensor network monitoring[J]. Ad Hoc Networks, 2012, 10(01): 62-74.

[59] 吴俊, 谭索怡, 谭跃进, 等. 基于自然连通度的复杂网络抗毁性分析[J]. 复杂系统与复杂性科学, 2014, 11(01): 77-86.

[60] 包学才, 戴伏生, 韩卫占. 基于拓扑的不相交路径抗毁性评估方法[J]. 系统工程与电子技术, 2012, 34(01): 168-174.

[61] 吴俊, 谭跃进. 复杂网络抗毁性测度研究[J]. 系统工程学报, 2005(02): 128-131.

[62] THADAKAMAILA H P, RAGHAVAN U N, KUMARA S, et al. Survivability of multiagent-based supply networks: a topological perspect[J]. IEEE Intelligent Systems, 2004, 19(05): 24-31.

[63] HUBENNAN B A, ADAMIC L A. Growth dynamics of the World-Wide Web[J]. Nature, 1999, 401(6749): 131-132.

[64] CLAUSE, SHALIZI C R, NEWMAN M. Power- Law distributions in empirical data[J]. SIAM Review, 2009, 51(04): 661 - 703.

[65] 吴俊, 谭跃进. 复杂网络抗毁性测度研究[J]. 系统工程学报, 2005, 20(02): 128-431.

[66] WANG C, LI L, CHEN G. An entropy theory based large -scale network survivability measurement model[J]. IEEE International Conference on Network Infrastructure and Digital Content. IEEE, 2014.

[67] BARABÁSI A L, ALBERT R. Emergence of scaling in random networks[J]. Science, 1999, 286(5439): 509-512.

[68] NEWMAN M E J. The structure and function of complex networks[J]. SIAM review, 2003, 45(02): 167-256.

[69] 吴俊, 谭跃进. 复杂网络抗毁性测度研究[J]. 系统工程学报, 2005, 20(02): 128-131.

[70] XING L, SHRESTHA A. QoS reliability of hierarchical clustered wireless sensor networks[C]. 2006 IEEE International Performance Computing and Communications Conference, 2006, 6: 646.

[71] 李鹏翔, 任玉晴, 席酉民. 网络节点（集）重要性的一种度量指标[J]. 系统工程, 2004, 22(04): 13-20.

[72] ABOELFOTOH H M F, IYENGAR S S, CHAKRABARTY K. Computing reliability and message delay for cooperative wireless distributed sensor networks subject to random failures[J]. IEEE transactions on reliability, 2005, 54(01): 145-155.

[73] LI C, YE M, CHEN G, et al. An energy-efficient unequal clustering mechanism for wireless sensor networks[C]. Proceedings of the IEEE International Conference on Mobile Ad Hoc and Sensor Systems, 2005: 588-604.

[74] YOUNIS O, FAHMY S. HEED: A hybrid, energy-efficient, distributed clustering approach for ad hoc sensor networks[J]. IEEE Transactions on Mobile Computing, 2004, 3(04): 366-379.

[75] SAMARAKOON S, BENNIS M, SAAD W, et al. Dynamic clustering and on/off strategies for wireless small cell networks[J]. IEEE Transactions on Wireless Communications, 2015, 15(03): 2164-2178.

[76] 冯冬芹, 李光辉, 全剑敏, 金建祥. 基于簇头冗余的无线传感器网络可靠性研究[J]. 浙江大学学报（工学版）, 2009, 43(05): 849-854.

[77] 张海燕, 刘虹. 基于 K-means 聚类的 WSN 能耗均衡路由算法[J]. 传感技术学报, 2011, 24(11): 1639-1643.

[78] LE J, LUI J C S, CHIU D M. DCAR: Distributed coding-aware routing in wireless networks[J]. IEEE Transactions on Mobile Computing, 2010, 9(04): 596-608

[79] WANG J, ZHU C, GUO Q, et al. SCAR: A dynamic coding-aware routing protocol[J]. Proceedings of the 6th International Conference on Signal Processing and Communication Systems, 2012: 1-5.

[80] YANG Y, ZHONG C, SUN Y, et al. Network coding based reliable disjoint and braided multipath routing for sensor networks[J]. Journal of Network and Computer Applications, 2010, 33(04): 422-432.

[81] BARI A, JAEKEL A, JIANG J, et al. Design of fault tolerant wireless sensor networks satisfying survivability and lifetime requirements[J]. Computer Communications, 2012, 35(03): 320-333.

[82] ALI A, QADIR J, BAIG A. Learning automata based multipath multicasting in cognitive radio networks[J]. Journal of Communications and Networks, 2015, 17(04): 406-418.

[83] YANG B, LIU M. Attack-Resilient Connectivity Game for UAV Networks using Generative Adversarial Learning[J]. International Foundation for Autonomous Agents and Multi-gent Systems, 2019: 1743-1751.

[84] GOODFELLOW I, POUGET-ABADIE J, MIRZA M, et al. Generative adversarial nets[J]. Advances in neural information processing systems, 2014: 2672-2680.

[85] NGUYER V, VICENTE Y, TOMAS F, et al. Shadow detection with conditional generative adversarial networks[J]. Proceedings of the IEEE International Conference on Computer Vision, 2017: 4510-4518.

[86] MAO X, LI Q, XIE H, et al. Least squares generative adversarial networks[J]. Proceedings of the IEEE International Conference on Computer Vision, 2017: 2794-2802.

[87] CHEN J, TOUATI C, ZHU Q. Heterogeneous Multi-Layer Adversarial Network Design for the IoT-Enabled Infrastructure[J]. IEEE Global Communications Conference, 2017: 1-6.

[88] ABUZAINAB N, SAAD W. Dynamic connectivity game for adversarial internet of battlefield things systems[J]. IEEE Internet of Things Journal, 2017, 5(01): 378-390.

[89] CHO J H. Tradeoffs between trust and survivability for mission effectiveness in tactical networks[J]. IEEE transactions on cybernetics, 2014, 45(04): 754-766.

[90] ABDEL-RAHMAN M J, KRUNZ M. CORE: A combinatorial game-theoretic framework for coexistence rendezvous in DSA networks[C]. IEEE International Conference on Sensing, Communication and Networking. IEEE, 2015: 10-18.

[91] TANG F, FADLULLAH Z M, KATO N, et al. AC-POCA: Anti-coordination game based partially overlapping channels assignment in combined UAV and D2D-based networks[J]. IEEE Transactions on Vehicular Technology, 2018, 67(02): 1672-1683.

[92] XIAO L, XIE C, MIN M, et al. User-centric view of unmanned aerial vehicle transmission against smart attacks[J]. IEEE Transactions on Vehicular Technology, 2017, 67(04): 3420-3430.

[93] KIM W, STANKOVIĆ M S, JOHANSSON K H, et al. A distributed support vector machine learning over wireless sensor networks[J]. IEEE transactions on cybernetics, 2015, 45(11): 2599-2611.

[94] PANDEY O J, HEGDE R M. Node localization over small world WSNs using constrained average path length reduction[J]. Ad Hoc Networks, 2017, 67: 87-102.

[95] XIA Y, FAN J, HILL D. Cascading failure in Watts-Strogatz small-world networks[J]. Physica A Statistical Mechanics & Its Applications, 2010, 389(06): 1281-1285.

[96] WANG J W, SUN E H, XU B, et al. Abnormal cascading failure spreading on

complex networks[J]. Chaos, Solitons & Fractals, 2016, 91(10): 695-701.

[97] WU J J, GAO Z Y, SUN H J. Effects of the Cascading Failures On Scale-free Traffic Networks[J]. Physical A, 2007, 378(02): 505-511.

[98] LIU H, ZHAO L, YIN R, et al. Ametric of topology fault-tolerance based on cascading failures for wireless sensor networks[J]. Journal of Information & Computational Science, 2011, 14(08): 3227-3237.

[99] WANG J W, RONG L L. Modeling cascading failures in complex networks based onradiate circle[J]. Physica A: Statistical Mechanics and its Applications, 2012, 391(15): 4004-4011.

[100] DOBSON I, BENJAMIN A. Carreras, David E. Newman. A probabilistic load-dependent model of cascading failure and possible implications for blackouts[J]. 36thHICSS, 2003.

[101] MORENO Y, GOMEZ J B, PACHECO A F. Instability of scale-free networks under node-breaking avalanches[J]. Euro physics Letters, 2002, 58(04): 630-641.

[102] 李勇, 吴俊, 谭跃进. 容量均匀分布的物流保障网络级联失效抗毁性[J]. 系统工程学报, 2010, 25(06): 853-860.

[103] YIN R, LIU B, LIU H, et al. The critical load of scale-free fault-tolerant topology in wireless sensor networks for cascading failures[J]. Physica A: Statistical Mechanics and its Applications, 2014, 409: 8-16.

[104] LI Y Q, YIN R R, LIU B, et al. Cascading failure research on scale-free fault tolerance topology in wireless sensor networks[J]. Journal of Beijing University of Posts and Telecommunications, 2014, 37(02): 74-78.

[105] 李勇, 吕欣, 谭跃进. 基于级联失效的战域保障网络节点容量优化[J]. 复杂系统与复杂性科学, 2009, 6(01): 69-76.

[106] WANG J, JIANG C, QIAN J. Robustness of interdependent networks with different link patterns against cascading failures[J]. Physica A Statistical Mechanics & Its Applications, 2014, 393(01): 535-541.

[107] 张杰勇, 易侃, 王珩, 等. 考虑级联失效的C4ISR系统结构动态鲁棒性度量方法. 系统工程与电子技术[J]. 2016, 38(09): 2072-2079.

[108] 袁铭. 带有层级结构的复杂网络级联失效模型[J]. ActaPhys.Sin, 2014, 63(22): 220501.

[109] ZHAO L, PARK K, LAI Y C, et al. Tolerance of scale-free networks against attack-induced cascades[J]. Physical Review E Statistical Nonlinear & Soft Matter Physics, 2005, 72(02): 025104.

[110] MOTTER A E, LAI Y C. Cascade-based attacks on complex networks[J]. Physical Review E, 2002, 66(06): 065102.

[111] ZHAO H, GAO Z Y. Cascade defense via navigation in scale free networks[J]. Eur.Phys.J.B, 2007, 57(01): 95-101.

[112] MIZUTAKA S, YAKUBO K. Robustness of scale-free networks to cascading failures induced by fluctuating loads[J]. Physical Review E Statistical Nonlinear & Soft Matter Physics, 2015, 92(01): 012814.

[113] HANG Z Y, AN W, SHAO F M. Cascading failures on reliability in Cyber-Physical system[J]. IEEE Transactions on Reliability, 2016, 65(04): 1745-1754.

[114] HONG C, ZHANG J, DU W B, et al. Cascading failures with local load redistribution in interdependent Watts-Strogatz networks[J]. International Journal of Modem Physics C, 2016, 27(11): 1650131.

[115] FU C Q, WANG Y, WANG X Y. Research on complex networks' repairing characteristics due to cascading failure[J]. Physica A-Statistical Mechanics and Its Applications, 2017, 482: 317-324.

[116] BONABEAU. Sandpile Dynamics on Random Graphs[J] Journal of the Physical Society of Japan, 1995, 64(01): 327-328.

[117] CRUCITI P, LATORA V, MARCHIORI M, et al. Error and attack tolerance of complex networks[J]. Physica A: Statistical Mechanics and its Applications, 2004, 340(01): 388-394.

[118] BUZNA L, PETERS K, HELBING D. Modeling the dynamics of disaster spreading in networks[J]. Physical A: Statistical Mechanics and its Applications, 2006, 363(01): 132-140.

[119] LI P, WANG B H, SUN H, et al. A limited resource model of fault-tolerant capability against cascading failure of complex network[J]. European Physical Journal B, 2008, 62(01): 101-104.

[120] WANG X Y, CAO J Y, QIN X M. Study of Robustness in Functionally Identical Coupled Networks against Cascading Failures[J]. PLoS ONE, 2016, 11(08): e0160545.

[121] NEKOVEE M, MORENO Y, BIANCONIS G, et al. Theory of rumour spreading in complex social networks[J]. Physica A: Statistical Mechanics and its Applications, 2007, 374(01): 457-470.

[122] DUAN D L, LING X D, WU X Y, et al. Critical thresholds for scale-free networks against cascading failures[J]. Physica A: Statistical Mechanics & Its Applications, 2014, 416: 252-258.

[123] 朱勤学. 军事物流关联网络级联失效建模与仿真[D]. 成都: 西南交通大学, 2016.

[124] HEIDE D, SCHAFER M, GREINER M. Robustness of networks against fluctuation-induced cascading failures[J]. Rev.E, 2008, 77(52): 056103.

[125] HOU Y, XIN X, LI M, et al. Overload cascading failure on complex networks with heterogeneous load redistribution[J]. Physica A Statistical Mechanics & Its Applications, 2017, 481: 160-166.

[126] WANG W X, CHEN G R. Universal robustness characteristic of weighted networks against cascading failure[J]. Phys.Rev.E, 2008, 77: 026101.

[127] LAN Q, ZHOU Y L, FENG C. Cascading Failures of Power Grids Under Three Attack Strategies[J]. Chinese Journal of Computational Physics, 2012, 29(06): 943-948.

[128] 李从东, 邓原宁, 原智峰, 等. 基于动态信息的级联失效负载重分配策略[J]. 华南理工大学学报（自然科学版）, 2016, 44(05): 22-28.

[129] 吴晓平, 王甲生, 秦艳琳, 等. 非线性负载容量模型的小世界网络级联抗毁性研究[J]. 通信学报, 2014, 35(06): 1-7.

[130] 韩海艳, 杨任农, 李浩亮, 等. 双层相依指挥控制网络级联失效研究[J]. 中南大学学报, 2015, 46(12): 4542-4547.

[131] TAN F, XIA Y X, ZHANG W P, et al. Cascading failures of loads in interconnected networks under intentional attack[J]. Euro Physics Letters, 2013, 102(02): 28009.

[132] YAN J, HE H B, SUN Y. Integrated Security Analysis on Cascading Failure in Complex Networks[J]. IEEE Transactions on Information Forensics and Security, 2014, 9(03): 451-463.

[133] 王建伟, 荣莉莉. 基于负荷局域择优重新分配原则的复杂网络上的相继故障[J]. 物理学报, 2009, 58(06): 3714-3721.

[134] 李涛, 裴文江, 王少平. 无标度复杂网络负载传输优化策略[J]. 物理学报, 2009, 58(09): 5903-5910.

[135] 段东立, 战仁军. 基于相继故障信息的网络节点重要度演化机理分析[J]. 物理学报, 2014, 63(06): 068902.

[136] ASZTALOS A, SREENIVASAN S, SZYMANSKI B K, et al. Cascading failures in spatially-embedded random networks[J]. Plos One, 2014, 9(01): 1-13.

[137] MA C, LIU H W, ZHOU H Y, et al. A fault-tolerant algorithm of wireless sensor network based on recoverable nodes. Intelligent Automation & Soft Computing, 2011, 17(06): 737-747.

[138] WANG S G, MAO X F, TANG S J, et al. Movement-assisted connectivity restoration in wireless sensor and actor networks[J]. IEEE Transactions on Parallel and Distributed Systems, 2011, 22(04): 687-694.

[139] IMRAN M, YOUNIS M, MD SAID A, et al. Localized motion-based connectivity restoration algorithms for wireless sensor and actor networks[J]. Journal of Network and Computer Applications, 2012, 35(02): 844-856.

[140] 胡鸿翔, 梁锦, 温广辉, 等. 多智能体系统的群集行为研究综述[J]. 南京信息工程大学学报 (自然科学版), 2018, 10(4): 415.

[141] OLFATI-SABER R, FAX J A, MURRAY R M. Consensus and cooperation in networked multi-agent systems[J]. Proceedings of the IEEE, 2007, 95(1): 215-233.

[142] WOOLDRIGE M, JENNINGS N R. Intelligent Agents: theory and practice[J]. Kno-

wledge Engineering Review, 1995, 10(02): 112-152.

[143] SHOHAM Y. Agent-oriented programming[J]. Artificial Intelligence, 1993, 60(1): 51-92.

[144] BONABEAU E, DORIGO M, THERAULAZ G. Swarm intelligence: From natural to artificial systems[M]. New York: Oxford University Press, 1999: 40-58.

[145] FLORES-MENDEZ R A. Towards a standardization of multi-agent system framework[J]. ACM, 1999.

[146] COLORNI A, DORIGO M, MANIEZZO V. Distributed optimization by ant colonies[J]. Proc of the European Conf on Artificial Life, 1991: 134-142.

[147] KENNEDY J, EBERHART R. Particle swarm optimization[C]. Proc of the 4th IEEE International Conf on Neural Networks, 1995: 1942-1948.

[148] KARABOGA D. An idea based on honey bee swarm for numerical optimization[R]. Technical Report-tr06, Erciyes University, Engineering Faculty, Computer Engineering Department, 2005.

[149] YANG X S. Firefly Algorithms for Multimodal Optimization[J]. Mathematics, 2009.

[150] YANG X S. A New Metaheuristic Bat-Inspired Algorithm[J]. Computer Knowledge & Technology, 2010, 284: 65-74.

[151] TANG R, FONG S, YANG X, et al. Wolf search algorithm with ephemeral memory[C]. Seventh International Conference on Digital Information Management, 2012.

[152] YAN S, WANG W, WU S, et al. Duck pack algorithm: A new swarm intelligence algorithm for route planning based on imprinting behavior[J]. Control & Decision Conference, 2017: 2392-2396.

[153] SU Y, HUANG J. Cooperative Output Regulation of Linear Multi-Agent Systems[J]. Automatic Control, 2012, 57(04): 1062-1066

[154] ERMAN L D, HAYES-ROTH F, LESSER V R, et al. The Hearsay II Speech Understanding System[J]. Integrating Knowledge to Resolve Uncertainty Acm Computing Surveys, 1976, 21(S1): 213-253.

[155] SMITH R G. The Contract Net Protocol: High-Level Communication and Control in a Distributed Problem Solver[J]. IEEE Computer Society, 1980.

[156] RODA C, JENNINGS N R, MAMDANI E H, et al. The impact of heterogeneity on cooperating agents[J]. History of Neuroscience, 1991, 42(01): 556-561.

[157] GANG C, RU-QIAN L U. The Relation Web Model-An Organizational Approach to Agent Cooperation Based on Social Mechanism[J]. Journal of Computer Research & Development, 2003, 40(01): 107-114.

[158] COHEN P R, LEVESQUE H J. Intention is choice with commitment[J]. Artificial Intelligence, 1990, 42(02): 213-261.

[159] SI-MIN M O, YING T, JIAN-CHAO Z. A Method of Finding Cooperative Agents

Based on the Degree of Commitment[J]. Computer Engineering & Science, 2006, 28(05): 91-232.

[160] PAN Y T, TSAI M S. Development a BDI-based intelligent agent architecture for distribution systems restoration planning[C]. International Conference on Intelligent System Applications to Power Systems, 2009.

[161] EXCELENTETOLEDO C B, JENNINGS N R. Learning when and how to coordinate[J]. Web Intelligence & Agent Systems, 2003, 1(03-04): 203-218.

[162] HEINZ J, TANNEr H G, FU J. Concurrent multi-agent systems with temporal logic objectives: game theoretic analysis and planning through negotiation[J]. IET Control Theory & Applications, 2015, 9(03): 465-474.

[163] CHEN S, HAO J, WEISS G, et al. Toward Efficient Agreements in Real-Time Multilateral Agent-Based Negotiations[C]. IEEE International Conference on Tools with Artificial Intelligence, 2015.

[164] STÉPHANe Bonnevay, KABACHI N, LAMURE M. Agents-Based Simulation of Coalition Formation in Cooperative Games[C]. IEEE/WIC/ACM International Conference on Intelligent Agent Technology. IEEE, 2017.

[165] RIEDMILLER M, GABEL T. Brainstormers 2D Team Description 2006[J]. Proceedings CD RoboCup, 2006.

[166] ARDI T, TAMBET M, DORIAN K, et al. Multiagent cooperation and competition with deep reinforcement learning[J]. PLOS ONE, 2017, 12(04): e0172395.

[167] KONG X, XIN B, WANG Y, et al. Collaborative Deep Reinforcement Learning for Joint Object Search[C]. 2017 IEEE Conference on Computer Vision and Pattern Recognition (CVPR). IEEE, 2017.

[168] CAPITAN J, MERINO L, OLLERO A. Cooperative Decision-Making Under Uncertainties for Multi-Target Surveillance with Multiples UAVs[J]. Journal of Intelligent and Robotic Systems, 2015, 84(01-04): 1-16.

[169] GRADY D K, MOLL M, KAVRAKI L E. Extending the Applicability of POMDP Solutions to Robotic Tasks[J]. IEEE Transactions on Robotics, 2015, 31(04): 948-961.

[170] OMIDSHAFIEI S, AGHAMOHAMMADI A, AMATO C, et al. Graph-based Cross Entropy method for solving multi-robot decentralized POMDPs[C]. IEEE International Conference on Robotics & Automation, 2016.

[171] SEGUI-GASCO P, SHIN HS, TSOURDOS A, et al. A Combinatorial Auction Framework for Decentralised Task Allocation[J]. Globecom 2014 Wi-UAV Workshop, 2014.

[172] IOANNIS A, VETSIKASNICHOLAS, et al. Bidding strategies for realistic multi-unit sealed-bid auctions[J]. Autonomous Agents & Multi Agent Systems, 2010.

[173] SONG W, KANG D, ZHANG J, et al. A multi-unit combinatorial auction based approach for decentralized multi-project scheduling[J]. Autonomous Agents and

Multi-Agent Systems, 2017.

[174] DAS G P, MCGINNITY T M, COLEMAN S A, et al. A fast distributed auction and consensus process using parallel task allocation and execution[C]. IEEE/RSJ International Conference on Intelligent Robots & Systems, 2011.

[175] CHEN J, GAO Y M, KUO Y H. A Parallel Repeated Auction for Spectrum Allocation in Distributed Cognitive Radio Networks[J]. Wireless Personal Communications, 2014, 77(04): 2839-2855.

[176] HEAP B, PAGNUCCO M. Repeated Sequential Single-Cluster Auctions with Dynamic Tasks for Multi-Robot Task Allocation with Pickup and Delivery[C]. German Conference on Multiagent System Technologies, 2013.

[177] WEI C, HINDRIKS K V, JONKER C M. Dynamic task allocation for multi-robot search and retrieval tasks[J]. Applied Intelligence, 2016, 45(02): 383-401.

[178] NANJANATH M, GINI M. Dynamic task allocation for robots via auctions[C]. IEEE International Conference on Robotics & Automation, 2015.

[179] THOMAS G, WILLIAMS A B. Sequential auctions for heterogeneous task allocation in multiagent routing domains[C]. IEEE International Conference on Systems, 2009.

[180] MCINTIRE M, NUNES E, GINI M L. Iterated Multi-Robot Auctions for Precedence-Constrained Task Scheduling[C]. International Conference on Autonomous Agents & Multiagent Systems, 2016.

[181] HOSSEINALIPOUR S, DAI H. Options-based sequential auctions for dynamic cloud resource allocation[C]. 2017 IEEE International Conference on Communications, 2017.

[182] HIGUERA J C G, DUDEK G. Fair subdivision of multi-robot tasks, Robotics and Automation[C]. 2013 IEEE International Conference, 2013.

[183] AL-YAFI K, LEE H. Centralized versus market-based workflow coordination in the presence of uncertainty[C]. International Conference on Control Automation & Systems, 2010.

[184] LUO L, CHAKRABORTY N, SYCARA K. Distributed algorithm design for multi-robot task assignment with deadlines for tasks[C]. IEEE International Conference on Robotics & Automation, 2013.

[185] WANG L, LIU M, MENG Q H. An Auction-based Resource Allocation Strategy for Joint-surveillance using Networked Multi-Robot Systems[C]. Proceeding of the IEEE International Conference on Information and Automation, 2013.

[186] DAS G, et al. A Distributed Task Allocation Algorithm for a Multi-Robot System in Healthcare Facilities[J]. Journal of Intelligent & Robotic Systems: Theory & Application, 2015, 80(01): 33-58.

[187] FILIPE F, LAZA Rosalía, FLORENTINO F R, et al. A Distributed Multiagent

System Architecture for Body Area Networks Applied to Healthcare Monitoring[J]. BioMed Research International, 2015: 1-17.

[188] WAUTELET Y, KOLP M. Business and model-driven development of BDI multi-agent systems[J]. Neurocomputing, 2016, 182: 304-321.

[189] VISSER S, THANGARAJAH J, HARLAND J, et al. Preference-based reasoning in BDI agent systems[J]. Autonomous Agents and Multi-Agent Systems, 2016, 30(02): 291-330.

[190] OTHMANE A B, TETTAMANZI A G B, VILLATA S, et al. A Multi-context BDI Recommender System: from Theory to Simulation[C]. IEEE/WIC/ACM International Conference on Web Intelligence, 2017.

[191] LIN S, SCHUTTER B D, ZHOU Z, et al. Multi-agent model-based predictive control for large-scale urban traffic networks using a serial scheme[J]. IET Control Theory & Applications, 2015, 9(03): 475-484.

[192] XU M, AN K, VU L H, et al. Optimizing multi-agent based urban traffic signal control system[J]. Journal of Intelligent Transportation Systems, 2018: 1-13.

[193] BELMONTE M V, Pérez-de-la-Cruz J L, Triguero F. Ontologies and agents for a bus fleet management system[J]. Expert Systems With Applications, 2008, 34(02): 1351-1365.

[194] LIN K, ZHAO R, XU Z, et al. Efficient Large-Scale Fleet Management via Multi-Agent Deep Reinforcement Learning[C]. The 24th ACM SIGKDD International Conference, 2018.

[195] CHEN W, ZHOU K, CHEN C. Real-time bus holding control on a transit corridor based on multi-agent reinforcement learning[C]. IEEE International Conference on Intelligent Transportation Systems, 2016.

[196] YU D, WU Y, YANG N. Research on Area Control Method in Urban Signal Intersection under the Multi-agent System[C]. Eighth International Conference on Measuring Technology & Mechatronics Automation, 2016.

[197] HA-LI P, KE D. An Intersection Signal Control Method Based on Deep Reinforcement Learning[C]. 2017 10th International Conference on Intelligent Computation Technology and Automation, 2017.

[198] LIANG Z, WAKAHARA Y. Real-time urban traffic amount prediction models for dynamic route guidance systems[J]. EURASIP Journal on Wireless Communications and Networking, 2014(01): 85.

[199] LOGI F, RITCHIE S G. A multi-agent architecture for cooperative inter-jurisdictional traffic congestion management[J]. Transportation Research Part C(Emerging Technologies), 2002, 10(05-06): 507-527.

[200] ROOZEMOND D A. Using intelligent agents for pro-active, real-time urban intersection control[J]. European Journal of Operational Research, 2001, 131(02):

293-301.

[201] GUO D, LI Z, SONG J, et al. A study on the framework of urban traffic control system[J]. Intelligent Transportation Systems. IEEE, 2003.

[202] CHOY M C, SRINIVASAN D, CHEU R L. Cooperative, hybrid agent architecture for real-time traffic signal control[J]. Systems Man & Cybernetics Part A Systems & Humans IEEE Transactions on, 2003, 33(05): 597-607.

[203] ZHAO J, BUKKAPATNAM S, DESSOUKY M M. Distributed architecture for real-time coordination of bus holding in transit networks[J]. IEEE Transactions on Intelligent Transportation Systems, 2003, 4(01): 43-51.

[204] ZHANG H S, ZHANG Y, LI Z H, et al. Spatial–Temporal Traffic Data Analysis Based on Global Data Management Using MAS[J]. IEEE Transactions on Intelligent Transportation Systems, 2005, 5(04): 267-275.

[205] SRINIVASAN D, CHOY M C. Cooperative multi-agent system for coordinated traffic signal control[J]. IEE Proceedings - Intelligent Transport Systems, 2006, 153(01): 41.

[206] WANG F Y. Toward a Revolution in Transportation Operations: AI for Complex Systems[J]. IEEE Intelligent Systems, 2009, 23(06): 8-13.

[207] CHEN R S, CHEN D K, LIN S Y. ACTAM: Cooperative multi-agent system architecture for urban traffic signal control[J]. IEICE Trans. Inf. Syst, 2005, E88-D(01): 119-126.

[208] KOSONEN I. Multi-agent fuzzy signal control based on real-time simulation[J]. Transportation Research Part C(Emerging Technologies), 2003, 11(05): 389-403.

[209] VASARHELYI G, VIRAGh C, SOMORJAI G, et al. Outdoor flocking and formation flight with autonomous aerial robots[C]. IEEE/RSJ International Conference on Intelligent Robots and Systems, 2014.

[210] VIRÁGH C, VÁSÁRHELYI G, TARCAI N, et al. Flocking algorithm for autonomous flying robots[J]. Bioinspiration & Biomimetics, 2014, 9(02): 1-11.

[211] CHUNG T H, CLEMENT M R, DAY M A, et al. Live-fly, large-scale field experimentation for large numbers of fixed-wing UAVs[C]. IEEE International Conference on Robotics and Automation. Stockholm, 2016.

[212] DAY M A, CLEMENT M R, RUSSO J D, et al. Multi-UAV software systems and simulation architecture[C]. International Conference on Unmanned Aircraft Systems, 2015.

[213] STONE Peter. Layered Learning in Multi-Agent Systems[D]. Pittsburgh: Carnegie Mellon University, 1998.

[214] RIEDMILLER M, MERKE A, MEIER D, et al. Brainstormers 2D-Team Description 2008[C]. RoboCup 2008: Robot Soccer World Cup XII, 2008: 367-372.

[215] AKIYAMA H, ARAMAKI S, NAKASHIMA T. Online Cooperative Behavior Planning

Using A Tree Search Method in the Robocup Soccer Simulation[C]//Intelligent Networking and Collaborative Systems(INCoS), 2012 4th International Conference on. IEEE, 2012: 170-177.

[216] NAKADE T, NAKASHIMA T, AKIYAMA H, et al. Position Prediction of Opponent Players by SIRMs Fuzzy Models for RoboCup Soccer 2D Simulation[C]. Joint International Conference on Soft Computing & Intelligent Systems. IEEE, 2016.

[217] BAI A, WU F, CHEN X. Towards a Principled Solution to Simulated Robot Soccer[J]. RoboCup 2012: Robot Soccer World Cup XVI, 2013: 141-153.

[218] BAI A, ZHANG H. WrightEagle 2D Soccer Simulation Team Description[C]. RoboCup 2012 Conference, 2012: 1215-1223.

[219] 李实, 陈江, 孙增沂. 清华机器人足球队的结构设计与实现[J]. 清华大学学报（自然科学版）, 2001, 41(07): 94-97.

[220] SHUM K W, LEUNG K K, SUNG C W. Convergence of Iterative Waterfilling Algorithm for Gaussian Interference Channels[J]. IEEE Journal on Selected Areas in Communications, 2007, 25(06): 1091-1100.

[221] HO C Y, HUANG C Y. Non-Cooperative Multi-Cell Resource Allocation and Modulation Adaptation for Maximizing Energy Efficiency in Uplink OFDMA Cellular Networks[J]. Wireless Communications Letters, IEEE, 2012, 1(05): 420-423.

[222] XIAO Z, SHEN X, ZENG F, et al. Spectrum Resource Sharing in Heterogeneous Vehicular Networks: A Non-Cooperative Game-Theoretic Approach with Correlated Equilibrium[J]. IEEE Transactions on Vehicular Technology, 2018, 67(10): 9449-9458.

[223] ZHANG H, DU J, CHENG J, et al. Incomplete CSI Based Resource Optimization in SWIPT Enabled Heterogeneous Networks: A Non-Cooperative Game Theoretic Approach[J]. IEEE Transactions on Wireless Communications, 2018, 17(03): 1882-1892.

[224] LITTMAN M L. Markov games as a framework for multi-agent reinforcement learning[J]. New Brunswick Learning Proceedings, 1994: 157-163.

[225] PANTISANO F, BENNIS M, SAAD W, et al. Interference alignment for cooperative femto cell networks: A game-theoretic approach[J]. IEEE Transactions on Mobile Computing, 2013, 12(11): 2233-2246.

[226] AHMED M, PENG M, ABANA M, et al. Interference coordination in heterogeneous small-cell networks: A coalition formation game approach[J]. IEEE Systems Journal, 2018, 12(01): 604-615.

[227] GU Y, SAAD W, BENNIS M, et al. Matching theory for future wireless networks: Fundamentals and applications[J]. IEEE Communications Magazine, 2015, 53(05): 52-59.

[228] ZHOU Z, OTA K, DONG M, et al. Energy-efficient matching for resource allocation in D2D enabled cellular networks[J]. IEEE Transactions on Vehicular Technology, 2017, 66(06): 5256-5268.

[229] ZHAO J, LIU Y, CHAI K, et al. Many-to-many matching with externalities for device-to-device communications. IEEE Wireless Communications Letters, 2017, 6(1):138-141.

[230] DI B, BAYAT S, SONG L, et al. Joint user pairing, subchannel and power allocation in full-duplex multi-user OFDMA networks[J]. IEEE Transactions on Wireless Communications, 2016, 15(12): 8260-8272.

[231] WU Y, ZHANG T, TSANG D. Joint pricing and power allocation for dynamic spectrum access networks with Stackelberg game model[J]. IEEE Transactions on Wireless Communications, 2011, 10(01): 12-19.

[232] KANG X, ZHANG R, MOTANI M. Price-based resource allocation for spectrum sharing femtocell networks: A Stackelberg game approach[J]. IEEE Journal on Selected Areas in Communications, 2012, 30(03): 538-549.

[233] GURUACHARYA S, NIYATO D, KIM D, et al. Hierarchical competition for downlink power allocation in OFDMA femtocell networks[J]. IEEE Transactions on Wireless Communications, 2013, 12(04): 1543-1553.

[234] ZHU K, HOSSAIN E, ANPALAGAN A. Downlink power control in two-tier cellular OFDMA networks under uncertainties: A robust Stackelberg game[J]. IEEE Transactions on Communications, 2015, 63(02): 520-535.

[235] BAUERLE N, RIEDER U. Portfolio optimization with unobservable Markov modulated drift process[J]. Journal of Applied Probability, 2005, 42(02): 362-378.

[236] ELLIOTT R J, SIU T K, BADESCU A. On mean-variance portfolio selection under a hidden Markovian regime-switching model[J]. Economic Modelling, 2010, 27(03): 678-686.

[237] YAO J, LI D. Bounded rationality as a source of loss aversion and optimism: A study of psychological adaptation under incomplete information[J]. Journal of Economic Dynamics and Control, 2013, 37(01): 18-31.

[238] ZHANG L, ZHANG H, YAO H X. Optimal investment management for a defined contribution pension fund under imperfect information[J]. Insurance: Mathematics and Economics, 2018, 79: 210-224.

[239] WU, H L, LI Z F. Multi-period mean-variance portfolio selection with regime switching and a stochastic cash flow[J]. Insurance: Mathematics and Economics, 2012, 50: 371-384.

[240] WU, H L. Mean-variance portfolio selection with a stochastic cash flow in a Markov-switching jump-diffusion market[J]. Journal of Optimization Theory Applications, 2013, 158: 918-934.

[241] YAO H X, LI X, HAO Z F, et al. Dynamic asset-liability management in a Markov market with stochastic cash flows[J]. Quantitative Finance, 2016, 16(10): 1575-1597.

第 5 章
智联网应用挑战

智联网作为人工智能技术的典型应用，已经融入人们的日常生活和生产中，引领世界进入万物智联时代。但是，除全球正在广泛讨论的人工智能伦理问题外，智能系统的内生安全、模型数据的黑盒缺陷也是智联网系统应用中的全新问题，在很多应用场合下，甚至会导致智能系统的完全失效；同时，智能算法在泛化能力、收敛性、可解释性等方面的不足，给智联网相关网络协议研究和应用带来了很大挑战；此外，在人工智能算法的应用过程中，智能水平的评估、算法模型的测评，也是一个全新的问题，正在影响着智联网的应用和推广，建立量化的测评标准和公认的测评体系是智联网行业健康发展的基础条件。

5.1　智能对抗与智能安全

网络与数据安全一直是人工智能应用关注的重点问题，在一定程度上可能会导致人工智能技术及其系统的失效，已经成为制约人工智能技术快速发展的重要因素。在应用过程中，智能对抗样本是人工智能安全的重要隐患。

5.1.1　智能安全与对抗攻击

人工智能技术是智联网系统的基础技术，以深度学习为代表的通用人工智能技术，在计算机视觉、语音识别及自然语言处理等方面已经取得了巨大进展，并广泛应用于智联网中，在军事领域和民用领域广泛应用并发挥了极其关键的作用。其中，公共安全、国防安全、金融经济等场景对人工智能的安全、

智联网

可靠、可控有极高的需求。然而，由于现实应用场景的开放性，以大数据训练和经验性规则为基础的传统人工智能（如深度学习）方法面临着环境动态变化、输入不确定，甚至恶意攻击等多重问题，人工智能系统的安全性和可信赖性问题频发，对社会稳定、公共安全，甚至是国际政治都可能产生极大的影响[1]。如 2017 年 3 月，美国亚利桑那州发生了首次自动驾驶系统安全事故，一辆优步自动驾驶汽车由于安全性问题造成重大事故，导致一名女性死亡；2019 年 12 月，美国加利福尼亚州一辆特斯拉 Model S 在自动驾驶过程中闯红灯发生碰撞事故，造成两名乘客当场死亡；2020 年 4 月，日本东京一辆特斯拉 Model X 在开启自动驾驶辅助系统 Autopilot 模式后撞上路旁的行人，导致一名男性当场死亡。总之，人工智能技术及其系统的安全问题已经成为制约其快速发展和深度应用的重要因素。

当前人工智能的安全性和可靠性存在诸多亟待解决的问题，其中，造成最广泛影响的是因对抗样本等攻击噪声产生的人工智能错误识别而引发的安全问题。

对抗样本（Adversarial Examples）是指在数据集中通过故意添加细微干扰所形成的输入样本，会导致模型以高置信度给出一个错误的输出。可以通过在样本中添加对抗样本，形成"对抗攻击"。谷歌公司的 Szegedy 等研究人员在 2013 年第一次发现并定义了出现在计算机视觉领域的对抗样本[2]。

这种样本隐藏了微小的恶意噪声，人眼无法区分，但会导致人工智能算法模型产生错误的预测结果，对其安全性和可靠性构成了严重的威胁，研究团队研究发现，包括卷积神经网络（Convolutional Neural Network，CNN）在内的深度学习模型对于对抗样本都具有极高的脆弱性。事实上，对于对抗样本的脆弱性并不是深度学习所独有的，在很多机器学习模型中普遍存在，因此进一步研究有利于抵抗对抗样本的算法，实际上有利于整个机器学习领域的进步。除了智能视觉领域，对抗样本对自然语言处理、语音识别等不同领域，以及统计机器学习、深度学习、强化学习等不同类型的人工智能算法和系统，都能够产生很强的迷惑性和攻击性，可以在没有目标模型具体信息的条件下，轻易地攻破智能系统并迫使其产生攻击者期望的任何输出[3]。

对抗样本（见图 5-1）的存在性解释是研究对抗样本的基础。当前对全球范围内对抗攻击的生成机理研究缺乏共识，几种主要生成机理假说包括盲区假说、线性假说、边界倾斜假说、决策面假说以及流形假说。

第 5 章 智联网应用挑战

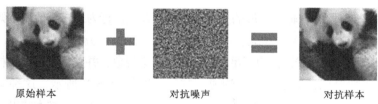

原始样本　　　　　　对抗噪声　　　　　　对抗样本
机器：大熊猫　　　　　　　　　　　　　机器：长臂猿
人类：大熊猫　　　　　　　　　　　　　人类：大熊猫

图 5-1　对抗样本

2014 年，Szegedy 等[4]提出，神经网络通过反向传播算法学习到的是依赖于样本数据结构的高度非线性结构模型，存在严重的过拟合。对抗样本存在于神经网络特征空间的盲区中，采样的数据不足以覆盖盲区，分类器无法有效处理处于盲区的数据样本，因此导致分类器泛化能力较差，出现错误分类的现象。图 5-2 中的对抗样本可能存在于某些访问概率低的区域。2014 年，Gu 等发现通过附加扰动（如高斯加性噪声和高斯模糊）很难恢复神经网络分类性能，表明这类盲区的范围比 Szegedy 范围更大，普遍存在于输入空间，并具有局部连续性。Gu 等认为对抗样本的存在与训练过程和目标函数有关，与模型结构无关。

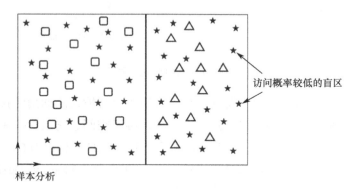

图 5-2　盲区假说中的对抗样本分布

Goodfellow 等则反对盲区假说并提出了线性假说，其认为尽管深度学习模型具有大量的非线性转换，但神经网络在高维空间中存在高度线性特点。因此，对具有多维特征的数据输入叠加微小扰动可能会使分类器得出错误结果。基于这一理论，Goodfellow 等提出了 FGSM 攻击方法来产生大量的攻击样本，同时利用这一理论进行对抗训练。2015 年，Luo 等提出了线性假说的变体,深度神经网络在输入流形的某些范围内存在线性行为,在其他范围则存在非线性行为。

Griffin 等认为线性行为不足以解释对抗样本现象,并建立了对对抗样本不敏感的线性模型,即边界倾斜假说,其示意图如图 5-3 所示,这种假设与 Szegedy 等人给出的解释更为相关,即学习的类边界靠近训练样本流形,但该学习边界相对于该训练流形是"倾斜"的。由于该边界无法完全与实际数据流形边界保持一致,所以可能存在导致错误输出的对抗样本。图 5-3 中的对抗样本存在于实际分类边界与采样数据子流形的分类边界之间。因此,可以通过向分类边界扰动合法样本直到它们越过分类边界来生成对抗性图像。所需的扰动量随着倾斜度的减小而减小,从而产生高置信度和误导性的对抗样本,其中包含视觉上无法察觉的扰动。

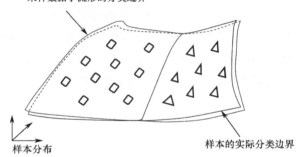

图 5-3 边界倾斜假说示意图

Moosavi-Dezfooli 等[5,6]发现存在可应用于所有输入的通用性扰动并提出了决策面假说,他们假设可能存在一个低维子空间,它包含决策边界的大多数法向量,并利用该子空间检验了决策边界曲率和对抗样本的相关性。文献[7]给出了决策面假说的实验证据,2018 年,Moosavi-Dezfooli 在文献[8]中对决策面假说给出了进一步的理论分析。

流形假说主要分为两大类。文献[9-12]认为,对抗样本偏离正常的数据流形,基于这一假说,上述文献分别提出了不同的对抗样本检测方法。2018 年,Gilmer 等[13,14]否认了对抗样本偏离数据流形的假设,他们认为对抗样本由数据流形高维几何结构产生。Gilmer 在文献[9]中构造了实验性的合成数据集,在文献[10]中对对抗样本与数据流形高维几何结构的关系进行了分析。

对抗样本的构造方法较多,如表 5-1 所示,包括生成特征、攻击目标、迭代次数、先验知识及适用范围。其中生成特征有三类，即利用优化求解技术在输入空间中搜索对抗样本；利用敏感特征如梯度信息构造对抗样本；利用生成模型直接生成对抗样本。攻击目标则根据是否导致模型出现特定类型的错误来区分，即有目标攻击和无目标攻击。根据算法的迭代过程可分为单次迭代和多次迭代。单次迭代方法往往可以快速生成对抗样本，可以用于对抗训练以提高模型稳健性；多次迭代方法则需要更多的处理时间，但攻击效果好且难以防范。根据对抗样本的适用范围，将攻击分为针对特定模型的特定攻击和针对多种模型的通用攻击。

表 5-1 典型对抗样本的构造方法

攻击名称	生成特征	攻击目标	迭代次数	先验知识	适用范围
L-BFGS	优化搜索	有目标	多次	白盒	特定攻击
Deep Fool	优化搜索	无目标	多次	白盒	特定攻击
UAP	优化搜索	无目标	多次	白盒	通用攻击
FGSM	特征构造	无目标	单次	白盒	特定攻击
BIM	特征构造	无目标	多次	白盒	特定攻击
LLC	特征构造	无目标	多次	白盒	特定攻击
JSMA	特征构造	有目标	多次	白盒	特定攻击
PBA	特征构造	有目标&无目标	多次	黑盒	特定攻击
ATN	生成模型	有目标&无目标	多次	白盒&黑盒	特定攻击
AdvGAN	生成模型	有目标	多次	白盒	特定攻击

研究人工智能的安全防护技术对提升人工智能对抗防御能力，进一步提升模型的可用性有着至关重要的作用。近年来，研究者们提出了多种多样的防护技术和算法以提升模型的安全防护能力，它们大致可分为以下三类：

（1）模型训练增强：重点训练模型在对抗环境下的可靠性与稳定性，设计深度学习自我修复与防御机制；

（2）对抗样本特征判别：从数据分布的角度区分良性样本和对抗样本，设计对抗样本智能甄别算法；

（3）梯度掩盖：通过对模型增加特殊预处理模块，隐藏模型的梯度，从而提升模型的安全防护能力。

对抗攻击技术也引发了业界对 AI 模型安全的担忧，研究人员开展了针对对抗攻击的防御技术研究，也提出了若干提升模型安全性能的方法，但迄今仍然无法完全防御来自对抗样本的攻击。

5.1.2 人机智能与人机对抗

人机对抗是以机器和人类对抗为途径、以博弈学习等为核心技术来实现机器智能快速学习进化的研究方向,是国内外人工智能研究和应用领域的热点。从 1936 年人工智能之父阿兰图灵提出著名的"图灵测试"之后,人和机器之间进行智能对抗就成为衡量机器智能发展水平的最重要标准。通过人机对抗,不仅能够让机器更加智能地为人类服务,将人类从一些繁复的任务中解脱出来,还能够让人类借鉴机器智能的学习及推理过程,提升人类自身的认知水平,更深刻地理解和掌握智能的内在本质和产生机理,进而推动整个社会由信息化向智能化发展[11]。

人机对抗注重复杂的时序决策等认知智能,对决策过程进行建模是一个高度复杂问题,因此认知决策建模是整个人机对抗中的核心关键环节。人机对抗决策流程可归纳为感知、推理、决策和控制 4 个步骤。

人机对抗关键技术主要包括对抗空间表示与建模、态势评估与推理、策略生成与优化、行动协同与控制 4 部分[15]。其中:

(1)对抗空间表示与建模

知识表示模型能够准确刻画对抗空间的决策要素构成、属性特征及要素之间的交互关系,是实现人机对抗的基础。对抗空间的表示和建模难度与对抗环境复杂度正相关,巨复杂、高动态、强对抗环境具有决策要素海量高维、要素影响高度耦合、决策关键信息不完全等特性,使得对抗空间的定量表示极富挑战。

(2)对抗态势评估与推理

对抗态势是指对抗各方通过实力对比、调配和行动等形成的状态和趋势,态势的评估与推理为后续对抗策略生成与优化提供了依据。

(3)对抗策略生成与优化

对抗策略是基于对抗态势评估与推理做出的具体对抗反应,主要涉及多智能体协同的任务规划,解决群体与单体的行动规划问题。

(4)对抗行动协同与控制

在多智能体系统中,策略的执行需要多个智能体的行动协同,各智能体在自身信息获取与初步认知的基础上,利用资源贡献、信息连通、要素融合、虚拟协作、智能辅助等功能,将多个单元虚拟协同,形成整合的群体行动协同与控制。多智能体协同的难点包括:多智能体的学习目标，个体回报和团队回报的关系，学习过程中各智能体之间的作用和影响，联合状态和联合动作的获取，扩大的状态空间和动作空间导致的维数灾难等问题。

5.2 智能算法的测评技术

目前，科研及产业界通过多种方法途径对智能算法进行测评，宏观层面的标准规范在技术方向上指导了算法的测评指标及流程；在某些特定算法领域，已形成全球认可的数据集及竞赛认证。此外，国际测试委员会（Bench Council）发布专门为智联网设计的测评标准，旨在针对移动或嵌入设备的智能算力进行基准测试。

5.2.1 智能算法测评分类

智能算法测评主要包括算法性能测评、可靠性测评和安全性测评等。

（1）性能测评是对算法所宣布实现功能的效果和效率的测评；

（2）可靠性测评指在规定的条件下和规定的时间内，算法正确完成预期功能，且不引起系统失效或异常的能力测评；

（3）安全性测评指对人工智能算法中潜在风险及质量缺陷的测评。

性能测评、可靠性测评及安全性测评各有侧重点，同时存在交集。

5.2.2 测评标准规范

标准文件是对实际应用的规范，目前，国内人工智能算法测评标准并不全面，只针对部分广泛应用的算法进行规范，主要有《GB/T 29268.1—2012 生物特征识别性能测试和报告》《T/CESA 1026—2018 人工智能深度学习算法评估规范》《T/CESA 1036—2019 人工智能机器学习模型及系统的质量要素和测试方法》[13]，分别对生物特征识别、深度学习、机器学习的测评指标和方法进行了规范。

《T/CESA 1036—2019 人工智能机器学习模型及系统的质量要素和测试方法》综合提出机器学习模型及系统质量指标体系，其质量指标体系划分为功能性、可靠性、效率和维护性四个主要特性及其子特性[14]，如图 5-4 所示，具体质量指标体系如表 5-2 所示。

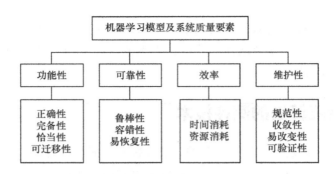

图 5-4 机器学习模型及系统的质量指标体系

表 5-2 质量指标体系

一级指标	二级指标	说明
功能性	正确性	正确性表明机器学习模型及系统对指定的任务和用户目标运行过程及产生结果的正确程度。它主要包含数据精度的满足性、模型设计的正确性、代码实现的正确性及计算结果的正确性等测试元
	完备性	完备性表明机器学习模型及系统对指定的任务和用户目标的覆盖程度。它主要包含功能实现与需求覆盖比、实现功能正交性等测试元
	恰当性	恰当性用于定义和评价机器学习模型及系统选择不同部件实现需求的合理性。它主要包含数据处理恰当性、模型设计恰当性、优化算法恰当性、模型实现恰当性、参数设置恰当性及训练操作恰当性等测试元
	可迁移性	可迁移性用于定义和评价机器学习模型及系统的迁移能力。它主要包含不同规模数据的可扩展性、同领域的可迁移性和不同领域可迁移性等测试元
可靠性	鲁棒性	鲁棒性用于定义和评价机器学习模型及系统避免异常和极端情况等危害导致失效的能力。它主要包含危害检出性、抗攻击性及抗干扰性等测试元
	容错性	容错性用于定义和评价机器学习模型及系统在发生故障时,维护用户期望的性能水平的能力。它主要包含失效的避免性、误操作的抵御性及误操作的危害性等测试元
	易恢复性	易恢复性用于定义和评价机器学习模型及系统发生失效时,在满足一定要求的时间内重新达到规定的功能,并恢复受影响的数据的能力。它主要包括平均恢复时间、易重新启动性、易复原性及复原的有效性等测试元
效率	时间消耗	时间消耗特性用于定义和评价在相同软件和硬件环境下,机器学习模型及系统训练和测试的时间消耗。在训练阶段,它主要包含模型收敛时间、模型训练单轮时间等测试元。在测试阶段,它主要包含模型执行一轮的时间等测试元
	资源消耗	资源消耗特性用于定义和评价机器学习模型及系统训练与运行时对硬件资源的消耗。它主要包含算法本身所需要的存储(硬盘、内存、显存等)占用、带宽(硬盘吞吐、网络流量等)占用及计算资源(CPU、GPU 等)占用等测试元

（续表）

一级指标	二级指标	说　　明
维护性	规范性	规范性用于定义和评价机器学习模型及系统的训练、运行与维护等阶段是否满足模型的规范标准。它主要包含模型设计的规范性、模型训练的规范性、模型测试的规范性、系统代码的易读性及系统版本兼容性等测试元
	收敛性	收敛性用于定义和评价机器学习模型的训练过程能否快速收敛达到预期性能。它主要包含模型收敛的稳定性、收敛时间及收敛值等测试元
	易改变性	易改变性用于定义和评价维护者或用户对机器学习模型及系统进行修改、验证的难易程度。这些修改主要包含对机器学习算法代码的修改和对设计文档的修改。易改变性主要包含变更说明文档的完整性、模块间的耦合性及变更模块的可验证性等测试元
	可验证性	可验证性用于定义和评价机器学习模型及系统的计算过程与计算结果是否易于理解和验证。它主要包含模型计算过程的可验证性、模型计算结果的可解释性及系统功能的可验证性等测试元

在正确性测试中，针对不同任务，主要依据数据集基准，采用不同测试方式进行测试。

1．回归任务

采用机器学习模型预测结果的平均绝对误差（Mean Absolute Error）、均方误差（Mean Square Error）、均方根误差（Root Mean Square Error）等参数进行测试，具体参数选择视具体应用场景决定。

2．检索任务

采用机器学习模型检索结果的精确率（Precision）和召回率（Recall）。还可采用 F1 值、ROC 曲线、均值平均精度（Mean Average Precision）等进行综合评估。

3．分类任务

采用机器学习模型及系统分类结果的准确率（Accuracy）和错误率（Error Rate）等进行测试，也可采用 ROC 曲线等进行综合评估。

在鲁棒性测试中，采用对抗攻击、噪声污染等手段生成对抗样本、噪声数据等，对机器学习模型及系统进行测试，判断其能否正常运行并返回满足约定格式的运算结果。评价机器学习模型及系统能否正常运行、性能指标变化情况及失效情况下恢复能力，测试危害检出性、抗攻击性、抗干扰性等。

《T/CESA 1026—2018 人工智能深度学习算法评估规范》提出了人工智能深度学习算法的评估指标体系与评估流程，针对人工智能深度学习算法的可靠性评估进行要求。该标准给出了一套深度学习算法的可靠性评估指标体系，包含 7 个一级指标和 20 个二级指标，深度学习算法可靠性评估指标体系如图 5-5 所示。

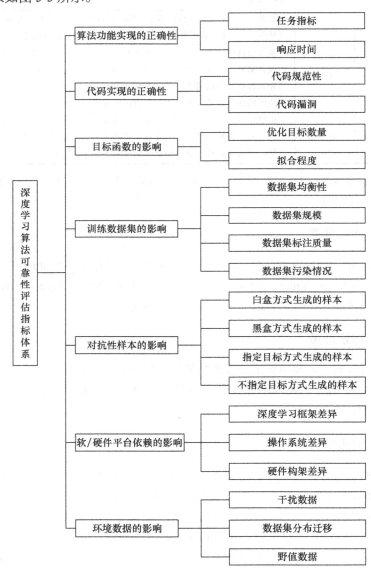

图 5-5 深度学习算法可靠性评估指标体系

1）算法功能实现的正确性

用于评估深度学习算法实现的功能是否满足要求，应包括但不限于下列内容。

任务指标：用户可以根据实际的应用场景选择任务相关的基本指标，用于评估算法完成功能的能力。示例：分类任务中的查准率、查全率、准确率等；语音识别任务中的词错误率、句错误率等；目标检测任务中的平均正确率等；算法在使用中错误偏差程度带来的影响等。

响应时间：用户发放任务后，算法求解该任务并将任务结果返回给用户的时间。

2）代码实现的正确性

用于评估代码实现功能的正确性，应包括下列内容。

代码规范性：代码的声明定义、版面书写、指针使用、分支控制、跳转控制、运算处理、函数调用、语句使用、循环控制、类型转换、初始化、比较判断和变量使用等是否符合相关标准或规范中的编程要求。

代码漏洞：代码中是否存在漏洞。示例：栈溢出漏洞、堆栈溢出漏洞、整数溢出、数组越界及缓冲区溢出等。

3）目标函数的影响

用于评估计算预测结果与真实结果之间的误差，应包括下列内容。

优化目标数量：包括优化目标不足或过多。优化目标不足容易造成模型的适应性过强，优化目标过多容易造成模型收敛困难。

拟合程度：包括过拟合或欠拟合。过拟合是指模型对训练数据过度适应，通常由于模型过度地学习训练数据中的细节和噪声，从而导致模型在训练数据上表现很好，而在测试数据上表现很差，即模型的泛化性能变差。欠拟合是指模型对训练数据不能很好地拟合，通常由模型过于简单造成，需要调整算法，使模型表达能力更强。

4）训练数据集的影响

用于评估训练数据集带来的影响，应包括下列内容。

数据集均衡性：数据集包含的各种类别的样本数量一致程度和数据集样本分布的偏差程度。

数据集规模：通常用样本数量来衡量，大规模数据集通常具有更好的样本多样性。

数据集标注质量：数据集标注信息是否完备并准确无误。

数据集污染情况：数据集被人为添加的恶意数据污染的程度。

5）对抗性样本的影响

用于评估对抗性样本对深度学习算法的影响，应包括下列内容。

白盒方式生成的样本：在目标模型已知的情况下，利用梯度下降等方式生成对抗性样本。

黑盒方式生成的样本：在目标模型未知的情况下，利用一个替代模型进行模型估计，针对替代模型使用白盒方式生成对抗性样本。

指定目标方式生成的样本：利用已有数据集中的样本，通过指定样本的方式生成对抗性样本。

不指定目标方式生成的样本：利用已有数据集中的样本，通过不指定样本（或使用全部样本）的方式生成对抗性样本。

6）软/硬件平台依赖的影响

用于评估运行深度学习算法的软/硬件平台对可靠性的影响，应包括下列内容。

深度学习框架差异：不同的深度学习框架在其所支持的编程语言、模型设计、接口设计及分布式性能等方面的差异对深度学习算法可靠性的影响。

操作系统差异：操作系统的用户可操作性、设备独立性、可移植性及系统安全性等方面的差异对深度学习算法可靠性的影响。

硬件架构差异：不同的硬件架构及其计算能力、处理精度等方面的差异对深度学习算法可靠性的影响。

7）环境数据的影响

用于评估实际运行环境对算法的影响，应包括下列内容。

干扰数据：由于环境的复杂性所产生的非预期的真实数据，可能影响算法的可靠性。

数据集分布迁移：算法通常假设训练数据集样本和真实数据集样本服从相同的分布，但在算法实际使用中，数据集分布可能发生迁移，即真实数据集分布与训练数据集分布之间存在差异。

野值数据：一些极端的观察值。在一组数据中可能有少数数据与其余的数据差别比较大，也称为异常观察值。

《GB/T 29268.1—2012 生物特征识别性能测试和报告》中规定一般生物特征识别系统性能测试的原则，包括预测错误率和识别速度[16]。

5.2.3 指标归纳（分类）

1. 准确率（Accuracy）

准确率指预测某类正确的样本比例，即被分对的样本数除以所有的样本数，准确率示意及公式如图5-6所示。通常来说，准确率越高，分类器越好。

预测值 真实值	阳（1）	阴（0）
阳（1）	真阳（TP）	假阴（FN）
阴（0）	假阳（EP）	真阴（TN）

$$\text{Accuracy} = (TP + TN)/(TP + TN + FP + FN)$$

图5-6 准确率示意及公式

2. 精准率（Precision）

精准率又称查准率，指预测为正的样本中真实为正的样本的比例。精准率示意及公式如图5-7所示。

预测值 真实值	阳（1）	阴（0）
阳（1）	真阳（TP）	假阴（FN）
阴（0）	假阳（FP）	真阴（TN）

$$\text{Precision} = TP/(TP + FP)$$

图5-7 精准率示意及公式

3. 召回率（Recall）

召回率又称查全率，指真实为正的样本中被预测为正的样本的比例。召回率示意及公式如图 5-8 所示。

预测值 真实值	阳（1）	阴（0）
阳（1）	真阳（TP）	假阴（FN）
阴（0）	假阳（FP）	真阴（TN）

$$Recall = TP / (TP + FN)$$

图 5-8　召回率示意及公式

4. 综合评价指标（F-Measure）

一般来说，精准率和召回率是互斥的，也就是说，精准率越高，召回率越低；召回率越高，精准率越低。所以设计了一个同时考虑精准率和召回率的指标 F-Measure：正确率 × 召回率 × 2 /（正确率+召回率）（F-Measure 即为正确率和召回率的调和平均值）。

5. ROC 曲线

ROC 曲线称为"受试者工作特征"，使用 TPR 作为纵轴，FPR 作为横轴，AUC（Area Under Curve）表示 ROC 曲线下面积，使用该面积的大小来判断 ROC 曲线的优劣，AUC 越大，ROC 曲线越好。ROC 曲线与 AUC 如图 5-9 所示。

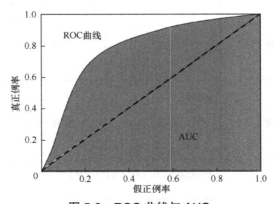

图 5-9　ROC 曲线与 AUC

5.2.4 公认数据集及竞赛

目前国际上存在对某些特定应用算法的公认竞赛,如在人脸识别算法领域,在全球人脸识别领域全球性竞赛中,美国国家标准与技术研究院(NIST)的 FRVT、微软的 MS-Celeb-1M 及 Megaface 面部识别挑战赛是最重要的三个竞赛。

(1)美国国家标准与技术研究院(NIST)的 FRVT[17]。

在评估人脸识别算法的验证(1∶1)和识别(1∶N)时,NIST 人脸识别供应商测试(FRVT)是最受尊敬的基准及全球最权威的人脸识别算法测试,使用大量的面部图像来衡量在全球商业和学术界开发的人脸识别算法的性能,FRVT 通过不同类型的照片样本进行上百亿次对比,对人脸识别算法的评估可达到百万分之一精度,也是当今全球规模最大、标准最严、竞争最激烈、最权威的人脸识别算法竞赛,素有"工业界黄金标准"之称。该竞赛使用 FNMR(低于设定为达到指定错误匹配率(FMR)的阈值的配对比较的比例)为评测标准。

(2)微软的 MS-Celeb-1M。

2016 年 6 月,微软向公众发布了大规模现实世界面部图像数据集 MS-Celeb-1M,含有 10 万个名人的约 1000 万(10M)张面部图片,鼓励研究人员开发先进的人脸识别技术。业界公认人脸识别"世界杯"的微软百万名人识别竞赛 MS-Celeb-1M[18]。

(3)Megaface 面部识别挑战赛。

Megaface,美国华盛顿大学计算机科学与工程实验室发布并维护的一套公开人脸数据集。其中包含一百万张图片,代表 69 万个独特的人。Megaface 是第一个一百万规模级别的人脸识别算法测试基准,与 LFW 数据库侧重于对比两张人脸照片是否具有相同身份不同。

以上三个竞赛对人脸识别算法进行性能测评,指标主要包括同一数据集运行时间和准确率。

5.2.5 AIoT 测试标准 AIoT Bench

2019 年,国际测试委员会(BenchCouncil)[19]发布了 AIoT 智能终端测试标准 AIoT Bench。该测试标准旨在针对移动或嵌入设备的智能算力进行基准测试。用户既可以使用套件中的应用负载对设备进行完整的性能测试,也可以通过微测试基准来分析和评测性能瓶颈,进而有针对性地进行优化。

此外，BenchCouncil 还发布了国际上第一个针对边缘计算人工智能应用的通用测试框架（Edge AIBench），将边缘计算的任务切分为云端、边缘计算端和用户端设备三层架构。基于三层架构，将选取的边缘计算人工智能应用划分为不同的组件，这些组件分为数据采集、预处理、推断、训练、传输等。该测试标准选取了一些具有代表性的边缘计算人工智能应用场景，如 ICU 病人监护、监控摄像头、智能家居、自动驾驶等。

5.3 智能算法在网络应用中面临的挑战

基于机器学习的网络协议是智联网的重要组成部分，相比于传统数学模型驱动的网络协议而言，基于机器学习的网络协议通常是数据驱动的，这使得其能够适应动态变化的网络环境及多样的性能评价指标优化需求。例如，深度学习能够对网络状态信息进行建模和提取，可以根据对无线网络环境的综合分析，确定最合适的调制/编码方案，包括频谱可用性、干扰分布、节点移动性和应用类型等。然而，对基于机器学习的网络协议的研究仍处于初步阶段，在网络应用中还存在很多挑战。

5.3.1 泛化能力

泛化能力（Generalization Ability）指机器学习算法对新样本的适应能力，简而言之，是在原有的数据集上添加新的数据集，通过训练输出一个合理的结果。学习的目的是学到隐含在数据背后的规律，对具有同一规律的学习集以外的数据，经过训练的网络也能给出合适的输出，该能力称为泛化能力。目前，人工智能算法泛化能力不足是人工智能应用于网络通信的最大障碍。虽然智能体经过训练后可以解决复杂的任务，但它们很难将习得的经验转移到新的环境中，训练的模型不能很好地泛化到其他数据集。现有智能网络算法尝试利用图神经网络模型（GNN）对网络状态信息进行建模和提取。GNN 方法对不同拓扑结构具有良好的泛化性，然而，现有 GNN 方法是否能够对网络通信优化问题真实场景中动态变化的大规模拓扑结构完成建模还缺乏足够的实验支撑。

5.3.2 算法收敛性

相比于游戏、图像识别及自然语言处理等已经广泛应用机器学习的场景，网络优化问题的输入/输出维度更高，目标策略更复杂，特别是对于输入/输出维度很高的复杂网络优化问题，现有机器学习方案往往难以收敛到最优解。为了解决模型难以收敛的问题，往往需要通过降低输入/输出维度，将决策空间离散化，或者采用间接控制网络策略以简化策略复杂度的方式来降低模型的收敛难度，然而，即使采用了这些方案，很多模型最终的收敛结果依然与理论最优值存在很大差距。

5.3.3 算法可解释性

在智联网中，网络协议设计所面临的另一个问题是基于人工智能算法的网络协议具有不可预测性及不可解释性。相比于传统路由基于数学模型的网络协议或算法，基于深度学习的方法其行为往往具有不可预测性，当出现一个较差的网络决策时，操作员很难去定位错误原因，至于针对错误去更正模型更是一件几乎不可能的事情。因此，如何提升智联网的网络协议或算法的可解释性将是未来智联网发展过程中面临的一个挑战。

5.3.4 模型训练成本

对于基于监督学习的智联网算法而言，收集足够多、足够准确的带标签数据有时是一件成本很高昂的事情。此外，深度学习需要完整或近乎完整的训练样本，然而，随着网络环境的变化，很难为每个可能的网络状态收集足够多的数据和训练样本。因此，如何提升智能算法训练过程的数据效率是智联网部署过程中所面临的重要挑战。基于深度强化学习的智能网络算法，无论是在线训练还是离线训练，其高昂的训练成本及训练过程中给系统所带来的可靠性隐患都是亟待解决的挑战。这要求深度强化学习在识别新模式失败后应具有添加新样本的能力，因为新添加的样本可以提高模型的准确性。

5.3.5 物端设备资源限制

由于物端设备的内存和 CPU 能力有限，无法将复杂的算法编程到现有的协议中。由于深度学习具有迭代执行性质，系统的响应时间可能会被延长。这要求深度学习算法能够尽量减少计算参数，以节省内存空间，并对现有智能算法进行优化，以减少算法执行时间。

 智联网

5.4 智联网技术应用畅想

如今提起"智联网",无论是媒体还是民众,大家都并不陌生。作为一种利用人工智能,将各种信息传感设备与互联网结合起来而形成的一个巨大网络,能实现任何时间、任何地点,人、机、物的智能互联互通。回顾其发展过程可以发现,"万物智能的智联网"时代快速走向实际生活,并从多个领域应用着手,影响未来发展。下面将分别从消费级、工业级、宇航级和军工级四个方面介绍智联网的应用场景。

5.4.1 消费级

1. 无人驾驶车

无人驾驶车,即通过车载电脑装置实现无人驾驶的智能车,主要依靠多种传感设备、人工智能、全球定位系统等,实现驾驶车辆对周围环境感知,最终达到在没有人类主动参与的情况下,车辆自动安全地行驶[20]。

1) 无人驾驶的等级

根据美国国家公路交通安全管理局(NHTSA)和国际汽车工程师协会(SAE)制定的标准,将汽车的自动程度分为五级:Level 0(无自动化)、Level 1(驾驶员辅助)、Level 2(部分自动化)、Level 3(有条件自动化)、Level 4(高度自动化)和 Level 5(完全自动化)。

2) 无人驾驶系统[21]

无人驾驶技术涉及的变量繁多、过程复杂,其系统框架一般分为三个模块:①环境感知模块,无人驾驶车主要通过车载传感器来感知周围环境信息,包括通过算法提取的有用信息;②行为决策模块,即通过获取的各类信息,结合交通规则所做出行为决策,简而言之,规划最优路径,然后无人驾驶车依此路径行驶;③运动控制模块,根据最优路径轨迹、速度、当前位置等多种信息,产生对制动踏板、油门、转向盘等车辆部件的控制命令。

3) 关键问题[21]

无人驾驶车在行驶过程中,主要需要解决以下六个问题:识别并躲避障碍物、从相机中识别行人、车道识别、交通标志识别、车辆的自适应巡

航控制和让汽车在预定轨迹上运动。

4）重要部件[21]

无人驾驶车包含以下三个重要部件：①车顶激光雷达，利用红外激光脉冲将静态或动态物体反射回传感器，每秒多次产生汽车周围环境的 3D 图像；②前置雷达，通过无线电波雷达识别其他汽车和更大的障碍物；③长短距的光学摄像机，实时识别标志和物体颜色，从而全面了解汽车驾驶的现场环境。

2．无人机

1）概况

智联网中应用无人机可从空中实现以服务投递为目的的智联网业务，以及包括视频监视、传感数据收集、救灾应急通信和智能交通等在内的智联网增值服务。无人机已广泛应用于军事与民用领域，由于其可动态部署、配置方便、高度自主等特点，无人机在智联网领域同样扮演着极其重要的角色。

无人机通过机载智联网装置（包括传感器、摄像机和 RFID 等）实现对智联网用户数据的收集。在智联网中，由于部分无线装置的传输范围有限，无人机可以作为无线中继，用来改善网络连接，延伸无线网络覆盖范围。同时，由于无人机可调整的飞行高度和可移动性，使其可以方便、高效地收集地面智联网用户数据。目前已有智能无人机管理平台，可通过各种终端设备同时操作数架无人机，按需定制飞行路线，获取所需用户数据；智能交通系统可利用无人机实现交通监控与执法。此外，无人机也可作为空中基站来改善无线网络容量。谷歌在 SkyBender 项目中使用无人机利用毫米波技术试验了 5G 互联网应用，速率达到了 4G 系统的 40 倍。基于无人机的软件定义无线电平台可用于基础设施出现瘫痪时的应急通信。

随着智联网应用的不断深入和快速发展，无人机应用由过去单一的服务投递（如亚马逊包裹投递和电力线路监控等）发展至无人机集群协同完成的诸多智联网增值业务（如城市污染监控、地质灾害的防治和军事"蜂群"无人机技术等），可以完成单一无人机因能量和计算资源受限等而无法完成的智联网任务。同时，随着智慧城市、水下物联网、车联网、军事物联网及空天地一体网络等智联网应用的兴起，须充分借助无人机技术有效获取和传递相关数据信息，包括地理空间信息、传感数据信息和指控信息

等，进一步推动包括云计算、大数据及人工智能等在内的其他智联网增值服务。

2）关键技术[22]

为了更好地拓展无人机在智联网中的应用深度和广度，需要发展以下四个关键技术。

（1）网络拓扑控制技术。地面控制站或太空卫星对无人机群网络拓扑的控制，将对无人机群的协同和对智联网数据的收集、共享与处理产生直接影响。其中，网络拓扑控制技术主要涉及星状控制拓扑、大星状控制拓扑和 Mesh 状控制拓扑。

（2）防碰撞技术。无人机普遍应用于人口密集的城市空域，确保无人机与其各类障碍物不发生碰撞是重中之重。其中，无人机需要重点发展障碍感知能力和规避障碍决策能力。

（3）动态数据路由。无人机自组织网络具有网络拓扑的高动态变化、通信链路频繁间断、无人机节点因能量受限失效而导致的网络分割等弱点，因此，有效的无人机动态数据路由需要具备对延迟和中断容忍的功能。其中，无人机动态数据路由主要包括随机路由、地理信息辅助路由和洪泛路由三种。对于具体路由协议的采用，须根据无人机群的运动模式和动态性进行科学、灵活的选择。

（4）航迹规划。无人机的航迹规划须综合考虑多种限制条件，包括燃料、航程、地形地貌等，对于具有较高自主控制能力的自组织无人机群，其航线规划算法须具备较高的实时性和自适应性。

3）发展趋势[22]

从无人机应用及其关键技术发展的角度出发，可归纳出以下三个方面的发展趋势。

（1）采用基于软件定义网络（SDN）的无人机自组织网络控制技术。智联网应用的深入发展，迫切需要不同异构网络的融合与互通；无人机自组织网络面临能量受限、高延迟、链路频繁中断等多种挑战，需要高效利用和分配各种网络资源。SDN 将数据面与控制面分离，可通过编程的方式对网络进行控制，从而满足智联网应用的各种新需求。同时，SDN 属于集中式控制，可有效改善无线资源的利用率，提高网络效率。

（2）针对无人机的空管系统。无人机发生的危害事件日趋增多，针对无人机空管系统的需求日益迫切。未来的无人机空管系统将应用多元的人工智能控制机制，包括强制着陆、障碍规避等功能，保障无人机的飞行安全。

（3）无人机应用安全与隐私保护。一方面，无人机用户的敏感信息、身份认证等数据安全容易遭到恶意攻击。另一方面，当无人机用于诸如高实时性的交通安全应用时，应具备针对不同应用和服务自身处理水平自动评估的能力，确保应用安全。

3．个人智联网

个人智联网指为特定个人服务的，通过个人传感设备采集个人相关数据进行智能处理的智联网系统，如数字助理与智能穿戴设备等，其示意图如图5-10所示。

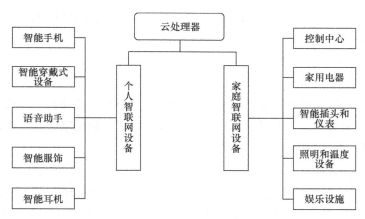

图 5-10　个人智联网示意图

智能穿戴式设备是典型的个人智联网设备，智能穿戴式设备主要包括智能手环、智能手表与智能眼镜等。设备通过读取和记录人体参数，将数据通过物联网卡传输到平台层，平台层再对数据进行汇总分析，得出结论，反馈给用户。智能穿戴式设备的本意，是探索人和科技全新的交互方式，为每个人提供专属的、个性化的服务，而设备的计算方式无疑要以本地化计算为主——只有这样才能准确定位和感知每个用户的个性化、非结构化数据，形成每个用户随身移动设备上独一无二的专属数据计算结果，并以此找准直达用户内心的真正有意义的需求，最终通过与中心计算的触动规则来展开各种具体的针对性服务。

智联网

5.4.2 工业级

1. 工业机器人

1954 年,乔治·德沃尔申请了一项关于程序物品转移的专利,标志着工业机器人的诞生。1961 年,第一家机器人公司——尤尼明公司成立,并在通用汽车公司的一家工厂投入使用。1969 年,维克多·申曼设计了六自由度全电动机械手,其设计理念对后来机器人的发展产生了深远影响。20 世纪 80 年代以来,并联运动机器通过 3~6 个并联支柱,将机器的基座与其末端执行器连接起来,代替人类从事高精度、高速度、高强度的工作。2005 年,莫托曼公司推出第一个用于同步双手操作的商用机器人,尤其适用于小规模、短期批量生产。发展至今,借助于传感网、物联网、人工智能、全球定位系统等技术的发展,多个机器人可实现联网控制,同步精准地协同合作[23]。

1)主要构成

(1)主体。

主体机械即机座和实行机构,包括大臂、小臂、腕部和手部构成的多自由度的机械系统。有的机器人另有行走机构。工业机器人有六个自由度甚至更多,腕部通常有 1~3 个活动自由度。

(2)驱动系统。

工业机器人的驱动系统,按动力源分为液压驱动系统、气动驱动系统和电动驱动系统三大类。依据需求也可由这三种类型组合成复合式的驱动系统,或者通过同步带、轮系和齿轮等机械传动机构来间接驱动。这三类根本驱动系统各有特点,现在主流的是电动驱动系统。

由于低惯量,大转矩交/直流伺服电机及其配套的伺服驱动器(交换变频器和直流脉冲宽度调制器)被普遍接纳。这类系统不需能量转换,运用方便,控制灵敏。大多数电机后面需安装精细的传动机构——减速器。其运用齿轮的速率转换器,将电机的反转数减速到所要的反转数,并得到较大转矩的装置,从而降低转速,添加转矩。当负载较大时,一味提升伺服电机的功率是很不划算的,能够在适宜的速率范畴内通过减速器来进一步输出扭矩。伺服电机在低频运转下容易发热和出现低频振动,长时间和重复性的工作不利于确保其准确、牢靠地运转。精细减速电机的存在使伺服电机在一个适宜的速率下运转,在加强机器体刚性的同时输出更大的力矩。

如今主流的减速器有两种：谐波减速器和 RV 减速器。

（3）控制系统。

工业机器人控制系统是机器人的大脑，是决定机器人功用和功能的要素。控制系统按照输入的程序对驱动系统和实行机构收回指令信号，并进行控制。工业机器人控制技术的主要任务便是控制工业机器人在工作空间中的活动范围、姿势和轨迹及动作的时间等。具有编程简单、软件菜单操纵、友好的人机交互界面、在线操纵提示和运用方便等特点。

（4）感知系统。

工业机器人感知系统由内部传感器模块和外部传感器模块构成，获取内部和外部的环境状态中有意义的信息。内部传感器：用来检测机器人本身状态（如手臂间的角度等）的传感器，多为检测位置和角度的传感器。具体有位置传感器与角度传感器等。外部传感器：用来检测机器人所处环境（如检测物体与物体的距离等）及状况（如检测抓取的物体是否滑落等）的传感器。具体有距离传感器、视觉传感器与力觉传感器等。智能传感系统的使用提高了机器人的机动性、实用性和智能化的标准。人类的感知系统是比机器人灵巧的，然而，对于一些特许的信息，机器人传感器比人类的系统更加有效。

（5）末端执行器。

末端执行器是连接在机械手最后一个关节上的部件，它一般用来抓取物体，与其他机构连接并执行需要的任务。机器人制造上一般不设计或出售末端执行器，多数情况下，它们只提供一个简单的抓持器。通常末端执行器安装在机器人六轴的法兰盘上以完成给定环境中的任务，如焊接、喷漆、涂胶及零件装卸等就是需要机器人来完成的任务。伺服驱动器又称为"伺服控制器""伺服放大器"，是用来控制伺服电机的一种控制器，其作用类似于变频器作用于普通交流马达，属于伺服系统的一部分。一般通过位置、速度和力矩三种方式对伺服电机进行控制，实现高精度的传动系统定位。

2）关键技术

（1）工业机器人多传感与仿真技术。

工业机器人要能够感知环境、适应环境并准确自如地进行作业，需要高性能传感器及各种传感器之间的协调工作。由于每一种传感器都具备自身特定的功能，因而仅仅靠单一传感器的使用难以获得完整的信息数据。

智联网

智能机器人需要同时配备多种传感器,以满足对数据采集的需要。目前,多传感器融合技术已成为智能机器人研究领域的关键技术之一。

机器人通过系统仿真,可以预先模拟演示出实施指令要求的具体动作,并据此得出动作结果。在仿真修正处理后,校正缺陷再进行实际操作。通过仿真,既可以缩短生产工期,又可以避免不必要的返工,从而降低生产成本和提高生产效率。

(2)工业机器人与大数据及云计算技术的融合。

在工业机器人实际应用中,融入大数据和云计算技术,能够对生产制造全过程进行实时监控,以便提前发现问题、规避风险;也可以增强企业对客户反馈信息的处理,进而优化产品与服务。

"大数据+云计算+机器人"的结合,能够推动机器人自动化生产企业的信息化升级,优化整个产品研发生产周期,增强企业对市场形势的准确把握。同时,大数据和云计算技术的应用,有利于整个装备制造业的优化升级,为传统制造业向智能制造和云制造的信息化转型提供强有力的支撑。

(3)工业机器人双重安全检测功能。

工业机器人一直以来被认为是高精度、高速度、高自动化的设备,但不可否认的是仍存在安全性等危险隐患。由于历史发展和技术的原因,在机器人发展的进程中对机器人与人同时工作的安全问题兼顾不周,因而绝大多数工厂出于安全性考虑,一般都要使用围栏等屏障将机器人与工作人员进行有效的隔离。

随着劳动力成本的不断提高和新兴行业的特殊需求,对工业生产提出了新的要求。如计算机、通信、消费性电子、医药、物流和食品加工等行业的特点是产品类别多、体积小,同时对操作人员的灵活度、柔性要求较高。而传统的机器人应用在此类行业中很难以低成本满足需求。因而,操作工人与机器人分工协作的想法应运而生,操作工人负责对触觉、柔性和灵活性等要求比较高的工序,机器人则利用其快速、准确的特点来负责重复性的工作,进而合理而圆满地解决工业生产中的难题。但是操作工人和机器人之间的交互协作,需要去除围栏、安全门等横亘在二者之间的安全保护设施,否则不能达到预期的目的。此时就需要一些额外的技术来保证机器人与人类可以安全地在同一个区域工作,即要求机器人具有安全协作的特性。

(4)工业机器人灵巧操作技术。

工业机器人的手臂具有高精度感知的特点,通过创新传感器及独立的关节,能够与人手的灵巧度基本一致。工业机器人的灵巧操作技术,借助于驱动结构及机械装置的优化,能够达到有效提升机器人操作可重复性及准确度的目的。此外,要想充分发挥出工业机器人的灵巧操作技术,就需要做好材料的选择工作。例如,在选择驱动机的结构材料时,要注重驱动机的安全性,新结构材料的选择,能够达到提升机器人及负载自重比例的作用。

(5) 工业机器人自主导航技术。

就搬运机器而言,在有人及静止障碍物的状态下,能够完成自主导航,在装配线上顺利实施搬运工作,这是工业机器人必须克服的技术难题之一。因此,实现工业机器人的自主导航,能够有效提升工业生产效率。无人驾驶车与工业机器人自主导航的原理一致,在感知到障碍物的时候,就需要及时规避,并且在建筑区域中,能够自主完成倒车入库,面对紧急的情况,还能够做到及时停止操作。

(6) 工业机器人人机交互技术。

工业机器人的智能化发展中,工业机器人实现人机交互是开展智能化管理工作的基础。在运用人机交互技术之前,多物理效应人机交互装置是需要克服的难题。在人与机器人和谐工作的过程中,首先,需要有效确保人和机器人的安全;其次,应该积极应对多元化处理操作及环境方面的适应性问题;最后,在开展人机交互工作的过程中,安全问题是关键,需要按照用户的实际需求设计出个性化的机器人,确保人机交互过程中语言及手势处于自然状态。

(7) 分布式控制技术。

机器人的大部分智能和处理能力分布在几个战略性处理器中,每个处理器都分配有特定的功能。机器人能够联网,与其他智能系统设备共享程序,从而提高系统性能和经济性。工业机器人技术的趋势是通过传感器、网络、智能执行器的应用及软件模块化和功能性的创新来增强机器人智能。机器人机构可能会经历缓慢的进化,这将更多地取决于机器人控制系统的更快发展。

3) 前景展望

未来工业机器人将具有连通性、虚拟现实集成、软件定义和人机一体化等特点。具体来说,可上传各类传感器采集的多源数据到云端进行预处理,实现信息共享。虚拟信息与真实设备深度集成,形成数据采集、处理、分析、反馈和执行的闭环,实现"真实—虚拟—真实"循环。基于大

智联网

数据分析的 AI 算法依附于软件应用,刺激工业机器人以面向软件、基于内容、平台和 API 集中的方式发展。同时,在通信技术的支持下,借助外部设备,实现人与工业机器人硬件的高效交互,达到真实的人机一体化[23]。

工业机器人具有更小、更轻、更灵活的特点。当前,工业机器人的应用场景愈加广泛,苛刻的生产环境对机器人的体积、质量与灵活度等提出了更高的要求。与此同时,随着研发水平不断提升、工艺设计不断创新,以及新材料相继投入使用,工业机器人正向着小型化、轻型化与柔性化的方向发展,类人精细化操作能力不断增强。例如,日本 SMC 致力于为机器人研制高品质的末端执行器,研发的新型汽缸体积缩小了 40%以上,质量最高减轻了 69%,耗气量最高减少了 29%。日本爱普生首款新型折叠手臂六轴机器人 N2,可在现有同级别机械臂 60% 的工位空间内完成灵活操作;折叠手臂六轴机器人 N6 采用内部走线设计,其折叠手臂可自然进入高层设备、机器和架子等狭窄空间;T3 紧凑型 SCARA 机器人将控制器内置,避免了在设置和维护过程中进行复杂的布线,大大提高了成本效率并保持较低的总运行成本。德国费斯托(Festo)的新型全气动驱动机械臂,将刚性的"抓取"转变为柔性的"围取",能完成灵活抓取不同大小部件的任务。

人机协作成为重要发展方向。随着机器人易用性、稳定性及智能水平的不断提升,机器人的应用领域逐渐由搬运、焊接与装配等操作型任务向加工型任务拓展,人机协作正在成为工业机器人研发的重要方向。传统工业机器人必须远离人类,在保护围栏或者其他屏障出现之后,可以避免人类受到伤害,这极大地限制了工业机器人的应用效果。人机协作将人的认知能力与机器人的效率结合在一起,从而使人可以安全、简便地与机器人进行协同工作。例如,瑞士 ABB 的双臂人机协作机器人 YuMi 可与工人一起协同工作,在感知到人的触碰后,会立刻放慢速度,最终停止运动。德国库卡(KUKA)的协作机器人 LBR iiwa 可以以 10mm/s 或 50mm/s 的速度抵近物体,并在遇到阻碍后立刻停止运动。优傲 e-Series 协作式机器人可设定机械臂保护性停止的停止时间和停止距,并内置力传感器以提高精度和灵敏度,满足更多应用场景的需求。

在关键技术和领先技术方面,现有工业机器人智能化程度低,功能相对简单。在复杂情况下,它们在人机合作方面表现不佳,难以满足用户的需求。要实现内生增长,必须克服技术瓶颈。首先,在人机合作中,要加快多模感知、环境建模和决策优化等关键技术的研究与开发,加强人机合作与协作;其次,机器人技术应与物联网、云计算和大数据技术深度融合,充分利用海量共享数据和计算资源,从而扩展智能机器人的服务能力;最后,图像识别、情感互动、深度学习和智能化等人工智能技术还需要进一步发展和应用,以创造具有高智能决策能力和安全可靠性保障的机器人。

2．未来智慧城市

1）概念

智慧城市概念起源于"智慧地球",发展智慧城市被认为有助于促进城市经济、社会、环境与资源的可持续发展。虽然目前对智慧城市尚没有统一的定义,但对智慧城市的理解已经达成一定共识[24]。首先,智慧城市是一系列信息通信技术在社区、城市和区域等不同地域尺度上的应用与影响的发展过程;其次,智慧城市应该是对信息通信技术与人的综合考虑,其发展的核心目标之一是应用信息通信技术等科技改善人的生活质量;最后,智慧城市包括人力资源、政府管治、资源环境及移动(交通与通信)等多个主要领域的综合发展,并服务于涵盖资源优化、可持续发展与提升生活质量等特定政策目标。

总结多位专家学者的观点,可以将智慧城市定义为:通过互联网把无处不在的被植入城市物体的智能传感器连接起来,实现对现实城市的全面感知,利用云计算等智能处理技术对海量感知信息进行处理和分析,实现网上城市数字空间与物联网的融合,并发出指令,对包括政务、民生、环境与公共安全等在内的各种需求做出智能化响应和智能化决策支持。

2）重点领域

2016年2月,美国总统科学与技术顾问委员会(President's Council of Advisors on Science and Technology)提交《科技与未来城市(Technology and the Future of Cities)》报告,拟以信息通信技术等科技领域的力量推动美国智慧城市的建设。根据报告的相关内容,提出以下几个未来智慧城市发展的重点领域。

(1)交通领域。

未来重点发展方向与使用的技术,包括利用信息通信技术的综合集成出行模式、基于需求的数字化交通、主动运输(自行车和步行等)便利化设计及自动(无人)驾驶等。

 智联网

在自动（无人）驾驶方面，可有效地提升汽车使用效率（从个人一天的驾驶情况看，车辆大部分时间都停放在停车场，而非行驶在城市道路上）；减少私人汽车的拥有和使用，从而减少碳及其他污染物的排放；减少城市停车场/设施空间，增加步行道与自行车道比例，并进一步改变城市的土地利用模式。同时，基于物联网的自动（无人）驾驶车辆也可有效规范司机的驾驶行为，可以有效减少交通事故。与此同时，自动（无人）驾驶发展应与各类应用程序、数据收集和云计算、共享技术及理念协同发展。应认识到，交通领域技术的几乎所有进步都基于对地理信息的实时掌握与分析。通过信息通信技术，可感知交通出行需求，从更大的地理尺度上调配供给需求资源、普及可达性及节约交通出行时间；并可以更好地与步行、自行车和公共交通等结合，促进主动运输的发展，提升居民身心健康指数。

（2）能源领域。

能源领域的技术突破已经渗透到能源生产（发电厂、燃气/石油等能源资源开采）、传输（输电线系统与燃气管道等）、消费与回收（加热、制冷与电力等）中，具体包括分布式可再生能源、片区供暖和制冷、低费用能源存储技术、智能电网及芯片、节能照明技术及空调系统改善技术等。虽然城市已有的能源系统庞大、耗资巨大且已经存在很长时间，但电力化发展趋势为城市可持续能源发展提供了巨大机遇。燃气、石油等能源资源的电力化发展不仅有助于保护环境、控制污染气体的排放，也有助于对可再生能源的利用。

信息通信技术与检测系统的进步也有助于提升城市建筑能源利用效率。城市建筑中缺乏有效的温度控制技术，带来了很大的能源浪费（例如在大厦内打开窗户来降低房间内空调控制下的温度）。因此，LED 照明系统冷却与恒温器动态监测等技术的进步能够较大程度地降低城市的能源需求。

（3）建筑与住房领域。

未来重点发展与使用的技术，包括新建筑技术和设计、建筑生命周期设计与优化、基于传感器的空间实时管理、自适应空间设计、加强有利于创新的融资及规范和标准建设等。特别是在新建筑技术与设计上，促进了建筑建造的规模化、低成本化、快速化、个性化及对能源系统的智能化管理，具体反映在预制组件、模块结造、个性化定制与依托传感器的指令管理系统等方面。

（4）水资源领域。

需要重点关注的技术有水系统的综合设计和管理、片区水资源循环利用、智能监控用水效率及建筑内水循环重复利用等。未来，需要借助新的技术构建一个水资源利用和保护系统。需要特别指出的是，区域的供水设施可以被大部分的地方雨水收集、循环利用系统、地下水管理和保护等措施替代，从而减少大规模水资源调用与消耗。

（5）城市制造业领域。

城市制造业的未来发展方向包括高科技与3D打印、个性化、小批量生产模式、高人力资本附加值产业及创新园区建设等。由于企业小型化及企业间联系的深化，对企业生产供应链的管理应该超越企业内部生产线的组织，需要对区域内生产企业、物流企业、能源供应与交通系统有一个更好的智能综合管理，优化区域内的生产供应链组织，以提升区域制造业的整体竞争力。

3）关键技术

（1）网络化感知技术。

智慧城市及与此相关的智慧治理，都依赖于大量微小实时数据的收集、分析和处理，而这只有借助物联网传感器才能实现。物联网传感器和摄像头可以不断以各种形式实时收集详细信息。可以使用不同类型的传感器实时收集诸如火车站的人流量、道路上的交通状况、水源中的污染水平及住宅区中的能耗等数据。通过使用这些数据，政府机构可以快速做出与不同资源和资产分配有关的决策。例如，根据火车站的客流量和售票信息，运输机构可以重新安排火车路线，以满足不断变化的需求。同样，健康、安全和环境机构可以监控水体的污染水平，并通知负责人员采取补救措施。此外，物联网执行器可以在紧急情况下自动启动响应措施，如停止向家庭住户供应受污染的水等。因此，物联网和传感器将在本质上构成智能城市的神经系统，将关键信息传递给控制实体，并将响应命令中继到适当的端点。

（2）多源大数据分析。

智慧城市各方面的应用将主要由数据驱动。所有决策，诸如从公共政策这样的长期战略决策到评估每个公民的福利价值之类的短期决策，都将通过对相关数据的分析来做出。借助物联网传感器和其他先进的数据收集方法，随着生成的数据量、速度和种类的增加，对大容量分析工具的需求

智联网

将比以往任何时候都要大。大数据分析工具已被政府广泛应用，从预测城市特定区域的犯罪可能性到预防诸如贩运儿童和虐待儿童等犯罪。物联网能够从大量新资源中收集数据，大数据分析将在包括教育、医疗保健和运输等关键领域中使用。实际上，大数据分析已经是物联网不可分割的一部分，并且将来可能会纳入物联网。大数据可以使政府通过发现反映城市趋势的模式来理解其拥有的数据。例如，大数据分析可以帮助教育部门发现诸如入学率低之类的趋势，从而防止出现此类结果；大数据还可以用于查找导致此类问题的原因并制定补救措施。因此，大数据分析将成为智慧城市政府的关键决策支持技术。

（3）智能信息处理技术。

人工智能可以通过自动化智能决策来支持智慧城市的大数据和物联网计划。实际上，物联网发起响应性行动的能力将在很大程度上由某种或其他形式的人工智能驱动。在智慧城市中，人工智能最明显的应用领域是自动化执行大量数据密集型任务，如以聊天机器人的形式提供基本的公民服务。然而，人工智能的真正价值是，通过利用深度学习和计算机视觉等先进的 AI 应用应对智慧城市运营中面临的问题。例如，交通管理人员可以使用计算机视觉来分析交通画面，以识别驾驶员非法停车的情况；计算机视觉还可以用来查找和举报与犯罪行为有关的车辆，以帮助执法部门追踪罪犯；深度强化学习还可以用于根据智慧城市中的新兴需求自动优化资源。在强化学习的帮助下，政府可以提高其运营效率，因为这些 AI 系统可以凭经验变得更好。

（4）5G 移动通信。

智慧城市建立在其不同部门的实时通信和共享信息能力之上，以确保运营中的完全同步。通过实现这种同步，政府可以确保公民及时获得关键服务，如医疗保健、紧急响应和运输等。从而，不仅可以确保公民城市生活的便利，还可以改善他们的安全和整体福祉。例如，在发生爆炸或火灾之类的紧急情况时，消防部门、城市救护车服务和交通控制部门之间的实时通信可以确保这些实体之间实现完美的实时协调，从而将人员伤亡降至最低。为了实现不同政府实体之间的这种无缝通信，拥有一个能够以低延迟和高可靠性处理大量通信的通信网络非常重要。实时共享大量数据，通过使用 5G 通信技术，政府可以确保所有政府机构都能无缝协作。

（5）增强现实（AR）。

为公民提供及时的服务意味着确保为政府人员提供有效执行任务所需的信息。例如，必须向政府卫生中心的医生提供有关患者的信息。或者，应该给负责修复受损铁路线的工人更新轨道的布局，并准确确定受损零件的位置。通过使用 AR 头戴式设备，相关信息可以在工人需要时立即实时转发给他们。这样可以最大限度地减少工人查找必要信息所需的精力和时间，从而使得他们可以立即采取行动。交通管理人员还可以使用 AR，通过智能眼镜或智能手机应用程序获取有关违章停车和被盗车辆的实时信息，提高城市交通运营管理的效率。

4）主要特征

未来智慧城市的建设将以智慧化为导向，以大数据、物联网、云计算及人工智能等技术为支撑，从根本上改变城市的运行、管理和服务方式，使城市生活更加智能化，管理更加便捷和有效。

（1）更多互联网企业将参与到智慧城市建设中。

随着智慧城市建设模式的快速转变，更多的互联网企业将更加主动积极地参与到智慧城市的建设中。互联网企业将会以行业应用和云计算为切入点，通过开放的合作模式推动智慧城市的建设。同时，国家层面将通过财政改革、购买服务和政府引导等多种模式推动智慧城市的健康有序发展。

（2）大数据发掘将提升智慧城市体验。

移动互联网的高速体验为智慧城市应用推广奠定了良好基础；而 IDC 建设原本就是智慧城市建设的底层基石，随着云技术的逐步成熟，各地的智慧城市数据中心建设均加入了云计算的概念，通过数据中心的云化建设，更大程度地提升数据中心海量数据的支撑能力。除此之外，一些智慧城市产业链的成员，如 IBM、银江股份等均已开始在大数据方面加大投资，同时也将智慧城市平台作为大数据获取的来源。未来 5G 的快速发展在整合智慧城市平台建设中，通过大数据发掘等方式实现智慧城市体验提升和商业变现的成功案例将明显增多。

（3）民生类服务平台涌现，促进公共服务均等化。

目前，国家在大力推进信息惠民工程的建设与实施，重点是解决社保、医疗和教育等九大领域的突出问题。民生类服务平台将在中国各地快速涌现，并且会结合政府的政务云建设，因地制宜，推动基本公共服务在不同层级、不同区域和不同群体之间的覆盖，以此促进基本公共服务的均等化。

（4）智慧城市物流转实为虚。

智联网

商品与服务数字化是实现电商的前提。城市空港、内陆港与保税区等实体商品集散地将利用云平台实现数字化仓储、物流与分销等一系列环节，在物流配送之外添加信息和支付，补足电商体系的铁三角。

（5）高速网络的推广将加速智慧旅游建设。

高速网络（5G）的推广将突破数据传输的瓶颈。高速网络的大范围的推广将会为各地的智慧旅游建设带来很大的推动作用。在高速网络的支持下，游客可以通过手机等智能终端获取位置定位、路线导航、天气走向、寻找美食、酒店预订、景点推荐、购物导航、互动分享及网上购票等多种服务，实现食、住、行、游、购、娱等多方位的旅游服务。

（6）政企协同为主逐步替代政府投资为主。

智慧城市是城市信息化的高级形态，是包含全新要素和内容的城镇化发展模式。政府若既抓管理又管运营，将极易导致城市发展财政不足、可持续发展能力低及管理效率低下等诸多问题。而借助民间资本的力量，将市场机制和经营理念引入城市管理，则既可拓展城市管理的综合资源，又能提升城市管理的能力和质量。

（7）智慧医疗将加快产业链整合。

物联网、大数据、云计算及移动互联等技术的发展与应用，推动了智慧医疗行业的快速发展。随着信息技术在医疗行业的不断应用，智慧医疗作为新兴的服务载体，为用户提供了医疗健康服务保障，将会成为政府的重要抓手，以"政府引导市场主导"的方式，优化产业链，以缓解当前突出的医疗问题。

（8）智慧社区将成为智慧城市入口的争夺点。

智慧社区作为智慧城市的重要组成部分，是城市智慧落地的触点，是城市管理、政务服务和市场服务的载体，其中数字社区、智能家居、社区养老和智能生态社区等各类智慧社区项目层出不穷。随着智慧城市的推广及新一代技术的普及，智慧社区项目必将迎来新一轮的快速发展。

（9）政务云的采购工作将进入发展快车道。

各地方政府将会积极推进政务云的采购工作。各地政府应该重点研究和关注服务标准、服务安全及服务量化等方面的问题，在积极响应国家云战略服务推广的同时，结合自身发展，因地制宜地建立适合自身的采购标准。

（10）信息安全领域内的发展将为智慧城市的建设保驾护航。

在智慧城市的建设过程中，基础设施和信息资源是智慧城市的重要组成部分，其建设的成效将会直接影响智慧城市的体现。而信息安全作为辅助支撑体系，是智慧城市建设的重中之重。如何建设信息安全综合监控平台，如何强化信息安全风险评估体系，将成为智慧城市建设的战略重点。

5）技术发展[25]

（1）全力打造高质量"数字政府"，提升城市应急管理能力。

面对政务服务便捷化、信息公开透明化及基层治理精细化等需求，打造高质量的"数字政府"成为根本途径。政府应当进一步强化治理创新与技术创新的结合，深度提升政府公共服务能力和效率，重视大数据、人工智能、区块链与 5G 等前沿技术在应对突发事件工作中的创新应用，推动卫健、公安与交通等政府数据及运营商数据、互联网数据等融合协同，建立基于多维数据的城市综合应急管理系统；加快推动政务一网通办、不见面审批的覆盖广度和深度，力争实现全部政务服务线上化、零接触，建立统一的市民政府互动入口（如城市级 App 等），做到应对突发事件时真正的"不打烊"，推动政府服务高效协同、信息资源流转通畅、决策支撑科学智慧及公共服务便捷高效。

（2）积极推进 5G+ABCDEI 融合发展，探索智慧城市多元创新场景。

基于 5G+ABCDEI（A 指人工智能，B 指区块链，C 指云计算，D 指大数据，E 指边缘计算，I 指物联网）的信息技术革命正引领全社会的数字化变革。积极开展 5G+AI、5G+MEC 等融合技术与城市治理的有效结合，赋能远程医疗、远程教育、无人安防、无人物流与线上数字化生活等场景；推动 5G+IoT 技术在智慧家居、智慧养老与网格化监管等领域应用，实现采集、监控、预警与管理等流程远程化、自动化，打造安全高效的监测手段；加快全面打通医疗、电信、交通与互联网平台等多方面数据系统，建立精准的分析模型，发挥 5G+大数据技术在城市精细化治理中的支撑和服务作用；深入探索区块链技术在应急物资流通、金融监控（捐款与拨款等）领域的具体应用，增强社会互信。

（3）构建数字孪生城市，以数据融合助力城市管控。

数字孪生城市可基于三维模型实现跨区域、跨部门及跨行业高效协同的可视化城市管理模式，助力城市快速、高效、精准地应对重大突发事件。城市应抓紧构建数字孪生平台（CIM），打造立体虚拟城市，与实体城市交互映射，开展数字化治理，作为提升城市治理能力、重塑城市管理模式的一种新思路。依托城市数字孪生平台，围绕应急事件数据分析、人员监控与资源保

障等，集成融合城市公安、交通、城管、卫健与园区/社区等大数据，推动城市数据资源的共享、共用、处理和分析，在数字空间刻画城市突发应急事件体征、推演未来趋势，充分挖掘大数据价值，辅助支撑城市应急智能化决策，能够有效提升城市应急响应和处理能力。

（4）聚焦智慧城市微单元，提升基层精细治理能力。

聚焦社区、园区与街区等微单元，基于数字孪生+网格化管理理念，打造城市微单元智能运营管理平台（IOC），打破基层部门烟囱式运营和调度，汇聚融合社区人员数据、重点人员跟踪数据、安防数据及门禁系统数据等，及时、全面、准确掌握所管辖区域内的基本情况，实现跨职能与跨业务的联动。

3．智慧物流

1）概念

2009 年，"智慧地球"作为美国国家战略被 IBM 提出，IBM 认为 IT 产业下一阶段的任务是在各行各业中充分运用新一代 IT 技术，形成普遍连接的"物联网"——将传感器嵌入电网、铁路、桥梁、隧道、建筑、供水系统、石油和天然气管道等之中，然后将这个物物相连的网络与 Internet 进行集成，实现自然社会与物理计算系统的整合，在这个物物相连的网络中，存在计算能力超强的计算机群，能够实时管控人员、设备和网络设施，使人类可以更加"智慧"地管理生产与生活。随后，从 IBM 提出的"智慧供应链"概念延伸，中国物流技术协会信息中心等部门于 2009 年 12 月联合提出了"智慧物流"的概念——采用集成智能化技术，运用感知、学习、推理和判断等思维能力模仿人的智能，使物流系统具备自行解决物流中某些问题的能力。

智慧物流提供了最大化挖掘数据可用性的新方法，通过全流程信息采集和管理，实现了物流服务可控化、实时化与信息化。智慧物流融合了大数据、物联网、云计算与区块链等技术，通过对物流赋能，实现人与物、物与物之间的交互，并将整个物流价值链上生产、仓储、包装、运输与配送等环节统一起来，形成了一种新型物流形式，以改善物流产业，实现其升级与优化。

2）关键技术

（1）物联网技术。

第 5 章　智联网应用挑战

在实际的应用过程中，物联网技术主要有物流体系构建、仓储与配送等业务流程系统设计、信息数据采集与挖掘、网络信息传递、物联网数据信息服务平台、物流控制与管理系统设计及物流安全系统等应用，有效地提升了物流过程自动化、专业化及可视化水平，使得现代物流逐步迈向智慧化物流。

（2）云计算技术。

云计算是分布式计算、并行计算、效用计算、网络存储、虚拟化、负载均衡与热备冗余等传统计算机和网络技术发展融合的产物。阿里巴巴、亚马逊与谷歌等公司已经利用云计算展开了研发与应用研究，相关的平台和系统也在实际中得以应用。在物流过程中，云计算的应用主要是结合大数据技术来实现的，可以对库存信息、车况信息、交通信息与交易信息等大数据进行集中处理，依托云平台，利用超级计算对海量大数据进行处理，从而为生产计划、运输计划和存储计划等提供决策。现阶段，云计算技术主要用于智慧仓储系统的建设、智能物流发展模式研究、配送系统模式的开发研究、信息化应用研究、云信息平台建设、物流管理及物流体系构建等方面。

（3）大数据技术。

大数据技术是物流网络体系互联互通建设的又一关键技术，其关键在于数据的挖掘与分析。大数据对物流系统进行物联网应用等端口数据的挖掘与分析，为数据驱动的企业科学决策和智慧管理提供了科学指导。大数据在物流建设方面的应用主要有在物流数据处理技术研究、配送中心选址研究、仓储系统优化研究、智慧物流发展模式研究、智慧营销、智慧物流网络构建、物流信息平台建设、物流管理与决策研究及物流体系建设等，尤其是在物流信息平台建设与管理决策方面，不仅加强了各环节、各主体之间的信息互通，也为企业管理、决策、预警研究等提供了方案。

（4）人工智能技术。

人工智能是研究人类智能活动的规律，构造具有一定智能的人工系统，在计算机语言、机器学习、深度学习及 AI 智能计算的发展下，在各领域都有很重要的应用。在物流体系互联互通建设中，人工智能主要是实现物流过程、业务的自动化、智能化与透明化，在物流供应链管理、行业分析、信息分享与智能终端等方面，尤其是无人机、智能机器人和智能终端的研究，为物流效率的提升做出了巨大贡献。

（5）区块链技术。

区块链技术以其去中心化、高度透明、匿名性、全环节独立和大众维护的特性，为物流信息价值的传输提供了良好环境。区块链以其独特的加密保护技术可以实现任何人随时随地查看信息的目标，每一个节点都可以记录、获取信息，无须第三方介入。物流的发展对区块链的需求越发明显。区块链在物流中的应用以去中心化为主，消除市场乱象，解决信任问题，构建高效透明的交易环境，建立更加高效化、精准化与智能化的信息共享机制，保证交易过程的安全性，实现物流产品从源头到终端的全程信息追溯和智能制造。

（6）系统集成技术。

系统集成是将各种分离设备和功能等通过结构化的综合布线系统与计算机技术集成到互联、统一的系统中，达到资源共享，实现高效、集中与便利的管理。在智慧物流中，系统集成技术主要包括云物流平台、物流集成网络、数据推送技术和文档存储技术等。

3）物流新模式

（1）新零售智慧物流模式。

新零售依托互联网，运用大数据、AI等技术对商品的生产、流通、销售等进行全链条升级再造，深度融合线上、线下，打造高效物流配送的零售新模式。新零售商业模式须重造线下仓配布局，优化配送资源与门店的匹配，通过大数据技术优化路径，整合人力、货物、设施设备与客户需求等资源，从而实现整体供应链的同步运作。各种协同需要智慧物流体系的支撑，从而倒逼企业开发、应用智慧物流技术。

（2）创新场景物流服务模式。

物流企业不仅送货，而且提供解决方案，服务业创新发展更加关注客户体验。以海尔日日顺物流创新模式为例，其利用物联网技术，打造智能家居服务与便捷出行等场景生态群，搭建行业顶级品牌供给方生态系统。

（3）智能车货匹配智慧物流平台。

利用移动大数据和AI等技术可搭建运力竞价交易共享物流平台，可为货主企业降低成本，减少货车司机寻找货源的时间。例如，我国中储智运（中储智慧运输物流电子商务平台）实行物流运力竞价交易模式，开展"无车承运人"业务，依托平台提供智能车货匹配服务，构建智慧物流交易和智慧物流分析预测两大系统。平台对车、货、人的相关数据进行精准挖掘分析，并智能匹配司机诚信数据，利用算法规划最优运输路线、返程空车货源匹配。

（4）智慧供应链金融模式。

利用智慧物流技术，可对目标进行定位、跟踪及监控等智能化管理，并对数据进行汇总与分析，各参与主体均可感知和监督动产的存续状态和实时变化，从而进行风险监控，降低了金融企业的投资风险。

4）物流网络体系发展趋势

（1）信息化。

物流网络体系采用射频识别、全球定位系统、地理信息系统及传感器等技术和相关应用采集信息，利用云计算、M2M 技术、数字集群技术及移动通信技术等信息技术分享与传递数据，结合大数据与云计算对数据价值进行挖掘，通过建立信息平台等方法连接各物流节点，将物流过程数据化与信息化。大数据、云计算及物联网等技术的结合可以扩大物流的作业能力、提高劳动生产率、减少物流作业误差，使整个物流网络的互联互通不断加深，物流体系的信息化程度显著提升。

（2）智慧化。

物流网络体系的构建要实现对物流环节的实时监控与信息处理，主张从用户需求出发提升网络体系服务质量，针对用户的个性化需求及用户行为分析进行物流供应网络的任务分配优化，真正能根据用户需求的变化来灵活调节生产工艺。尤为突出的就是新一代信息技术与物流网络体系、移动云仓、仓储管理、运输配送与物流数据增值等业务的结合，技术之间的相互融合使整个物流系统高度智慧化，整个物流系统可以做到自动识别包裹，实现货物找人，为终端用户提供按需、快捷的物流服务。

（3）追溯化。

追溯化有利于信息价值的提升，提高整个物流网络体系的效率，加强物流过程的信息化透明程度，为解决信任问题、维权问题、监管问题及产品处理问题等提供了途径。利用区块链和智联网等技术实现追溯，可以使物流流程完全透明、可追溯，从供应链的任一点都可以快速定位到源头，政府方便管理与追责，商家可以在短时间内查出问题的关键所在，消费者只需要通过智能手机扫描二维码就可以很方便地获取商品信息。可以看出，追溯化的体系为政府监管、企业提升品牌及保障消费者权益提供了依据，增强了经济持续增长的动力。

5）技术发展[26]

（1）推动建立智慧物流标准化体系。

智慧物流标准化是未来竞争中物流企业必须抢占的第一战略高地，物流企业应从战略角度出发进行布局，积极实施或引领标准的制定，而这需要加快物流信息采集、信息系统对接及信息交换规范等方面标准的制定，大力推动仓储、物流及配送等物流业务中物流技术标准的统一。此外，还要加快智慧物流标准化体系建设，形成物流作业跨部门、跨行业、跨企业的标准化运作，推动智慧物流业务流程标准化管理和营运。

（2）加快推动物流企业数字化改造。

首先，必须解决传统物流企业的业务数据化问题，而这就需要加快云计算、大数据及物联网等现代基础设施建设，把物流各环节信息转化为数据，并进一步将这些数据打通，实现在线化；其次，按照数字化的要求重组业务流程及组织管理体系，让数据影响业务，通过智能化技术赋能物流各环节，实现效率的提高和成本的降低，实现数据的业务化。

（3）充分利用智慧物流协作共享空间。

物流资源共享合作是智慧物流的重要理念，因此需要在相互信任的基础上推动企业物流信息透明化、公开化，同时借助信息技术实现仓库、车辆、托盘与集装箱等闲置物流设施资源的合理配置与有效整合。此外，智慧物流通过数据产品开发应用于生产制造、物流、金融与商贸等诸多产业，能够产生新型智慧物流生态系统。无论是物流行业内部资源整合，还是上下游产业深度延伸，都将带来新的机遇。物流企业应充分把握智慧物流模式变革机遇，助力智慧物流生态系统，在存量资源整合、智能装备研发、信用评价体系及政府治理合作等领域大显身手。

（4）加强政企物流数据共享合作应用。

物流信息化在改变商业模式和服务产品的同时，也为政府监管提供了新的技术手段，有望解决物流行业诸多领域存在的治理难题，使行业治理变得更加透明、更加有效、更加智慧。未来，政府监管重心需要转移，将监管重心由过去面向集体的标准化监管转为面向个体的零散个性化监管，由对实体认证、审批的监管转为对虚拟认证、备案的监管，由资质监管转为市场引导下的信用监管，而政府监管重心的转移也为政企物流数据共享合作创造了新的空间。目前，政府部门在物流规划、设施布局、服务评价、标准建设及信用体系建设等方面存在迫切的信息化应用需求。物流科技企业应抓住机会，建立良好的政商关系，加强在物流数据领域的共享合作与产品开发，提升行业影响力。

（5）向多式联运上下游产业链延伸。

推动物流信息服务向多式联运上下游产业链延伸，将供应链中所有成员的所有物流环节紧密联系在一起，以此实现供应链一体化运作。目前，多式联运信息化正在积极推进，铁路、水运、港口和公路等企业在物流信息互联互通方面均存在迫切需求。物流企业可通过基于物联网和云计算等先进物流技术构建的智慧物流云平台，跨部门、跨行业、跨企业提供配送车辆、货物与客户等各类物流信息服务，有效解决传统上存在的物流信息不对称与资源配置不合理问题，促进生产、流通和消费无缝对接，实现供应链一体化高效运作，推动物流业务流程实现标准化管理与智能化运营，积极向多式联运信息集成服务提供商转型。

4．智能医疗

智联网在医疗中的应用分别从物联网技术和人工智能技术两方面展开介绍。

1）物联网技术

（1）提高护理人员工作效率。

应用物联网技术，可减少医护人员工作量，提高医护人员工作效率。如以条形码腕带为载体，建立 PDA 移动护理系统，PDA 系统可显示护理单、输液单、治疗单及注射单，还可查询未执行的治疗，避免遗漏执行医嘱。护理人员在发放口服液和输液等护理操作执行过程中，扫描患者腕带上的条形码，对患者身份进行快速识别，一旦出现错误，PDA 系统红色报警，从而减少护理差错的出现。在新生儿手腕上佩戴双频腕带标签，将新生儿腕带与母亲腕带配对，匹配母亲和新生儿身份，在产科和新生儿病区部署 RFID 信号接收器，获取新生儿外带发出的信号，可自动获取新生儿所处位置，防止新生儿被盗，护士无须再到病房清点婴儿数量，无须监测产妇和婴儿脉搏，还可核对用药，提高了护理人员工作效率。

（2）实时监测健康状态及慢性病情况。

应用物联网技术实时监测健康状态及慢性病情况，多数是通过可穿戴式设备实现的：将实时监测佩戴者的生命体征数据传送到平台，医生实时调阅数据。有些还具有全球定位系统功能，便于诊疗指导和救助。如通过患者佩戴的可穿戴式设备实时监测其健康数据（如心电、血压、脉搏心

智联网

率、体温、呼吸及血氧饱和度等），设置阈值用于预警，通过蓝牙技术、5G移动数据通信将数据发送到云数据平台共享。物联网的医生终端，具有远程健康咨询、健康信息采集、异常信息报警及应急处理、分级转诊、专科会诊等健康服务功能，家庭医师根据平台显示的各项指标监测结果，对患者进行针对性的、专业的健康教育或用药指导。

（3）提高医院后勤管理水平。

医院运用物联网技术，对医院设备进行标识、管理、监控及定位，彻底改变了医院设备手工管理的方式，完成医院对设备日常业务的增加、调拨、借出、归还及维修等各项管理工作，可以反映设备增加、减少及相关变动情况，实现全生命周期跟踪管理单品，提高了医院管理人员工作效率，降低医院经营成本，提高医院运营效率。

2）人工智能技术

（1）老龄护理。

人工智能技术的突破，开创了以机器人和智能技术为核心的智慧养老服务产业，成为实现以居家为基础、以社区为依托、以医疗机构为补充及医养相结合的养老服务体系目标的最具潜能的优选方案，该方案将智能机器人应用于老龄护理中，主要完成以下工作：一是协助老年人完成日常事务；二是监测老年人行为与健康状况；三是通过智能机器人提供陪伴。

（2）病房构建。

传统的病房只是医护人员为患者提供医疗服务的场所，由于医疗资源的紧缺，医护人员的工作负荷较大，患者的住院体验也较差。为了缓解这一压力，美、英两国全面开展了人工智能融合医疗的实践：总部设在费城的托马斯·杰斐逊大学医院于2016年推出了由IBM沃森物联网支持的智能病房，通过IBM的认知计算和自然语言性能，患者能够在住院期间自行发出口令，通过室内扬声器来操作灯光、百叶窗和音响等，实现调节光线、调节室温及开启音乐来满足患者对病房环境的需求，同时患者能够通过与系统对话获取自己想要了解的某类信息和行动协助。此外，该平台还能协助医护人员与患者进行互动对话，并将对话内容记录和储存起来，以供日后进行医学检查。该智能病房的构建旨在通过更深层次、灵活、个性化的反应性护理来提升患者的住院体验，减轻医护人员的工作负荷。

（3）危险预警识别。

机器对数据的分析、整合和开发，对于各类疾病及其治疗中的危险信

号识别有着快速精准的判断作用,能够避免一些严重的后果或并发症。

(4)协助疾病诊断。

随着神经网络技术在医学专家系统中的崛起,人工智能在医学诊断中的应用进入黄金时代。在医学图像和声音识别方面,日本三菱机电研究所研制的"人工网膜基片"能快速、准确地识别数量极大的医学图像信息。在医学诊断方面,Topalovi 等开发了一套机器学习框架,它模拟人脑的认知来分析复杂的医学数据,自动解读肺功能测试和计算机断层扫描结果,从而诊断多数常见的阻塞性肺疾病,如慢性阻塞性肺疾病(COPD)、哮喘与肺间质病等,一般准确率为 68%。这一技术的成功应用得益于机器学习,因其具有更高速、更广阔的空间,能辅助医生提供更快、更准确的诊断。

(5)协助疾病治疗。

人工智能虽不能替代医生诊疗,但对疾病治疗的辅助作用也是不容小觑的,它在治疗过程中担当起监测效果、依从性及副作用的角色,保证了治疗的最优效果和最低风险。在最近一项应用人工智能降低抗凝治疗患者不依从风险的研究中,研究人员为参与抗凝治疗的患者配备了移动医疗设备,安装了健康风险评估和行为问责制应用程序,并通过软件算法根据患者情况确定口服药物的摄取量,该应用程序提供药物提醒和剂量指示,并在剂量窗口结束前一小时内触发延迟剂量通知,将实时数据加密后传输到基于网络的仪表板上进行分析,如果服药遗漏、服药延迟或患者没有正确服药,诊所人员会收到短信或电子邮件的自动提醒。这一应用程序的使用有助于提高患者的用药依从性,降低因药物剂量不正确导致的副作用和危害。

(6)基层医生助手。

基层医院在实现"健康中国"战略中有着举足轻重的作用,但目前其服务能力难以满足广大群众的基本需求。AI 通过学习海量的专家经验和医学知识,建立深度神经网络,并在临床中不断完善,协助基层医生为群众提供高质量的服务。

3)技术展望

癌症管理——肿瘤有机芯片与人工智能的结合。

随着人工智能的发展,研究者开发了一种由生物细胞构成的微型有机芯片,该芯片在一个时间、空间可控的微环境下模拟不同类型的肿瘤细胞,试图用来研究肿瘤的病理学、发生/发展过程及不同肿瘤细胞对各种化学药物制剂的反应和敏感性。该技术需要整合完善的电子系统、精敏感受

器、计算机设备、智能运算法则和微自动系统,虽然目前没有整合各系统的可行性方案,但强大的机器学习运算法则已为这一构想展现出巨大的前景和生命力,一旦有机芯片同人工智能成功融合,该芯片就能模拟不同个体、不同类型的肿瘤细胞,通过药物敏感培养,测试出化疗药物的疗效及其短期、长期的副作用,肿瘤的个体化高效管理时代即将来临。随着各交叉学科的发展,从有机芯片上获取的大量数据将成为癌症管理的新范例,未来肿瘤细胞对化疗药物的敏感性测试将如同当下的抗生素敏感性测试一样简单,每个癌症患者在化疗前都会进行肿瘤有机芯片培养皿测试,检测肿瘤细胞对化疗药物的敏感性,从而选定更加符合个体化且准确的化疗方案。肿瘤有机芯片的测试将成为未来临床实践工作和监管机构审批新药的必要环节。

5. 智能金融

1) 基本特征

(1) 客观验证。

智联网核心技术可以帮助金融机构直连采集终端,通过传感器实时、全面、客观地采集数据。在实际应用场景中可以实现金融机构从业人员远程实时监控资金、货物及场地的变化和流动;可以实时联网报警,实现自发建立信用评估体系,在很大程度上促进金融业由滞后性主观验证进化为全流程客观验证;此外,还可以拥有甄别虚假、欺诈信息和解决信用违约等功能,进而能有效解决传统银行业信息获取方式滞后、抵押担保偏好与绩效考核失真等弊端。智联网金融特有的客观验证功能,真正改变了传统融资中金融机构对企业融资风险的滞后性和主观性,全流程的客观验证有效地解决了企业融资的信息不对称,从而有效缓解企业的融资困境。

(2) 万物互联。

智联网金融全面铺开的一大特点是与各行各业合作建立各种场景,在智联网场景下可以实现横向与垂直领域内的互联互通,将关键节点的信息联结构成一个万物互联的世界,将收集到的交易数据及时传输到智联网金融平台,进而结合大数据自动分析企业金融需求,覆盖企业细微节点的金融需求。这一特征通过各种智联网设备切入用户真实场景,银行可以掌握用户资金往来、日常行为、交易对象及风险来源等信息,判断用户的金融需求和风险等级。

(3) 智能服务。

智联网体系不但可以掌控实体经营主体的生产与运营,而且可以结合大数据和云计算对历史和实时数据进行分析,进行相应推送,帮助企业进行生产预测与规划,这种智能化服务有利于引导企业发现金融需求,并为企业提供精准的、个性化的、组合模式的一站式线上实时金融服务。智联网金融的智能服务功能,完全突破了传统金融服务中主观性、地域性、时间性和效率性等的限制,使金融服务真正实现智能化,大大提高金融服务的效率和精准度,从而实现对企业融资的有效支持,促进企业的发展。

2) 优势及应用

(1) 提升风险的确定性。

随着智联网技术的广泛应用,金融机构借助智联网传感设备与技术方案对存货等动产进行智能化识别、定位、跟踪、监控和管理,从而赋予动产以不动产的属性,创造出一个确定性环境。金融机构可以充分掌握交易客户的各类信息,消除"信息不对称"所带来的不确定性,使"高确定性、高收益、低损失"的理想组合得以实现。根据自身风险偏好筛选市场上的客户,评估交易机会对应的损失可能性,主动选择具有"确定的收益"的交易机会,规避"确定的损失",使风险收益达到最优平衡,从而提高金融市场效率。

(2) 降低实体经济的融资成本。

智联网能够对动产进行全程无遗漏环节的感知,从而实现全程无遗漏环节的监管。对金融机构来说,就能把动产变成不动产;对实体经济来说,有了智联网技术,金融机构可以放心为企业提供贷款,动产的资金就盘活了,最关键的是不确定性的降低,融资成本自然而然也将下降。智联网金融改变了传统金融的均衡状态,使均衡数量增加,均衡价格下降。市场上金融产品的供给更加丰富,金融服务价格下降,服务效率和覆盖率大幅提高,有效缓解了融资难、融资贵的问题,有利于普惠金融的发展。

(3) 提升社会信用体系。

随着云计算、大数据、移动互联网及人工智能等技术的快速推进,各种市场网络平台将成为经济、社会的中枢。感知层的 RFID、传感器及智能终端等将源源不断地收集数据,并传输到网络层的云计算和大数据平台上,进行大规模存储和处理,开展智能化、自动化、专业化的应用,形成

智联网

强大的统一网络平台。网络平台共享深度将显著加强，市场主体多样化需求得到持续满足，纵向共享将取代横向分工，成为新经济的主要特征。

智联网具有"泛在化"特征，可以对企业及个人的经营、交易和消费等行为进行识别追踪，并上传至征信管理系统，建立庞大的信用信息数据库，实现信用记录全覆盖，不留死角。发挥智联网互联互通的优势能够破除信息壁垒，打破"信息孤岛"，将工商、税务和金融等部门的信用评价结果与评级机构、社会监督员评价等社会监督情况相结合，打造全方位的统一信用监管体系。

5.4.3 宇航级

1. 卫星群

低成本、快速迭代的小型卫星群收集到的巨量数据正在越来越详细地展现整个世界，大数据、机器学习等人工智能技术的结合意味着可以快速解析数以百万计的卫星图像，获得真实反映各种状况的"另类"数据。

要想让所有这些数据发挥作用，必须有能充分发挥海量信息潜力的新型公司和新市场出现。目前卫星公司和第三方机构都在机器学习技术方面投入不菲，因为这些技术能理解它们所见，识别情况变化，从存储于云端的大量数据中提取答案。机器学习能力的快速提升，意味着研究者可以快速而廉价地解析无所不包的卫星图像，获得更加真实的业绩数据。围绕另类数据还有许多其他富有创意的应用。例如，有公司分析沃尔玛等巨型零售商的露天停车场照片，以大体了解其每日营业额水平；还有数据分析师通过观察卫星照片中储油罐投影的长度估计石油库存量；或者通过城中的交通情况、晚上的发光量制作出经济增长图表。

由麻省理工学院航空航天系前研究生 Sreeja Nag 领导的研究，模拟了有九个传感器的单个大轨道卫星的性能，将其与在地球周围一起飞行的三到八个小的单个传感器卫星进行对比。研究小组特别研究了每个卫星编队如何测量反射率，或从地球反射的光量——反映了地球反射多少热量。研究显示，一组鞋盒大小的小卫星群在地球周围编队飞行，其准确性为传统单体式卫星的两倍，该卫星群可估计地球的反射能量。如果处理得当，可以花更少的费用来建造、发射和维护这样的卫星群。

未来，可发展小卫星群传感器网络及云端数据处理技术，节省成本的同时，实现大轨道单体卫星所不能达到的性能。

2．运载火箭

运载火箭是将人造航天器送向太空的载具，其中，飞行入轨是决定运载火箭发射是否成功的关键环节。发射过程中的速度快、机动性高、时间短、环境恶劣等原因，让人难以及时有效地介入，因此飞行风险居高不下。现有箭载计算机大多不能重新规划飞行任务，一般借助地面人工计算制导诸元后，通过测量系统进行上行注入，在一定程度上实现弹道的重规划，将卫星送入轨道。未来，可将人工智能应用于运载火箭飞行阶段的故障处理、飞行轨迹与姿态控制的最优化、舱部段及各级发动机的回收再利用等方面[27]。

同时，人工智能技术还能应用在运载火箭发射操作无人化、重复使用火箭智能健康监测与评估等方面。例如：①运载火箭发射智能测发系统。通过推进剂自动对接加注、自动检测操作等技术，减少发射场测试操作人员数量，提高操作安全性，实现运载火箭测试发射人机协同、操作无人化。②重复使用火箭健康监测和评估系统。针对可重复使用运载火箭发展智能检测技术，包括返场无拆卸的动力系统智能检测技术、运载器健康智能评估和寿命预测技术等。

5.4.4 军工级

1．无人集群

1）概况

近年来，无人集群技术无论在基础理论、工程技术还是在实践应用中，都呈现出快速发展的势头，世界主要大国从民用到军用领域都展开了激烈的角逐。

（1）2014 年，匈牙利罗兰大学完成了 10 架四旋翼飞行器在室外环境下的自主集群飞行实验，最大特点是其任务决策利用了生物集群行为的机制，实现了类似鸟群的自主飞行。

（2）2015 年 4 月，美国海军公布了"蝗虫"（LOCUST）项目，LOCUST 全称是 Low-cost UAV Swaring Technology，即低成本无人机集群技术，旨在研究通过发射管将大量可进行数据共享、自主协同的无人机快速、连续发

智联网

射至空中的技术。

（3）2016年3月，美国海军完成了30架"郊狼"无人机连续发射和编组飞行试验。

（4）2016年5月，美国空军正式提出《2016—2036年小型无人机系统飞行规划》，希望构建横跨航空、太空与网空三大作战空间的小型无人机系统，并在2036年实现无人机系统集群作战。

（5）2016年10月，美国空军进行了无人机"蜂群"试验，由3架F/A-18战斗机释放的103架"山鹑"微型无人机集群，安全飞行到了预定目标。

（6）2017年6月10日，中国电子科技集团完成了119架固定翼无人机集群飞行试验，成功演示了密集弹射起飞、空中集结、多目标分组、编队合围及集群行动等动作。2018年5月，该单位实现了200架固定翼无人机集群飞行试验，刷新了由其创造的世界纪录。

（7）2017年12月7日，在2017年度《财富》全球论坛晚宴上，广州亿航智能技术有限公司采用1180架旋翼无人机完成了精彩的飞行灯光表演。

（8）2018年2月15日，央视春晚珠海分会场进行了由无人机、无人船与无人车组成的"三无"表演，给观众留下了深刻的印象，其中81艘无人船队由珠海云洲智能科技有限公司负责提供。

（9）2018年3月，在复杂海况下，云洲智能科技有限公司成功完成了56艘无人小艇队形保持、动态任务分配、队形自主变换、协同避障和容错控制等测试科目。多Agent框架下的无人艇集群在动态环境中的运动决策与协同一致性技术得到了验证，在世界范围尚属首次，实现了无人艇编队协同控制技术由被动协同到主动协同的新突破，标志着我国无人艇的协同控制技术达到了国际领先水平。

2）分类[28]

受限于单体能力及难以形成规模化作战能力，无人集群技术在军事领域的应用越来越普遍。根据军事装备作战空间的不同，无人集群可分为无人机集群、无人水下机器人集群、无人车集群、无人艇集群和小型卫星集群等。

3）特点[28]

无人集群装备与传统装备相比，具有以下四个突出特点。

①体积小、质量轻。如美国海军研发的"郊狼"无人机，只有5.9千

克。市面常见的无人机，单手即可携带。②数量多、规模大。这是无人集群装备与传统装备最显著的区别，也是形成规模化作战能力的关键。③种类多、样式全。依赖于人工智能技术的软硬件系统，无人集群装备可拓展到各类武器平台。④成本低、生产快。无人集群装备体积小，智能化程度高，便于大规模生产，生产成本显著降低。

4）优势[28]

鉴于上述四个特点，无人集群装备在战争中具有以下四个优势：

①生存能力强。得益于无人集群装备体积小、质量轻的特点，敌军难以发现，即使暴露行踪，也难以形成致命打击；同时，个别装备的摧毁损坏并不影响整个集群的作战功能。②环境适应能力突出。无人集群装备可适应多种极端自然条件，也没有人类在战场中的各类应激反应，连续作战能力强。③战场恢复能力优越。在战争中能及时补充损坏装备，修补便捷。④突防能力强。尤其可用于火力袭击、渗透突袭、抵近侦察等。

5）应用[28]

随着人工智能、电子通信、全球定位等技术的飞速发展，无人集群装备的应用场景日趋丰富。

①集群协同侦察。借助具有多类传感装置的无人集群装备，可以多轮次、多角度、全天候进行协同侦察；通过与多种其他侦察手段获得的结果进行相互印证，显著提高侦察效果。②快速强力突击。无人集群装备特别适用于重点目标的精确打击，以及大规模、高强度的火力压制。③全域集群对抗。无人集群装备的战争空间覆盖海、陆、空、太空、网络等方面，战争活动囊括侦察、控制、打击、通信、导航、电磁和网络攻防等所有维度。④精准高效保障。无人集群装备便于在极端恶劣条件下执行物资运输、弹药补给、伤员后送、通信中继、破障排爆等各种保障任务。

2．马赛克战

1）概念

2017年8月，美国国防部高级研究计划局（DARPA）下属的战略技术办公室最先提出了"马赛克战"的概念，并界定"马赛克战"是集中应用高新技术，利用动态、协调和具有高度自适应性的可组合力量，用类似搭积木的方式，将低成本、低复杂度的系统以多种方式链接在一起，建成一个类似"马赛克块"的作战体系。这个体系中的某个部分或部分组合被敌

智联网

方摧毁时，能自动快速反应，形成虽功能降级但仍能相互链接、适应战场情境和作战需求的作战体系。

2019年9月，DARPA发布了其委托米切尔航空航天研究所撰写的研究报告《马赛克战：恢复美国的军事竞争力》，该报告对"马赛克战"提出了更高的要求。它希望"马赛克战"通过打造一个由具有先进计算能力的传感器、前线作战人员和决策者组成的具有高度适应性的网络，根据战场情况的变化和作战需求，迅速自我聚合和分解，形成无限多的新组合。很显然，这里的"无限多"主要指其具有开放性和可扩充性，实际上组合数是有限的。

2）作战结构

在常规作战中，杀伤链是由"OODA"（即观察、判断、决策并对一个目标行动所需的步骤）定义的。为了提高作战速度，在具有先进的数据链之前，需要将所有这些OODA功能放在一个单一的武器系统上，以便跨传感器和系统最好地利用信息。例如，雷达、火控计算机和空空导弹必须都装载在一架单一的战斗机上以探测一个威胁、理解点迹信息，然后将数据转换为导弹可以用来跟踪和制导到目标的信息，以完成一个杀伤链。由于在处理、计算和组网方面的进步，通过先进的数据链和处理能力，可以将这些功能（即便其是分解的）集成到远距离的平台上。这样，把这些功能分布到整个作战空间，并通过数据链跨越距离集成到多个平台上（而不是集成在一个单一的平台上），以实现所希望的打击效能。

马赛克战概念基于OODA环结构形成分解的单元或节点，即观察节点、判断节点、决策节点和行动节点。通过先进的数据链赋予跨OODA环的功能，通过多个观察节点的协同，互相交叉引导，并向判断节点提供多传感器、多现象学观测；由判断节点形成作战区域的图像；决策节点基于判断节点判定的目标，激活多个同时的杀伤路径，以对所指定的目标形成所希望的打击效果；在实现了打击效果后，所指定的行动节点转向其他的目标。这样，所构想的马赛克战概念，通过先进数据链，将作战功能分解并分散到多个协同作战的有人和无人飞机上，从而在作战区域形成一个杀伤网。因此，在一个马赛克作战结构中，杀伤网取代了点对点的杀伤链，每个传感器节点都获取、处理和共享数据，然后融合成一个连续更新的公共的作战态势图像。通过形成具有多个杀伤器和多个杀伤路径的杀伤网，可采用多个可能的杀伤路径并发地作战。

3）核心优势[29]

马赛克战的核心优势为分布、动态与可更好地认知战场的复杂度。

（1）分布。

马赛克战体系中，杀伤链的很多功能分布在大量、小型、廉价与多样的武器装备平台上。由于这些平台分散部署，处于不同的地理方位，给作战带来了很多新的变化。在进攻性作战中，类似巡航导弹/小型无人机集群的作战形式，凭借数量上的绝对优势和功能/性能/价格上的相对优势，可以针对防御方遂行防区内作战（精确打击和电子战），完全打破了传统的防御体系运作模式；在防御性作战中，马赛克战防御体系比较分散，可有效地扩大防御面积。

（2）动态。

一方面，面对不同程度、不同范围的冲突威胁，即从传统对抗到"灰色地带"冲突，马赛克战体系可根据战场上的实际态势，统筹调度各种资源，实时地进行"动态"分配，形成最优自适应杀伤网；另一方面，由于"小型、廉价"的武器装备平台替代了"大型、昂贵"的系统，当需要对体系中的装备升级迭代时，不再是大周期式的，而是以小周期模式升级迭代。从而整个作战的装备体系将一直处于高度动态发展的状态。

（3）认知。

传统的作战任务中各种武器装备的使命和任务是"既定"的，鲁棒性和冗余也是事先计算好的。而在马赛克战模式中，在整个作战体系层面，将利用认知技术（含计算、感知等）进行辅助决策，使整体的指挥控制更加顺畅。未来巡航导弹（小型无人机）集群将有望根据实际情况真正"认知"地遂行任务，使得"战争迷雾"降低几个数量级，作战效率和灵活性获得革命性的增强。

4）关键技术

为实现马赛克战的能力，需要发展五个方面的技术，分别为体系架构、指控/作战管理、通信组网、平台/武器及基础技术。

（1）体系架构。

马赛克战的体系架构中，杀伤链动态分配，保持了体系的多样性。马赛克战的研究首先基于原有项目的成果，如体系综合技术与试验（SoSITE）、拒止环境下协同作战（CODE）、复杂适应性系统组合与设计环境（CASCADE）、跨域海上监视与瞄准（CDMaST）及远征城市环境适应性作

智联网

战测试平台原型（PROTEUS）等。在马赛克战概念提出后，又启动了新的项目，如战略技术、自适应杀伤网（ACK）及分解/重构（Decomp/Recomp）项目等。

在 2018 年 7 月发布的自适应杀伤网项目中，关注战术决策支持，帮助用户在不同作战域（空、天、陆、地面、地下和网络）中选择传感器、效应器和支撑元件，以形成自适应杀伤链。自适应跨域杀伤网项目旨在发展支撑马赛克战的工具，该工具可支持将资源实时分配到具体杀伤链中，并在战斗情况发生变化时调整这种分配。

（2）指挥控制/作战管理。

指挥控制/作战管理方面聚焦控制算法、决策辅助及人机交互技术，形成综合的分布式指挥控制管理能力。前期成果包括分布式作战管理（DBM）、对抗环境中的弹性同步规划与评估（RSPACE）、驾驶舱机组成员自动化系统（ALIAS）与进攻型使能集群战术（OFFSET）。马赛克战概念提出后，开展了空战演进项目（ACE），旨在提高人机协同中的自主能力和指挥控制交互信任水平。

（3）通信组网。

通信网络技术能够连接所有的分布式系统，对整个马赛克作战体系至关重要。马赛克战基于原有通信组网项目的成果，包括满足任务最优化的动态适应网络（DyNAMO）项目、对抗环境下的通信（C2E）与九头蛇（Hydra）等。同时启动新的通信组网项目，包括保护前线通信（PFC）、海洋交战即时信息（TIMEly）及基于信息的多元马赛克（IBM2）项目等。

2019 年 6 月，DARPA 发布海洋交战即时信息项目，旨在开发异构海上通信架构，并在海上完成该项目的演示验证。重点关注网络协议、服务质量和信息交换等技术，同时掌握水下环境对网络链接距离、容量、延迟和安全的限制。该项目设想采用动态可重构的响应式架构，同步采用水下通信和海上无人系统前沿技术。

2020 财年预算中还有基于信息的多元马赛克项目，该项目基于满足任务最优化的动态适应网络项目成果，旨在发展网络和数据管理工具，用于自动建立跨域网络和管理信息流，以支持动态自适应效果网。IBM2 将结合网络管理与信息开发和融合技术，根据信息需求和价值传输信息。IBM2 还致力于解决会增加延迟并限制互操作性的多级安全配置问题。

（4）平台/武器。

小型平台/武器方面的自主协同技术及回收技术的发展，为马赛克作战提供了灵活自主平台，增加了分布式作战模式自适应性并降低了成本。此方面的研究将基于已有成果，如小精灵（Gremlins）与深海有效载荷（UFP）等，也将发展新的项目，如垂钓者（Angler）等。

（5）基础技术。

基础技术将从多方面支撑马赛克作战的发展。目标识别将借助竞争环境目标识别与适应（TRACE）、导引头低成本转化（SECTR）及自动目标识别（ATR）等项目成果；同时，为减小平台尺寸，将借助用于射频任务运行的融合式协作组件（CONCERTO）项目成果。此外，一些其他的成果也将支撑马赛克作战发展，如DARPA启动的战略技术项目、敏捷团队项目等。马赛克战提出后又发展了地理空间云分析（GCA）、指南针（COMPASS）、跨域多模态感知与瞄准（Cross-Domain Multi-Modality Sensing&Targeting，CDMST）及LogX等项目。2019年5月，DARPA发布LogX项目跨部门公告，旨在以空前的规模和速度开发并演示验证用于实时后勤和供应链系统态势感知（诊断）、未来状态预测及弹性评估的软件，同时验证与现有后勤信息系统协同工作的可能性。

3. 未来智能士兵

未来智能士兵主要包括配备智能传感设备的士兵及机器人士兵。在美国"FUTURE SOLDIER 2030 Initiative"中提出为士兵进行心理和身体准备状态评估，该评估将使用一套嵌入士兵整体各方面的行为、神经和生理传感器实时监测士兵状态。然后，这些数据将被捕获，并用于指挥部关于部队任务分配、士兵任务分配和医疗/心理干预的决策。训练过程中身临其境的临场感，用于"观察"作战空间的边远区域（例如，通过侦察机器人的感觉装置、地面传感器等）。未来士兵的头盔系统采用先进的"全方位"显示技术，可在所有战场条件下实现高保真视觉效果。头盔系统将结合一个神经帽电子传感器套件，以监视大脑活动，从而在任务执行过程中提供大脑活动的完整图片，这将提高人类的表现和训练能力。

此外，机器人士兵也是未来战士的发展趋势之一，由于战争的特殊性，专用机器人代替人类可以减少人体损伤。每个机器人士兵个体是整个智联网中的终端，能够感应周边情况，进行终端数据处理或云数据处理，结合全局场景做出快速调试决策。

智联网

5.5 本章小结

本章介绍了评价智联网安全性及算法性能的标准,即面对智联网系统时,如何给出一个客观评价,以对比各种智联网系统的优劣。这些标准将助力智联网未来在各领域发挥更大的作用。

人工智能技术是智联网的关键技术,人工智能技术及其系统的安全问题对智联网的发展和应用至关重要。当前人工智能的安全性和可靠性存在诸多亟待解决的问题,其中造成最广泛影响的是因对抗样本等攻击噪声产生的人工智能错误识别而引发的安全问题。研究者们提出了多种多样的防护技术和算法来提升模型的安全防护能力,但迄今仍然无法完全防御来自对抗样本的攻击。

人机对抗技术一直是国内外人工智能研究的热点,认知决策建模是整个人机对抗中的核心环节。将人机对抗决策流程归纳为感知、推理、决策和控制,将人机对抗关键技术归纳为对抗空间表示与建模、态势评估与推理、策略生成与优化及行动协同与控制四部分。

智能算法测评主要包括算法性能测评、可靠性测评及安全性测评等测评,目前国内有相关标准规范测评方法、测评指标等。同时,国际上也存在某一具体领域的公认数据集及竞赛对算法进行评估,如人脸识别算法领域的全球重要竞赛 FRVT、微软的 MS-Celeb-1M 及 Megaface 面部识别挑战赛等。同时,针对物联网,国际测试委员会(BenchCouncil)发布了 AIoT 智能终端评测标准 AIoT Bench。该测试标准旨在针对移动或嵌入设备的智能算力进行基准测试。

智联网的应用大有可为,从消费级的无人驾驶车、无人机,到工业级的工业机器人、未来智慧城市,乃至宇航级的卫星群等,全方位覆盖海陆空各区域。人工智能与物联网的深度融合,是大力发展智联网的题中应有之义。

参 考 文 献

[1] 刘艾杉, 王嘉凯, 刘祥龙. 人工智能安全与评测[J]. 人工智能, 2020(03): 32-42.

[2] SZEGEDY C, ZAREMBA W, SUTSKEVER I, et al. Intriguing properties of neural networks[J]. arXiv, 2013.

[3] KWON H, KIM Y, YOON H, et al. Selective Audio Adversarial Example in Evasion

Attack on Speech Recognition System[J]. IEEE Transactions on Information Forensics and Security, 2019(99): 1.

[4] SZEGEDY C, ZAREMBA W, SUTSKEVER I, et al. Intriguing properties of neural networks[J]. arXiv, 2013.

[5] MOOSAVI-DEZFOOLI S M, FAWZI A, FAWZI O, et al. Universal adversarial perturbations[C]. The IEEE Conference on Computer Vision and Pattern Recognition, 2017: 1765-1773.

[6] MOOSAVI-DEZFOOLI SM, FAWZI A, FAWZI O, et al. Analysis of universal adversarial perturbations[J]. arXiv, 2017.

[7] TRAM`ER F, KURAKIN A, PAPERNOT N, et al. Ensemble adversarial training: attacks and defenses[J]. arXiv, 2017.

[8] MOOSAVI-DEZFOOLI SM, FAWZI A, FAWZI O, et al. Robustness of classifiers to universal perturbations: a geometric perspective[C]. International Conference on Learning Representations, 2018.

[9] SONG Y, KIM T, NOWOZIN S, et al. Pixeldefend: leveraging generative models to understand and defend against adversarial examples[J]. arXiv, 2017.

[10] MENG D, CHEN H. Magnet:a two-pronged defense against adversarial examples[C]. The 2017 ACM SIGSAC Conference on Computer and Communications Security, 2017:135-147.

[11] GHOSH P, LOSALKA A, BLACK M J. Resisting adversarial attacks using gaussian mixture variational autoencoders[J]. arXiv preprint arXiv:1806.00081, 2018.

[12] LEE H, HAN S, LEE J. Generative adversarial trainer:defense to adversarial perturbations with gan[J]. arXiv preprint arXiv:1705.03387, 2017.

[13] GILMER J, METZ L, FAGHRI F, et al. Adversarial spheres[J]. arXiv preprint arXiv:1801.02774, 2018.

[14] GILMER J, METZ L, FAGHRI F, et al. The relationship between high-dimensional geometry and adversarial examples[J]. arXiv:1801.02774v3, 2018.

[15] 黄凯奇, 兴军亮, 张俊格, 等. 人机对抗智能技术[J]. 中国科学: 信息科学, 2020, 50(04): 540-550.

[16] 人机智能对抗技术[EB/OL].https://blog.csdn.net/u9Oo9xkM169LeLDR84/article/details/105648441.

[17] 全国团体标准信息平台-团体标准[EB/OL]. http://www.ttbz.org.cn/StandardManage/List/?organId=2848&page=1.

[18] MSR Image Recognition Challenge (IRC)@ACM Multimedia 2016[EB/OL].https://www.microsoft.com/en-us/research/project/ms-celeb-1m-challenge-recognizing-one-million-celebrities-real-world/.

[19] BenchCouncil 的使命[EB/OL].http://www.benchcouncil.org/cn/mission.html.

[20] 姜允侃. 无人驾驶汽车的发展现状及展望[J]. 微型电脑应用, 2019, 35(05): 60-64.

智联网

[21] AMINER. 自动驾驶与人工智能研究报告[EB/OL]. https://static.aminer.cn/misc/pdf/selfdriving.pdf.

[22] 刘青龙, 董家山. 物联网无人机应用关键技术研究[J]. 电子技术应用, 2017, 43(11): 22-26.

[23] 陈攀. 智能制造时代工业机器人的应用前景研究[J]. 内燃机与配件, 2019(17): 227-228.

[24] 王波, 甄峰, 卢佩莹. 美国《科技与未来城市报告》对中国智慧城市建设的启示[J]. 科技导报, 2018, 36(18): 30-38.

[25] 郭中梅, 朱常波, 夏俊杰, 孙亮. "疫情大考"下的智慧城市未来发展思考[J]. 邮电设计技术, 2020(02): 5-8.

[26] 王帅, 林坦. 智慧物流发展的动因、架构和建议[J]. 中国流通经济, 2019, 33(01): 35-42.

[27] 岳梦云, 王伟, 张羲格. 人工智能在中国航天的应用与展望[J]. 计算机测量与控制, 2019, 27(06): 1-4, 12.

[28] 中国军网. 智能无人集群作战开启作战新模式[EB/OL]. http://www.81.cn/bqtd/2020-06/18/content_9544955.htm.

[29] 李磊, 蒋琪, 王彤. 美国马赛克战分析[J]. 战术导弹技术, 2019(06): 108-114.

反侵权盗版声明

电子工业出版社依法对本作品享有专有出版权。任何未经权利人书面许可，复制、销售或通过信息网络传播本作品的行为；歪曲、篡改、剽窃本作品的行为，均违反《中华人民共和国著作权法》，其行为人应承担相应的民事责任和行政责任，构成犯罪的，将被依法追究刑事责任。

为了维护市场秩序，保护权利人的合法权益，我社将依法查处和打击侵权盗版的单位和个人。欢迎社会各界人士积极举报侵权盗版行为，本社将奖励举报有功人员，并保证举报人的信息不被泄露。

举报电话：（010）88254396；（010）88258888
传　　真：（010）88254397
E-mail：　dbqq@phei.com.cn
通信地址：北京市万寿路 173 信箱
　　　　　电子工业出版社总编办公室
邮　　编：100036